U0221065

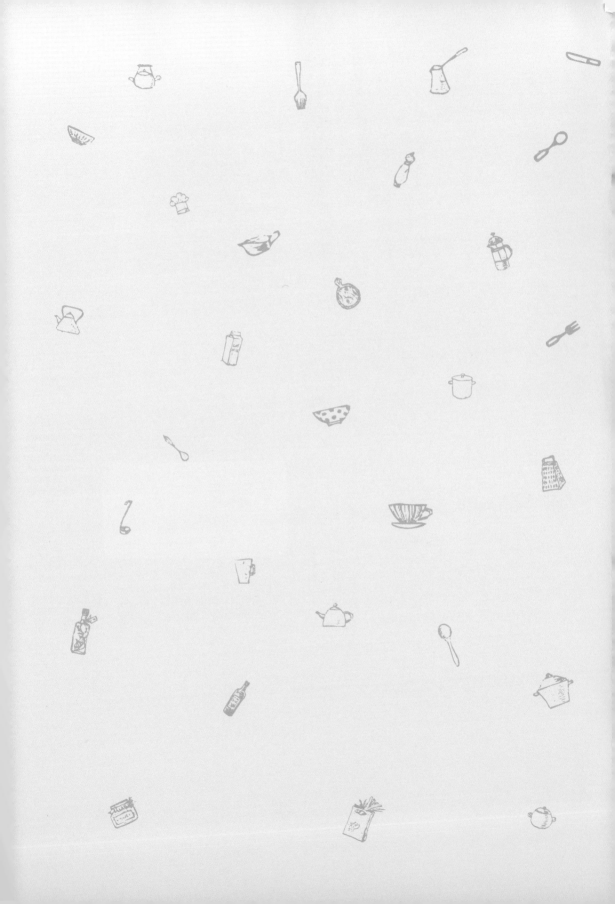

我的健康厨房

范志红谈厨房里的饮食安全

范志红 著

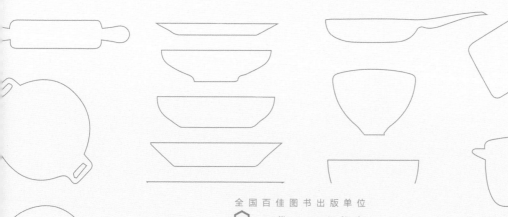

全国百佳图书出版单位

化学工业出版社

·北 京·

你家的厨房健康吗？厨房——每个家庭每天都要使用的地方，却存在着很多健康隐患。因为绝大多数人都忽视了一件事——自己的厨房，真的很安全吗？自己平时的食物选择、食物烹调、食物搭配，真的健康吗？可以肯定地说，我们的家庭厨房，往往就是不健康风险的来源。而且，正因为家庭厨房会陪伴我们一生，其中所存在的风险，对我们和家人的健康会造成更持久的威胁。

范志红教授在这本书里为大家详细讲解了怎样选择安全食品、怎样为饮食安全把关、食材如何烹调才健康、食物储藏都有哪些学问、食物禁忌传言到底要不要信、你家的厨房有哪些饮食误区等关于厨房的健康知识，详解我们最容易忽视的厨房健康问题。

厨房健康，家人才能真正健康。健康，从厨房开始。

图书在版编目（CIP）数据

我的健康厨房 范志红谈厨房里的饮食安全 / 范志红著 .—北京：
化学工业出版社 , 2018.1 （2022.1重印）
ISBN 978–7–122–31104–7

I.①我… II .①范… III .①食品安全 – 安全管理 IV .① TS201.6

中国版本图书馆 CIP 数据核字 (2017) 第 294439 号

责任编辑：李 娜　　王丹娜　　　　文字编辑：李锦侠
责任校对：王素芹　　　　　　　　　装帧设计：子鹏语衣

出版发行：化学工业出版社（北京市东城区青年湖南街 13 号 邮政编码 100011）
印　装：北京缤索印刷有限公司
710mm×1000mm 1/16　印张 22 ½　字数 377 千字　2022 年 1 月北京第 1 版第 5 次印刷

购书咨询：010-64518888　　售后服务：010-64518899
网　址：http://www.cip.com.cn
凡购买本书，如有缺损质量问题，本社销售中心负责调换。

定　价：59.80 元

你的厨房健康吗？

前言

常常有人问我："什么蔬菜农药最多？""哪种肉类激素最多？""又大又甜的水果是不是用了膨大剂和增甜剂？""哪些食品含有防腐剂？""这款酸奶那么浓厚，是不是增稠剂放多了？"

凡是"有毒""致癌""有害""禁忌"之类的字眼，总是能够吸引人们的眼球，让人们总以为超市里和市场中的食物都非常危险，发出"还有什么能吃"的悲叹，产生各种不安全感和抱怨心。结果是，媒体热衷于制造出种种耸人听闻的新闻，消费者则不知所措。

人们总是喜欢苛求别人，而原谅自己。这是人类的天性。

很多人把精力集中在"不能吃什么""不能买什么"上，以为了解了这些，生活就会变得安全。但是，绝大多数人忽视了一件事——自己的厨房，真的很安全吗？自己平时的食物选择、食物烹调、食物搭配，真的健康吗？

可以肯定地说，我们的家庭厨房，往往就是不健康风险的来源。而且，正因为家庭厨房会陪伴我们一生，其中所存在的风险，对我们和家人的健康会造成更持久的威胁。但遗憾的是，也正因为这种风险出自于自己家的厨房，所有风险都容易被忽视、被原谅。

　　您家的厨房，能够达到正规食品工厂的清洁程度吗？操作之前会穿上清洁的工作服、戴上遮蔽所有头发的工作帽、戴上干净的口罩吗？您下厨操作之前会卸去粉黛，并认真洗手吗？触摸了手机之后，是否先洗手再继续处理各种食物呢？

　　在厨房里，可能沾染致病菌的生食品和会直接入口的熟食品，真的做到全部分开处理了吗？打完鸡蛋之后，鸡蛋壳是随意放在操作台上还是直接扔进垃圾桶呢？拿过生肉生鱼生鸡蛋之后，您会认真地洗手之后再接触其他食品吗？

　　您家里有几块菜板？几个水池？是否经常对它们进行清洗消毒呢？您家的碗筷清洗方法是否科学？发霉的筷子和菜板您是怎么处理的呢？您家里的冰箱经常清洁吗？食物存放的位置和温度能保证安全吗？有没有做到分层存放和生熟分开呢？

　　您知道天然食物中也可能存在的安全风险吗？您知道新鲜蔬果洗干净也未必能消除致病隐患吗？您知道各种食物怎样安全食用吗？您知道购物时先买什么后买什么也很重要吗？

　　您对各类食物是怎样储存的呢？您了解各类食物存放的条件和要点吗？您知道怎样避免食物在家里提前过期吗？您知道剩饭、剩菜、剩汤如何安全处理吗？

　　您知道什么样的烹调方式可能制造出有害物质吗？您知道如何避免在厨房中自制致癌物吗？您知道食物加热到什么程度是最合适的吗？

　　您知道什么样的症状说明您可能遇到了细菌性食物中毒吗？您知道哪些食物吃多了会招来疾病吗？如何给有各种慢性疾病的家人选择食物？如何给有食物过敏的孩子安排膳食？

如果您对以上问题没法做出准确的回答，那么，您不妨打开本书，看看其中的相关内容。这里汇集了大众所关注的各种厨房健康问题。基于国内外的最新理念和资料，从食品安全到食品营养，从食材到搭配，从储藏到烹调，不仅仅传递相关知识，还给您提供了可操作的方法。

同样在这个有污染、有风险的世界上，为何有人病弱萎靡，有人却体能充沛？为何有人神采丰润，有人却黯淡萎黄？可见，真正该为健康负责的，其实还是我们自己。把健康的责任推给环境，其实只是一种不肯对自己负责的托词而已。

的确，在这个世界上，我们每一个人都是渺小的。作为个体，我们只能接受变化的气候，只能容忍空气中的颗粒物。我们不能帮农民决定粮食怎么种，也改变不了食品工厂的生产工艺。但是，我们可以学习知识，改变理念，建设一个健康的厨房，养成一个健康的饮食方式，让自己和家人趋利避害。

同时，千千万万个消费者的正确选择，还能够改变食品生产者的行为，改变周围环境的质量。如果我们都选择营养更好的食物，那些不健康的食品就不会大行其道；如果我们都选择安全性高的食品，农民就会更注重农田的污染控制，食品工厂就会更重视食品安全管理。如果我们都少制造一点烹调油烟，我们的居所就能有更好的空气质量。

与其无力地抱怨外界，不如想想自己应当如何管好自家的健康厨房，应当如何改善自己的烹调方式、饮食方式。把负面的表达换成正面的行动，实施那些自己能做到的健康行为，哪怕只有几项，坚持下去，就能让人受益良多。

如果你真的关注自己和家人的健康，那么不如好好读一读这本书，对照检查自己的厨房健康水平，确认自己可以做什么改变，从今天就开始行动！

PART1 厨房里的"天然食品" 和"传统食品"

PART2

把住厨房里的安全关

PART3   厨房里的储藏学问大

PART4   # 厨房里的安全烹调

PART7

特殊状况，怎样安排厨房饮食？

厨房里的"天然食品"和"传统食品"

● ●

我的

健康厨房

◇◇◇◇◇◇◇◇◇◇◇◇◇◇◇◇◇◇◇◇◇◇◇◇◇◇◇◇◇◇◇◇◇◇◇◇◇◇◇

范志红

谈

厨房里的

饮食安全

"传统工艺"也做食品漂白？

1

如今，媒体几乎每年都会报道各种食品漂白的新闻，让人们反复想起很多曾经的食品漂白事件：漂白银耳，漂白土豆，漂白带壳花生，漂白山药片，漂白面粉，漂白馒头，漂白粉条、粉丝，漂白凉粉、粉皮、拉皮、凉皮……

有时候人们不太理解，商贩们没事儿为什么总喜欢漂白啊？这还不简单么，因为两个原因：一是食物制作过程中，实在很难保持人们理想中那种洁白如玉的状态，总是容易发生各种褐变；二是人们对于白色实在是有一种近乎病态的追求，不仅喜欢肤白的女人，喜欢各种白色皮毛的动物（其实只是动物白化病的结果），而且对食物也偏好颜色洁白；面粉要白，银耳要白，牛奶要白，芡粉要白……

不过，食物漂白这事儿，真的不是现代人的心血来潮或者审美变态。自古以来，人们都喜欢漂白食物。那些雪白的切片中药材，颜色漂亮的果脯蜜饯，颜色洁白的银耳，雪白的白糖和芡粉……这些产品，几百年以来的传统工艺都是需要做漂白处理的。

为什么食物加工之后颜色不理想，还需要人工漂白？这里面主要有几个原因。

第一个原因，就是很多食材会发生酶促褐变。凡是蔬菜水果和薯类加工品，几乎都不可避免地要面临酶促褐变这个问题。这是因为，果蔬、薯类食品中天生存在一类酚酶（一种氧化酶），而这些食材里又富含具有抗氧化作用的多酚类物质。这两样东西如果碰到一起，再加上氧气，就会发生酶促褐变反应，结果是从无色状态变成有颜色的物质，而且随着氧化，颜色逐渐由红变褐，由褐变黑，越来越深。

为什么完整的水果蔬菜不会发黑呢？因为在细胞当中，酚酶和多酚类物质是被严密分隔开的，不会轻易碰面。但是，一旦受了磕碰或者被切开、绞碎，细胞就被损坏了。于是那些分隔的"墙壁"坍塌，所有物质都混在一起，酚酶和它的底物多酚类物质便见了面。同时，因为细胞被破坏，和空气中的氧气也发生了接触。三路英雄会师的结果，就是颜色褐变。

水果碰一下之后就褐变，土豆、山药、苹果、梨、桃等切开之后很快褐变，就是这个道理。虽不产生任何有害物质，但看起来总是让人别扭。这个麻烦困扰着许多人，比如说，做藕粉、红薯粉的时候，会因为发生褐变，颜色多少有点发灰发褐；比如说，一些半成品的菜肴，在超市冷柜里放了几个小时之后，蔬菜的切口处都会出现一层褐色的"边"，这就是酶促褐变所致。又比如说，用打浆机打果蔬浆的时候，发现苹果打出来之后几乎每一分钟都在快速变色，从浅黄很快变成褐色，这正是打浆机破坏细胞，导致酶促褐变的结果。这个褐变的同时，还伴随着维生素 C 的快速损失。

第二个原因，是美拉德反应，也叫作非酶褐变，是含羰基的物质和含氨基的物质之间发生的反应。制作红烧食品、焙烤食品的时候，我们很喜欢美拉德反应，因为它让饼干、面包、点心、烤肉、烧肉等食品在颜色变褐的同时，还放出浓浓的诱人的香气。但是，一些水分少的食物在储藏中也容易出现这种情况。比如说，一些蔬菜干、水果干会越放颜色越黑。一些菌类干制品也会越放越黑，这都与非酶褐变有关。甚至制作奶粉、鸡蛋粉、豆粉等产品的时候，也可能会因此呈现淡淡的褐色。这时候，人们就不太满意了。

第三个原因，是食物中本来就存在一些有色的物质。比如面粉中原来就含有一些类胡萝卜素和类黄酮，使面粉呈现淡淡的黄色，经碱性水煮后更是呈现明显的黄色。但人们不喜欢这种颜色，总希望面粉是洁白的，越白越好。

总而言之，无论什么原因，消费者都不喜欢那些褐色的产品，希望颜色更洁白。然而，消费者有所好，生产者必迎合。于是，自古以来就出现了各种漂白方式。这些方式原本只是经验，但经过科学验证，都有一定道理。

第一个方法，最古典也最好用，就是熏硫法。按照自古以来的传统工艺，桃脯也好，杏干也好，苹果干也好，山药干之类的中药材也好，还有银耳之类等，为了保持好看清爽的颜色，都可以用二氧化硫熏一下。这是因为二氧化硫既能抑制酶促褐变，也能抑制美拉德反应，一石二鸟，防褐变效果别提多好了。同时，二氧化硫对水果蔬菜中的维生素 C 还有保护作用，所以在营养方面说不上有害。

但是，传统工艺中把产品放在密闭空间内，靠燃烧硫黄产生二氧化硫的熏蒸漂白方法，实在没办法控制二氧化硫的残留量。过量的二氧化硫主要会危害呼吸道，尤其是对哮喘患者等敏感人群有害，它过多时还会使免疫系统功能下降。古人没有食品安全标准，所以也从未抱怨过超标问题。但是，自从 20 世纪 90 年代开始逐渐建立了食品安全标准之后，发现这种做法二氧化硫残留实在太严重，产品的残留量几乎是不可能合格的，甚至可能超标上百倍。所以，近十多年来，这个传统工艺基本上是被淘汰了。用二氧化硫熏蒸蔬菜，比如给土豆皮、花生壳漂白之类的方法，也被严格禁止了。

第二个方法，在熏硫的基础上进行了改进，就是亚硫酸盐浸泡法。这个方法控制褐变的原理其实跟传统方法相比没什么区别，也是利用亚硫酸盐产生微量二氧化硫的方法来预防食物变色。与熏硫相比，它的好处是容易控制数量，只要配制的浓度合适，就不会造成二氧化硫的过量残留。因此，世界各国都许可使用亚硫酸钠、焦亚硫酸钠等作为护色剂，在果蔬产品上使用。

比如说，为什么洋快餐的炸薯条颜色那么好看？因为土豆切开之后就要放在亚硫酸盐之类的溶液中浸泡，以防土豆条颜色发黑。土豆条不可能是当时切当时下锅炸的，而久放的土豆肯定会变黑。如果不用亚硫酸盐等护色剂处理，消费者能愿意购买黑乎乎的薯条么？又比如说，餐馆提前切碎的生菜叶，边上容易"长锈"，用亚硫酸盐溶液浸泡就可以解决这个问题。

既然人们能够接受切开的土豆条用亚硫酸盐溶液做护色处理，在听到用浸泡法给完整土豆做美容的事情之后，就不必太过惊慌了。因为土豆毕竟是完整带皮的，即便浸泡一下，也不至于产生实际危害。需要谴责的是以次充好、以旧充新的做法，用故意欺骗消费者的方法来卖高价，这是可恶的行为。

第三个方法，是还原法。在用亚硫酸盐来护色的同时，如果再加入一些还原性的物质，比如维生素 C、半胱氨酸之类，同时再加点柠檬酸之类的酸性物质，就能让护色效果更好。这是因为还原性物质能把酶促褐变产生的一些醌类物质还原成酚类，避免它缩合形成黑色物质。而酸性物质能抑制酚酶的活性，也能让黑色物质的产生速度减慢。

第四个方法，是氧化法。无论是过去用来处理面粉的过氧化苯甲酰，还是用来处理凤爪猪手的过氧化氢，都是用氧化的方式，使原来食物中存在的有色物质被氧化，失去原来的有色结构，从而消除颜色，让食品变得洁白。如今我国政府已经彻底禁止在面粉中使用增白剂，希望消费者也能逐渐习惯带点黄色的各种面制食品。至于凤爪猪手，人们反正也不是为了维生素而吃它们，倒也不那么在乎。幸好过氧化氢没有任何残留，氧化之后就变成了水和氧气。

有亲戚朋友曾以制作粉条为生，他们给我送来的粉条，都要特意声明，这是"吃货"。我问：何谓吃货？他们解释说，这是自家吃的，不用漂白，所以颜色淡褐，不太好看。所谓"卖货"，就是卖出去的，必须经漂白处理，否则客商嫌不白不肯买啊！

所谓"食为好色者容"。如果我们不刻意追求太白太漂亮的食物，如果我们能悦纳食物的天然变色机制，那么生产者也就不必挖空心思来给食物漂白增白了。

你的美食里，含有过多的铝吗？

2

您的膳食中有没有吃进去太多的铝？

听到这个问题，大部分人都会很迷茫地说：我知道铝是一种容易溶出的元素，遇到酸、碱都容易发生化学反应。可是，我家现在已经不用铝锅、铝水壶、铝饭盒了啊！

对。虽然如此，铝元素未必已经退出了您的饮食生活。2012 年，国家食品安全风险评估中心公布了有关膳食中铝摄入的专项监测结果，结果显示：四成食品铝含量超过国家标准 2 ~ 9 倍，人群中超过 30% 的个体每周铝的摄入量超过 FAO/WHO 制订的每周耐受量的参考值（PTWI），其中 4 ~ 6 岁的儿童最高，为参考值的 2.6 倍。

人们不禁要问：这过量的铝，到底是从哪里来的？

铝存在于自然环境当中，但天然食物中一般铝含量很低。在不用铝制品来盛装食品的情况下，人从食物中摄入的铝主要来自含铝食品添加剂，也就是钾明矾（十二水合硫酸铝钾）和铵明矾（十二水合硫酸铝铵）。

听到一种化学词汇，大部分人都会有惊恐之感，但明矾两字似乎不那么可怕。回想一下中学化学课程就会记得，明矾乃是老百姓常用的化学品。自古以来，人们就发现明矾的用处很大，而古人根本不知道它有什么害处，所以对它没有警惕，只有感情。

比如说，过去没有自来水，很多地方的人都要用明矾来净水，因为它水解生成的氢氧化铝胶体粒子，能够和水中带负电的杂质胶粒结合，彼此电荷被中和后便会凝聚沉降下来，让浑浊的水变得澄清透明。

也是很早很早以前，人们就发现，明矾放在食品里，还能改善食品的感官品质。按现代食品添加剂的词汇解释，添加了明矾之后的很多复合添加剂都可以叫作食品品质改良剂。可以这么说，明矾是一种自古以来使用的，而且目前绝大多数国家都许可使用的全能型的食品品质改良剂配料。

比如说，按传统工艺，炸油条、炸油饼、炸虾片之类的油炸食品，都要加入明矾，配合一些小苏打。炸油条的面点师傅几乎都知道一句口诀：一碱二矾三钱盐，就是说，5kg 面粉，要放一两❶碱面、二两明矾、三两盐，这样炸出来的油条就能达到最好的口感效果。

这是因为，明矾和碳酸氢钠的组合，是最好用、最廉价、最传统的食品膨松剂。在受热条件下，它们之间能发生化学反应，产生二氧化碳，从而让面制食品在焙烤、油炸、蒸制的过程中体积变得膨大，食品内部形成均匀、致密的气孔，成为一种海绵状疏松结构。这样，食品吃起来才有或柔软或松脆的美妙口感。

肯定有朋友会问：食品中添加明矾这事儿，难道没有个标准来限制一下吗？

标准早就有了。按照我国食品添加剂标准 GB 2760—2014，明矾作为膨松剂和稳定剂，可以用于豆类制品、小麦粉及其制品、虾片、焙烤食品、水产品及其制品，还有就是膨化食品。想一想，你和孩子每天吃的都是什么？豆制品，水产品，面食品，焙烤食品和膨化食品，哪个不是小朋友吃的东西？它们都可以加明矾来制作，因为这是老祖宗传下来的工艺，怪不得现代食品工业。

这个标准上写着，明矾的使用量是"按生产需要适量添加"。也就是说，想加多少要看生产产品时想要什么效果。当然，添加量也并非没有限制，铝的残留量必须 ≤ 100mg/kg（干品）。不过，对于小企业甚至手工作坊来说，这个标准基本上没什么意义，因为他们根本不会测定什么残留量，甚至都看不明白这个数是什么意思。有研究发现，油条要想达到最佳的膨大效果，添加明矾的量会十几倍于这个残留限量。

懂了这些之后，我庆幸小时候只有过节才能吃到炸虾片、麻花、排叉之类的油炸食品，那时候的小朋友们都太爱吃这些东西了。

除了油条、油饼之外，蛋糕、馒头、包子、发糕、玉米饼和许多松软多孔的糕点小吃类食品，

❶ 一两 =50g。

理论上也都可以让明矾来帮忙。当然，蛋糕可以直接用鸡蛋打发，但加泡打粉之后少用点鸡蛋，成本就能大大下降。馒头、包子可以用自然酵母发酵，但是怎么也比不上加了泡打粉之后的松软膨大程度。玉米饼若不加泡打粉，口感会硬得完全不受欢迎，而加了泡打粉，有了多孔质地之后，连小朋友都喜欢吃。

然而，这个泡打粉的经典配方，就是碳酸氢钠和明矾这两种物质作主力。当然，有很多替代配方，泡打粉可以做到完全不含铝。只是，不含铝的配方，想要达到同样的效果，成本会高出很多。既然消费者都不重视吃进去多少铝的问题，那么生产者自然也就挑便宜的含铝泡打粉来用了。

前几年，中国农业大学食品学院的一次测定发现，膨化食品中铝超标的居然达到了1/3。这是因为膨松剂能让膨化食品质地更为松脆，而"脆"是膨化食品引以为豪的质地特色，也是吸引消费者的主要杀手锏。含铝膨松剂价格低、效果好，厂家自然爱它没商量。

经过那次曝光，很多企业进行了原料改革，或许现在情况已经好转。但是，那些乡镇小食品生产厂家所生产的各种冒牌产品，小朋友最喜欢的那些脆爽小零食，铝含量真的相当令人忧虑。

不过，明矾的作用还远不止于此。它还能让面食品更劲道，比如面条、面片、饺子皮之类，都有明矾的用武之地，和加硼砂是类似的原理。此外，它也能让凝冻类食品口感更有弹性，比如粉丝、粉条、凉粉、凉皮、米皮、豆腐之类。总之，只要消费者热爱这种弹性口感，生产者就用它没商量。因为知道这个秘诀，每当吃到那些格外劲道的淀粉制品和面制品，看到那些怎么拉都不破的饺子皮时，我总觉得有点心理障碍……

盐渍海蜇皮和海蜇头等水产品也是最常添加明矾的食品，因为用了它，口感就会特别好，特别 Q 弹。甚至一些鱼贝类产品也有可能添加。

除了这些食品之外，经常吃的治胃酸的药也是铝的来源之一。因为这些中和胃酸的药物往往含有氢氧化铝。如果长期服用，摄入的铝不可忽视。另一个来源就是铝色淀，它用来帮助食品中的色素均匀分散在食品里。

据国家食品安全风险评估中心监测，我国部分地区食品铝含量令人担忧：市售烘焙面食（面包）中铝平均含量为 126 mg/kg，市售蒸制面食为 149 mg/kg，油条为 495.6 mg/kg。而颇受儿童及青少年喜爱的膨化食品，铝含量可达到 300 mg/kg。如果长期大量食用这些食物，积累几十年，体内铝的蓄积量恐怕相当令人担心。

我不由得感慨，消费者更容易对那些耸人听闻的消息甚至是谣言引起关注，而这种存在于传统食品和传统工艺中的扎扎实实的健康风险，却只有学者进行研究和调查。

按照标准，到底每天吃多少铝算是超标呢？按照 WHO/FAO 的标准，对于一个 60kg 体重的成年人来说，每周铝摄入量为 120mg，即每天摄入量不超过 17mg。如果铝摄入量大大超标，会有什么麻烦呢？

铝元素不是人体所需的微量元素，毒性并不大，人体对它的吸收能力也不强。然而，如果长期超量摄入，它具有蓄积性，可以沉积在大脑、肺脏、肝脏、骨骼、睾丸等组织当中，累积到一定数量后产生慢性毒作用。铝的过量摄入会引起神经系统的病变，可能造成认知功能发育和维护方面的障碍。过多的铝作用于骨组织，导致沉积在骨质中的钙流失，同时抑制骨骼生长，可能导致骨质疏松。此外，过多的铝对造血系统和免疫系统有一定毒性，同时妨碍钙、锌、铁、镁等多种元素的吸收。

为了让国民减少铝的摄入量，2014 年 5 月，中华人民共和国国家卫生和计划生育委员会、食品药品监管总局等五大部门联合印发了《关于调整含铝食品添加剂使用规定的公告》（2014 年第 8 号），自 2014 年 7 月 1 日起，我国禁止在膨化食品生产中使用含铝食品添加剂，也不能在面粉及其制品（除油炸面制品、面糊、裹粉、煎炸粉外）生产中使用十二水合硫酸铝钾（钾明矾）和十二水合硫酸铝铵（铵明矾）。此后，在修订《食品添加剂使用标准》（GB 2760—2014）时，进一步把公告中的内容变成了法规，这是食品安全管理方面的一大进步。

最令人高兴的是，虽然这些含铝物质已经在我国用了上千年，很传统、很家常，但现代科学研究发现它们确有健康隐患，就该明确禁用。

消费者需要知道的是，按照新的法规，从 2014 年 7 月开始，膨化食品也好，馒头、面包、糕点也好，都不能用含铝添加剂了。当然，玉米饼、枣糕之类的食品还是需要泡打粉的，但是完全可以替换成市面上合法销售的不含铝泡打粉，小朋友们摄入过多铝的危险少了很多。

不过，按照这条法规的修订结果，油炸食品还是可以用含铝添加剂的——因为很难用其他配料来完全替代明矾的效果。换句话说，无论是油条、麻花、馓子、排叉，还是裹了面糊油炸的各种美食，仍然是铝的来源。

总之，要想避免摄入过多的铝元素，主要的方法有以下几种。

①不吃或少吃油条、油饼、麻花、馓子、虾片等所有质地膨松或脆爽的油炸食品，膨化食品也要严格限量。这些食物营养价值本来就很低，除了铝之外，其他安全风险也很多，远离它们是最明智的选择。

②选用加酵母的自然发酵法或无铝膨松剂制作的馒头和糕点。买馒头、包子、发糕、枣糕、玉米饼之类的食品时，不要太追求松软，因为纯酵母发酵的和加明矾帮忙的产品相比，松软多孔的程度会差不少。

③吃面条、面片等的时候，不要追求过分弹牙的韧性口感。久煮不烂未必是优点，或许对此更应当担心才对。

④粉条、凉粉、粉皮、凉皮、米皮之类不要追求口感太弹性。由于这类淀粉制品营养价值很低，偶尔吃一点可以，不要经常当饭吃。

禁了明矾之后，虽然大企业和餐饮连锁店会令行禁止使用无铝膨松剂来制作食品，但小城镇、农村的小店，恐怕还很难全部纳入管理。从消费者的角度来说，司空见惯的传统明矾添加工艺，仍然可能继续存在，过多添加明矾的油条、油饼等，恐怕也很难在全国范围内完全扫清。甚至，换成无铝配料之后，泡打粉和其他膨松剂必然会额外增加成本，价格明显贵一些，能不能占领家庭和小餐馆市场，还要看消费者是否配合。否则，那些不肯遵守禁令的小作坊生意火爆，遵纪守法的生产者却可能因为成本高、价格上涨而被消费者冷落，您说呢？

不吃或少吃

偶尔吃一点

为什么存放了 400 天的西瓜仍没有腐败？

3

在 2017 年夏天，一段"放 400 天不烂的西瓜"的视频在朋友圈疯传。视频中，某文化名人用刀切开了一个据说是存放了 400 多天，却依旧外观完好的西瓜。切开之后发现，瓜瓤完全萎缩脱水，颜色发黄，呈干瘪的丝络状。

于是，这位名人感慨地说：我们能对食品安全放心吗？有人告诉我，这种瓜可能表皮上喷过一些防腐剂，把它封住了它就不会烂。

表面光洁

瓜瓤萎缩

许多媒体都好奇地问：为什么西瓜会不坏呢？真是防腐剂的作用吗？

其实，这个事情之所以能成为新闻，完全是因为人们对食物在储藏中的品质变化了解得太少。所以，要解释这件事情，就要从食物的败坏原因说起。

食品在储藏中发生的品质劣变，大致可以分成三个类别：一是微生物导致的败坏，也就是所谓的腐败，因为蛋白质、脂肪和碳水化合物的分解，发出酸、臭等不良气味，长出毛茸茸的霉菌，一看就知道不能吃了，或者虽然没有到发臭发酸的程度，但已经产生细菌毒素、霉菌毒素之类的有害物质，让人无法食用；二是氧气导致的脂肪氧化等化学变化，通常会影响安全性，也影响营养价值；三是质地、风味方面的变化，它们影响风味口感，但未必影响食品的安全性。

说西瓜过了一年不坏，只意味着它没有因微生物作用而腐败，并不意味着它还有原来的营养价值，也不意味着它的口感和原来一样好吃。

食物的基本性质之一，就是必须含有至少一种营养素，而大部分天然食物都含有多种营养素，包括蛋白质、脂肪、淀粉或糖、多种维生素、多种矿物质。这些东西之所以被叫作营养素，意思是说，它是滋养生命所必需的东西。人需要它们，动物需要它们，腐败微生物也喜欢它们。

从营养方式来说，生物可以分成两大类：自养生物和异养生物。自养生物自己能制造有机物，比如说绿色植物只要吸收土壤中的无机物，自己就能在阳光下合成淀粉、蛋白质之类的营养素；而大大小小的动物呢，就必须要吃植物中的养分才能生存，属于异养生物。微生物也分成自养和异养两类，造成食品腐败的微生物都是异养微生物，它们让食物腐败，并不是有意为之，只不过是见了美食就蜂拥而上，获得营养之后大量繁殖的缘故。而这些微生物活动的结果，就是把食品中的蛋白质、脂肪和碳水化合物分解掉，让它的口感、气味和味道发生变化。

微生物在食品中肆意繁殖这事儿，做好了就叫作发酵，做不好就叫作腐败。有益微生物工作的结果，是使蛋白质更容易消化，矿物质利用率更高，维生素含量增加，其他有害微生物还不敢靠近。这当然是人类求之不得的好事。比如腐乳、豆豉、醪糟、酸奶、奶酪之类，都是发酵制成的食品。但是大部分情况下，如果没有足够的把握，人们还是会对微生物超标的食品退避三舍，因为其中可能含有致病微生物或者微生物产生的毒素。比如黄曲霉毒素，就是人人谈之色变的剧毒物质。

所谓食品保藏，就是和微生物做不懈的斗争。古人之所以要做咸菜，要做葡萄干，要做牛肉干，要做果酱……并不是一时异想天开，而是抓住了微生物的弱点，找到了能延长食品保存期的方法。

一个馒头，一块面包，在干燥的环境中放久了，就会变干，而不会变软发臭。这个人人都知道。特别是表面，只要及时风干，就不容易长霉，不会腐烂。这个一年不腐的西瓜，实际上和几年前喧嚣一时的一年不腐汉堡包是一个道理。

其实，水果放很久不腐败，并不是什么奇迹——在干燥环境中，它可以变成水果干。比如说，葡萄变成了葡萄干，柿子变成了柿饼，鲜枣变成了干枣，就是这样一个逐渐脱水干燥的过程。这个变化在室温下就能发生，当然在烘箱、红外烤箱中干燥速度会快得多。

有人会问：为什么葡萄干皱巴巴的，而西瓜就能外皮饱满地存一年而不会烂掉呢？理由很简单，就是因为西瓜的外皮质地足够致密、坚硬，而且皮的最外层还有很厚的角质层，水分含量低，微生物不好"啃"。

除了西瓜，还有其他水果也有这种情况。比如说，带壳的桂圆，能够直接变成桂圆干，它的壳子还是完整的。同样，带壳的荔枝也能变成荔枝干。罗汉果干是另一个例子，它的外壳看起来还挺新鲜饱满的，里面却已经变成了干瘪的丝络状。这个道理，古人早就明白了。所以当年孔夫子收学费，用的就是肉干，而不是大块鲜肉，正是因为肉干是可以长期储藏的……

当然，不可能什么食品都能靠自然风干的方法解决防腐问题。所以，人们还要用高盐、高糖、高酒精之类高渗透的方式来防止微生物繁殖，用冷藏、冷冻的方式来延缓微生物的繁殖速度，从而延长保质期。或者，采用制造罐头的方法，用杀菌密封的方式来防止微生物破坏食物。

实在不能充分实施以上措施的时候，才需要请防腐剂来帮忙。比如不那么咸的酱菜，不那么甜的果酱，度数不那么高的酒，没在冷冻室里存放的食物……但是，这是因为我们消费者不想要那么多糖、那么多盐、那么高含量的酒精，也不想随时背着一台冰箱出门。

那么，我们就和少量的防腐剂和平共处吧。

千万不要很天真无知地只要看到什么食物没有那么快腐败，就莫须有地怀疑添加了什么防腐物质，然后便感叹没有什么东西敢吃了。

樱桃掉色了，说明它是染色的吗？

4

有位朋友告诉我，她买了颜色和外形都类似车厘子的国产樱桃。为了怕有农药，用放了小苏打的水泡了十几分钟，清洗后，再用刚烧开的水烫了两遍，发现颜色都掉没了。樱桃好像被烫熟了，表皮上有很多红色的小水珠，用纸巾擦了之后是紫红色的。她狐疑地问：是不是樱桃被染色了？

这种掉色、变色的问题，每年都会遇到很多。说明人们对染色高度恐惧，而对天然食物的了解却很少。

首先要说明，樱桃的红色是花青素，它易溶于水。之所以平日洗的时候没有掉色，是因为水果表皮细胞比较坚实，把花青素牢牢地锁在细胞里了。

但是，这位朋友的做法，正好是帮助花青素"逃出细胞"。

首先，樱桃皮比较薄，不耐碱水浸泡，国产樱桃比进口车厘子（大樱桃）皮更薄些。果皮细胞被碱水泡软之后，其中的花青素就会被泡出来，结果樱桃就有可能掉色。

实际上，碱水浸泡是工业上给水果机械去皮的方法之一。碱能够促进果胶的水解，使果皮里的细胞壁软化，然后用裹着橡皮的机器蹭，就能把果皮脱下来。这样会比人工去皮的效率高很多。相比而言，果肉含酸，对碱水浸泡的耐受性略强，所以短时间浸泡时，果肉还不至于变得松软。

然后，她还没有停手，又用刚烧开的沸水去烫樱桃，还烫了两遍！别说樱桃这种娇嫩的果实，就算是用这样的沸水来烫猪肉、牛肉，肉也会被烫到变色烫到熟啊！樱桃当然就会好像被烫熟了。在受热之后，樱桃皮的细胞受到了更大的伤害，渗透性进一步提高，不能再锁住里面的各种成分，花青素就更容易跑出来了。既然紫红色的色素出来了，当然能把纸巾染成红色。

除了红色、紫色或紫黑色的樱桃之外，还有紫、红或黑色的葡萄、杨梅、桑葚、草莓、布朗（美国大李子）、蓝莓、黑莓、蔓越莓等水果，都同样有可能出现掉色情况。紫薯、紫米、黑米、黑豆、黑花生、黑芝麻等也一样，用热水泡泡，或长或短的时间之后，就会有紫红色的色素溶出。因为它们都含有花青素类物质。

我知道，很多人可能会继续问：你的这些说法是先入为主的"无罪推定"吧。你说了这么半天，只是为了证明又泡又烫伤害了细胞，但你怎么确认，那颜色就一定是花青素呢？

要想证明花青素是花青素，其实非常简单。只需要加点酸（比如白醋或柠檬汁），看看紫红色的痕迹是否变成更鲜艳的红色，然后加点碱（比如小苏打或食用碱），看看颜色是不是变成了蓝紫色或绿色。我说过多次，花青素是个变色龙，它有在酸碱条件下变色的特性，而且煮沸后会逐渐分解褪色。相比之下，人工合成色素却总是非常稳定，在可食用的酸碱范围内不会变色，加热煮沸也不会褪色。

花青素

为什么要这么对待娇嫩的果实呢？为什么要把好好的新鲜水果烫熟了再吃呢？估计是怕有农药、虫子之类不好的东西存在。现在有关农产品的谣言太多了，使人们对无辜的天然食物充满了各种不信任，怀着"有罪推定"的想法，想出各种"酷刑"和"圈套"来"审讯"它们，试图找到它们有害的证据，同时也吓唬自己。

如果放弃"有罪推定"的心情，要证明樱桃有没有被染色，花青素是不是花青素，并不算太难。

我一直不理解的是，人们对水果、蔬菜之类营养价值高的天然食物各种挑剔、各种警惕，但为什么人们对难分解农药、兽药、环境污染物残留水平可能更高的鱼肉虾蟹之类的食物就没有这么恐惧？在吃各种油炸食品、糕点饼干、零食冷饮的时候，人们怎么就没有这样的热情，来寻找有食品安全问题的证据呢？你真的认为它们的美丽颜色、超凡口感都是特别自然、特别正常的吗？

每当人们问我怎样清洗果蔬时，我都会告诉大家：只放极少量的洗洁精，把它们的表面洗干净，用流水冲一下就好了。如果愿意用面粉或其他植物种子粉清洗当然也可以。作为一个有基本食品化学知识的人，我从不相信能够有人逼真地制造出新鲜果蔬的颜色和口感。

即便果蔬可能存在农药残留，但到目前为止，无论是中国还是外国，没有一项调查发现果蔬摄入量多了会引发疾病和死亡。所有研究都证明，多吃新鲜果蔬有益健康，能帮助人们预防肥胖、糖尿病、冠心病、脑卒中、高尿酸血症，也有利于预防胃癌、肠癌、乳腺癌等多种癌症。既然如此，我们何不在食用果蔬时更加坦然一些呢？

无意中吃了有毒的果仁，怎么办？

5

很多人都曾不小心吞下一些果核，或者把果核打到果蔬汁里一起喝掉。如果是有毒的怎么办？会长期积累中毒吗？苦味的东西是不是都有毒性危险？

问题1：苹果核有毒不能吃吗？我常常是连苹果核一起吃下去的，不过有时候不小心碰到咬破的果仁，舌头就有点苦，有点发麻，这是不是说明果仁里面含有毒素？

答：苹果仁中确实含有毒性的氰苷，好在含量没有苦杏仁那么高，少量吃进一点还不至于产生危险。

部分水果的果核或种子是有毒的，比如苹果、梨、桃、杏、李子、樱桃、枇杷等水果的种仁中含有氰苷（也称为含氰糖苷、生氰苷等），水解后会产生有毒的氢氰酸，和苦杏仁有毒的原理是一样的。说简单点，它们和氰化钾的中毒原理类似，也是与铁离子牢固结合，使细胞失去能量来源而致人中毒。

不过，先不要感觉恐怖。因为毒药想发挥杀人的作用，也要吃够量。这些果仁中所含的氰苷含量多少不同，有的很低，也有的略高些，但毕竟不是提纯的毒药，到不了吃几粒就中毒死亡的程度。

舌头尝到苦味，都是祖先传下来的身体本能在警示你，这东西可能有毒，躲远点，别吃它。误吃后赶紧吐掉。所以苦味的东西千万不要随便吃。比如某影视剧里有吃苦杏仁自杀的情节，就是因为氰苷。还有苦瓜和发苦的黄瓜，虽然是常见蔬菜，也不是人人可以多吃的，容易拉肚子、消化不良的人最好别吃。

问题 2：家里买了台具有破壁功能的食品加工机，据说它的好处就是吃水果时可以连核带籽一起打进去，这样营养才全面！你说苹果的种仁有毒不能吃？可是我连苹果籽一起打过好几次果汁了，也没有发生中毒啊！最近怀孕了，孕妇还能这么喝吗？

答：苹果种仁有毒是肯定的，但关键是种仁的量有多大，你又喝了多少果浆。毕竟一个苹果中果仁一般占的比例很小，果仁中所含的氰苷数量也不是非常多，对成年人来说，将苹果籽和果肉混合打浆食用，发生急性中毒的风险很小，来自果仁的一丁点苦味可能还会增加苹果浆的风味。

然而，毕竟每个人的解毒能力和消化道敏感性不同，所以对于体弱者和婴幼儿来说，苹果、梨、樱桃、桃、杏、李子、枇杷等果实打汁前还是去核为好。你现在是孕妇，而且是孕早期，对各种化学物质敏感，也要适当小心，万一发生严重腹泻也是很危险的。

这里顺便说一句，很多人迷信野菜、野果、野蘑菇等各种野生东西；也有人以为吃某些特殊部分有保健作用，如水果籽、水果皮、种子壳等。其实，好吃、安全的食物，祖先都用生命和健康为代价替我们筛选过了。传统很少吃的食物品种和部位，多半是难消化、有毒性或药性的。别拿自己的身体当小白鼠，没事儿就做个毒性试验玩。

问题 3：我刚听说果仁有毒这回事！可是我以前有过好几次都把果仁嚼碎了一起咽下去了，是不是会发生慢性中毒？

答：种仁中氰苷所产生的毒性是不会持久也不会积累的。几小时内若没事，过后就永远没事了。别担心，没有慢性中毒的危险哦。首先，少量种仁中的氰苷没有那么大量；其次，身体也有一定的解毒能力和耐受能力。大部分人都曾吃到过含有毒素的食物，但仍是平安无事的，主要原因是吃到的毒素量足够少，还在身体可承受范围之内。

问题 4：我吃石榴和葡萄的时候，嫌吐籽太麻烦，就一起吞下去啦，好像也没有发生什么事情，会不利于健康吗？

答：是的，较小的种子吞下去倒是没什么危险。苹果籽也好，葡萄籽也好，西瓜籽也好，若直接吞下去，不能被胃肠消化，它们在从人体消化道中通过之后，会从大肠排出去。不过，这些不消化的植物种子会促进大肠的运动。其实植物当初就是打的这种如意算盘，希望动物们吞下小籽之后，别伤害这些种子，最好尽快把它们排出来，顺便施点肥，下一代果树小苗就会长得特别茁壮呢。

不过，打碎的果仁也好，整吞的水果籽也好，因为促进大肠运动的能力太强，都不适合容易腹泻和消化不良的人吃。如果正在拉肚子，就更加不要吃啦。家里如果有 3 岁以下的小宝宝，还要注意看护，避免宝宝吃水果的时候把果核、果仁呛到气管里，或者吃进去枣核之类坚硬、有尖的果核，刺伤消化道。

问题 5：最近传说樱桃的果核是有毒的，能毒死人？去年就听说有人用 1kg 没去果核的樱桃放在破壁机里打汁喝，结果送去医院抢救了……

答：樱桃果仁没有苦杏仁毒性那么大，但到底吃多少粒才能中毒，那就要看具体品种中的毒素含量，一次吃了多少果仁，以及身体的毒素吸收速度、解毒能力和抵抗力如何啦！

不管怎么说，绝对不提倡用 1kg 樱桃带核打浆，然后一口气喝下去。打果汁、果浆这种方式，因为喝起来比直接吃水果方便，所以特别容易吃过量。

此外，有些水果对消化道不太友好，再加上打碎的种仁壳纤维本身就促进大肠运动，不宜一次吃过多。比如说，胃肠较弱的人吃 1kg 樱桃本来就容易拉肚子、肚子疼，再加上那么多粒种仁中的毒性物质，两项加在一起，令人上吐下泻的效果更加厉害，也难怪要送到医院治疗了。

问题 6：那么多水果的种子都有毒吗？那为什么巴旦木和杏仁就没有毒呢？西瓜籽也没有毒啊！我一直以为水果是最安全的食物呢。

答：日常当零食吃的巴旦木和甜杏仁，是人类专门筛选出来的低毒果仁。可不是什么桃仁、杏仁都能敲开果核随便吃的。用来吃水果的品种，并不是专门吃果仁的品种，不能保证果仁中不含有毒性的氰苷。含有氰苷的果仁是发苦的，比如苦杏仁就是最常见的含氰苷果仁，作为药材，在药店里有售，网上也能买到，但必须按医生开的处方限量吃。若用来煲汤，也只能放少量一点，通常市售的煲汤材料包中都配好了量。

此外，常吃的银杏也是含这种毒素的，所以也需要限量。舌头尝到苦味，就是身体的本能警惕性地在提醒你，这东西可能有毒。所以苦味的东西千万不要随便吃。

好苦，可能有毒

牛奶的颜色发白，是因为抗生素吗？

6

牛奶的颜色有的特别白，有的略有点黄，还有的略有点暗，是怎么回事？

有网友问：一直不理解，为什么国内牛奶的颜色是雪白的，而进口牛奶的颜色是泛黄的，有点类似豆浆！人类的母乳不也是泛黄的么？可否以此类推，奶牛的乳汁也应该是泛黄的？国内奶牛是打了抗生素才这样的吗？

这是个很好的科普话题，能涉及不少科学知识。

首先，牛奶、羊奶、水牛奶、骆驼奶，它们整体上都是白的，为什么是白的？这是因为乳化作用所致。

牛奶里有 87% 以上的水，还有 3%～4% 的脂肪。人们都知道，水和油是不能混溶的，鸡汤里有 2% 的脂肪也会明显浮在汤的表面，而且是淡黄色的鸡油。牛奶中能分离出黄色的黄油，可是为什么牛奶中的脂肪就不会分层上浮，也不会看出黄色呢？

这是因为乳化作用的缘故。乳化作用的关键是要有一种表面活性剂，它的分子中，有一部分特别喜欢水，另一部分特别喜欢油。它就像和事佬一样，一只手拉住水，另一只手拉住油脂，让它们不能分家单过。这样，水和油就能完美地融为一体。比如各种奶类，比如蛋黄酱、千岛酱，比如芝麻酱调味汁，其中既含水，也含脂肪，却显得非常均匀和谐，其实都是因为乳化作用的缘故。

牛奶中的乳化作用，就是因为有一些蛋白质作为乳化剂。这些蛋白质包裹在细小的脂肪球表面上，能让脂肪球均匀地分散在水里，而且不会互相碰撞而重新聚成大油滴。

牛奶的脂肪如果分离出来，就是黄油了。它的黄色来自于胡萝卜素。但是，一旦乳化之后，这种黄色就不容易看出来了，而微小脂肪球的光学散射作用使它呈现乳白色。

乳白色不是一种色素造成的，而是一种光学现象。即便是农药，不是牛奶，只要乳化好了，都可以呈现出乳白色。

以前来访的日本专家曾经说过一件事，那边的年轻女白领喜欢颜色特别白的牛奶，嫌市场上卖的还不够白，于是加工专家就绞尽脑汁研究怎么处理才能更白一些。一般来说，脂肪球越小、越密集，散射作用就越强，白色的感觉也会越明显。可是，天然牛奶的脂肪球大小不一致，而且有些确实比较大。所以，通过更细致的均质处理，让牛奶在压力下通过极为细小的孔，把大的脂肪球打碎，变成小球，乳化得更细致，牛奶的颜色就会变得更白（我当时想：日本女生喜欢奶白色皮肤也就罢了，为什么喝牛奶也这么执着地喜欢白色啊！大概是怕黄色的牛奶影响自己的皮肤颜色吧！）。

当然，牛奶的颜色其实和季节、饲料都有关系。牛吃的类胡萝卜素比较多，比如饲料中给很多胡萝卜和绿叶菜，牛奶的黄色就会明显一些。在牧场啃草的牛更明显，因为夏天吃青草比较多，所以牛奶在夏季颜色略黄一些，冬季就颜色淡一些。

在经过均质处理之后，随着存放时间的延长，细小的脂肪球有可能会慢慢聚集，又会变大，白色就没那么清爽了。不过，这并不是进口灭菌奶颜色不白的主要原因。

为了漂洋过海长途运输，就需要很长的保质期。市售巴氏奶的保质期只有几天到十几天，不可能合乎长途运输的要求。所以，进口牛奶通常是方盒包装的灭菌奶。灭菌奶都是长货架期产品，国内产品的保质期是 6~8 个月，进口产品的保质期通常是 12 个月。延长保质期的方法并不是添加防腐剂，而是大力度的高温灭菌处理，把活着的微生物和最耐热的细菌芽孢全部灭掉，同时无菌灌装到盒子里。既然里面的菌和芽孢都死光了，外面的菌也进不来，自然就能在室温下放一年而不坏。

然而，经过 120℃以上，甚至高达 140℃的高温灭菌处理之后，牛奶中的乳糖和蛋白质会发生美拉德反应，让牛奶微微发生褐变（把面包放进炉子里面烤，它会从白色变成褐色，就是发生了美拉德反应，只是牛奶的反应比较轻微罢了）。虽然褐变不那么明显，用色差计测定一下还是会发现，灭菌处理让牛奶的白度下降了。

所以，那些能在室温下存放 12 个月的进口灭菌牛奶，和加热温度只有 80℃多点，保质期只有几天到十几天的国产巴氏奶相比，颜色肯定就没那么白了。

母乳没有被均质处理过，而且人类乳汁的蛋白质含量只有牛奶的 1/3。它没有那么白，没有那么浓，有点黄色，有点稀，是很正常的。

如果把牛奶中脂肪球外面那层蛋白质膜破坏掉，脂肪就会聚集起来。藏族姑娘打酥油就是这么干的，用剧烈的剪切力让蛋白质变性，脂肪球失去了保护就会聚集在一起。因为乳化效果已经没有了，牛奶中的脂肪就露出了黄色的真面目，聚集成为大块的黄色脂肪。

那么为什么稀奶油还是乳白色的呢？这是因为它是用低速离心方式分离出来的，乳化层没有破坏，脂肪球表面的蛋白质还保留着。即便不是动物奶油，用植物奶油也一样可以做成白色奶油状，因为其中人工加入了乳化剂。

总之，牛奶颜色白不白这件事，和给牛打不打抗生素没有关系。它也不能作为挑选牛奶产品的唯一标准。

当然，巴氏奶的新鲜度和营养素保存率都高于灭菌奶，如果能每周购物两次，在家里用餐，它是略好一些的选择，但出门旅行，还是可以带灭菌奶同行的。

都是
美味
牛奶

牛奶和它们混着吃，怎么有点吓人？

7

　　牛奶和很多食物搭配都相当美味，比如牛奶佐面包，牛奶佐馒头，牛奶拌粥，热牛奶溶巧克力，还有牛奶拌豆浆等。但是，很多网友表示，牛奶和某些食物相遇时，可能会出现一些有点恐怖的现象。于是，我们常常听到这样的问题：牛奶和木瓜一起打浆，放一会儿会凝固，味道很苦，是有毒吗？把猕猴桃加到牛奶里拌，味道变苦了，不知是否有害？橙汁加牛奶会看到沉淀，有毒吗？咖啡和红茶加奶之后，为什么杯子里会出现细细的豆花……

　　变苦了？凝固了？沉淀了？变成豆花状了？是不是有点恐怖？这些混合物还能吃吗？该怎么吃？

　　其实这些问题，都要从牛奶中的蛋白质说起。

　　虽然主要成分是水，但牛奶中的关键成分还是蛋白质，其中比例最大的是酪蛋白，占到牛奶蛋白质总量的 80%。

　　酪蛋白家族主要由 $\alpha s-$、$\beta-$、$\kappa-$ 三兄弟构成，它们在钙离子和磷酸盐的帮助下，团结在一起，以酪蛋白胶粒的形式存在于牛奶中。其中比较排斥水分子的 $\alpha s-$酪蛋白和 $\beta-$酪蛋白形成内核（亚基），而和水分子关系融洽的 $\kappa-$酪蛋白则会在最外部构成一个"壳"。这样就让一个个酪蛋白胶粒和大量的水和平共处，使牛奶看起来是均匀的。如果遇到一些不利的条件，破坏了酪蛋白胶粒的稳定性，牛奶酪蛋白和水分道扬镳，就会出现蛋白质抱团沉淀的现象。

牛奶加水果为什么会变"豆花"？

这是因为水果太酸啦！正常情况下，牛奶自身的 pH 值为 6.6，此时酪蛋白胶粒很安稳。但水果、果汁、可乐、醋等酸性食物，pH 值都很低，把它们加入牛奶中之后，会使酪蛋白胶粒中的钙和磷酸盐逐渐脱离集体。当 pH 值低到酪蛋白的等电点（pH=4.6）时，酪蛋白所带的电荷最少，亲水性严重下降，钙离子和磷酸盐也大批离开，酪蛋白胶粒的稳定结构被打破，于是就出现了"豆花"样的沉淀。

虽然这一过程会影响美观和口感，但不会阻碍牛奶蛋白的消化吸收。因为还有更厉害的胃酸在等着呢！胃酸的酸性远远高于果汁，所以只要把牛奶喝进胃里，早晚都得变成"豆花"状态。

除了水果外，我们常喝的奶茶、牛奶咖啡等，其实也有着很多细小的絮状沉淀。这是因为咖啡、红茶、可可等食物中，除了有机酸之外，还含有丰富的单宁，它会和蛋白质以疏水力和氢键等方式发生结合。吃到口腔里之后，它们和口腔黏膜蛋白质发生反应，就会产生涩的感觉。加到牛奶中之后，则和牛奶蛋白质发生反应，产生絮状物。这个沉淀反应确实会稍稍影响牛奶中蛋白质和钙的利用率，但奶里面的蛋白质和钙太多了，单宁物质相对数量较少，不可能把所有的蛋白质和钙全部结合掉。而且，产生的絮状物并没有什么毒性。毕竟人类喝奶茶、加奶咖啡、拿铁等饮料，也喝了好多年了……

还有很多人看过把牛奶倒入可乐之后发生沉淀的视频，其实也是一样的道理——可乐太酸了。可乐比果汁和醋的 pH 值还要低呢，牛奶酪蛋白当然扛不住。

在牛奶的各种沉淀现象中，最讨喜的应该是和酶的相遇了，我们常见的奶酪、姜汁撞奶、木瓜撞奶等，都少不了蛋白酶的功劳。各种微生物和动植物所产生的能够形成奶冻的蛋白酶，也称为凝乳酶，在 pH 值和温度等条件适宜时，会将 κ - 酪蛋白从特定的地方切断，变成副 κ - 酪蛋白。这样，失去了外壳保护作用的酪蛋白胶粒，会因为疏水作用互相牵手而逐渐凝聚。最终，在钙离子的帮助下，αs-、β - 及副 κ - 酪蛋白，共同形成了不溶性的凝冻状态。要想让凝冻细腻、口感美好，必须精确地控制蛋白酶的活性和凝聚的速度。所以要做好一碗姜汁撞奶，奶的温度、姜汁的新鲜度（蛋白酶活性）、牛奶的蛋白质浓度、姜汁和牛奶的比例等，都是很重要的细节。

讲完了沉淀，再来说说味道。网友们反映，牛奶加了木瓜或猕猴桃后，会产生苦味，其实这是蛋白酶搞的恶作剧。猕猴桃、木瓜、菠萝、芒果等水果中，含有较多的蛋白酶，特别是不太熟的猕猴桃，酶的活性相当可观。

如果在做肉类美食时，先用这些水果泡一泡肉丁，能够起到一定的嫩肉效果。但对于嘴巴和牛奶来说，和这些蛋白酶亲密接触时就不那么愉快了。吃生猕猴桃和菠萝时，有扎嘴的感觉，是因为酶分解了口腔黏膜的蛋白质造成了痛感。把这些水果放进奶中，如果不是马上吃掉，而是过半小时后再吃，那么因为这些酶会迅速分解牛奶中的蛋白质，生成一些带有苦味的肽类，会让牛奶的味道变得难以下咽。同时，牛奶也可能会变成凝冻状——刚才已经说过凝冻的原因了。

在和牛奶做搭档这件事上，水果可以说是状况连连。不过，在了解牛奶蛋白的特性后，我们就能够想办法让它们和睦相处了，以下几个原则很重要。

①牛奶或酸奶中所加的水果不要太酸、太涩、太多。不够熟的水果往往更酸涩，和牛奶蛋白质的作用更强。

②杀灭或抑制酶的活性，比如把水果蒸煮熟，或者和牛奶一起打浆时加些冰块降温。

③水果切大块放进酸奶中，不要切得太碎，让酶和牛奶蛋白质的接触面小一点。然后赶紧吃掉，减少酶作用的机会，就不会有苦味的问题了。

有朋友要问了：那么"木瓜牛奶"这道美食该怎么做呢？很简单，只需先把木瓜蒸熟，或者用微波加热到中心温度为 70℃ 左右，把蛋白酶灭掉，就可以放心地和牛奶搭配了。比如说，木瓜炖牛奶时，先炖木瓜，后放牛奶，味道还是很不错的，既不会发苦，也不会有沉淀。

至于如果想喝水果奶昔或吃水果冰沙，只需保持在低温条件下打浆，或者把水果和牛奶先冷藏，再加些冰块便可（低温能够暂时抑制酶的活性）。不过，只要温度升高，蛋白酶还是会活跃起来的。所以在打好之后，趁着冰爽感还在，尽快享用它们吧！

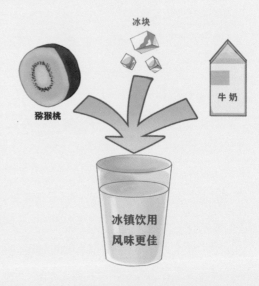

味精有毒？吃味精会发胖？

味精（谷氨酸钠）这种添加剂可能遇上麻烦了。欧盟食品安全局于 2017 年 7 月 12 日发表声明，对涉及谷氨酸和谷氨酸盐（包括谷氨酸钠，即味精）安全性相关研究报告进行重新评估之后，认为需要限制消费者摄入这类食品添加剂的数量。

味精的毒性有多大？

虽然西方曾经有"中国餐馆综合征"的传说，少数用餐者吃了含有大量味精的菜后会感觉头痛、脸红、呼吸及心跳加速等，很多欧美中餐馆明示"没有添加味精"，不过这种情况在中国人当中十分少见。

从毒性试验角度来说，小白鼠口服味精，其 LD_{50}（半致死量）为 16200mg/kg；而食盐为 5250mg/kg；根据毒性分级，$LD_{50} > 15000$mg/kg 即为绝对无毒。也就是说，味精的急性毒性比食盐还要小得多！实际上，谷氨酸可以用作清除血氨的保肝药物，口服量高达几千毫克以上。

在我国的食品添加剂安全标准 GB 2760—2014 当中，味精被归类为可以按照生产需要数量来自由添加的食品添加剂。

欧盟打算限制味精的理由是什么？

那么，欧盟最近嚷嚷着要限制味精的摄入量，原因是什么呢？按该机构的说法，谷氨酸盐可能给人带来的不良反应，除了头痛、口渴之外，还有升高血压、提升胰岛素水平等。头痛、口渴和升高血压的后果比较容易理解，因为味精（谷氨酸钠）也是钠盐，3 勺味精或 2 勺鸡精，就相当于 1 勺盐的含钠量。如果在正常放盐之后再加很多味精、鸡精，显而易见，会显著提高一餐中的钠摄入量，和多吃盐是一样的。盐摄入过多则会造成口渴、血压升高，部分人吃得过咸之后还容易头痛。如果把谷氨酸钠换成谷氨酸钙，有可能消除钠过量带来的麻烦，但如果大量添加，每天吃好几克钙，也有超量的可能性。

味精促进中国人发胖？

不过，如果由中国专家来评估谷氨酸盐的安全性，限制它的可能原因也许是担心吃味精会导致肥胖。

其实，味精是否增肥，早就是学界讨论的话题了。

以往在一万多名我国居民中进行的跟踪调查研究发现，即便年龄、性别、食物热量摄入和体力活动量完全一样，只是膳食中谷氨酸盐的摄入量高，也就是味精吃得多，就有促进成年人体重增加的危险。在消除其他相关因素影响之后，摄入量最高的前20%受访者（中位数4.19g/d）比摄入量最低的后20%受访者（中位数0.63g/d）的肥胖风险增加了40%（He et al, 2011）。

关于味精增肥的原因，有各种学说。生理学研究很早就发现，谷氨酸是一种兴奋性的神经递质，大量的谷氨酸甚至会使下丘脑的神经坏死。实际上，在制造肥胖小鼠模型时，方法之一就是注射大量谷氨酸来破坏新生动物下丘脑的食欲控制功能。即便如此，多数研究者还是相信，从食物中吃进来的谷氨酸钠，首先量没有那么多，其次也不可能大量从肠道中进入大脑，引起食欲控制的障碍，所以正常量的谷氨酸钠是安全的（Brosnan J T et al, 2014）。

也有研究显示，即便是经口摄入，高水平的谷氨酸盐也可能使大脑的弓状核发生病理性改变，引起对"瘦素"（一种脂肪组织分泌的激素，有利于降低体重）的抵抗，降低食欲控制功能（Hermanussen M et al, 2006）。

还有研究发现，在动物试验中，高摄入量的谷氨酸钠降低了大鼠胰腺的 β 细胞量，而这种细胞是分泌胰岛素的场所，也就暗示着过多的谷氨酸盐有可能影响血糖控制能力（Boonnate P, 2015）。不过，这项研究的味精摄入量是 2mg/g（体重），这个量相当于一个 60kg 体重的人每天吃 120g 味精，比平均摄入盐的量还多 10 倍，显而易见是完全不符合常情的。并没有试验能证明，我国居民日常摄入量（从不到 1 克至几克之间）会引起同样的麻烦。

味精增肥，是因为让人多吃么？

有些人会提出疑问：味精让人胖，难道不是因为味精能增鲜么？如果食物味道鲜美，能促进食欲，就会让人想多吃啊！多吃就会胖啊！但是不要忘记，在我国的研究当中，即便在同样能量摄入水平下比较，仍然能发现味精促进肥胖的效果。可见，这种效果未必与多吃东西有关。

实际上，"味精让人多吃"这种说法本身就有争议。国外研究发现，在提升鲜味之后，虽然会让人感觉美味，暂时性地增加食欲，但同时也会提升饱腹感（Masic U，2014）。在超重肥胖女性中做的研究发现，在富含碳水化合物和蛋白质的餐前汤里添加味精后，虽然当时食欲增加，但一日取食的总能量摄入反而会减少（Miyaki et al，2016）。所以，食物加了味精一定会造成食量上升的说法很难站住脚。其他一些国家的膳食调查并没有确认味精促进肥胖的效果，说明味精的作用还可能与国情、膳食内容和遗传体质等其他因素有关。

新发现：味精增肥，可能与肠道细菌有关！

那么，为什么在中国的多项调查中的确发现吃味精和发胖有关呢？我国研究者在 *Nature Medicine* 上发表的最新研究提供了一个可能的答案。这项研究把谷氨酸盐、肥胖和近期最时髦的肠道微生态联系到了一起。

研究者发现，在中国人的肠道当中，胖人和瘦人的菌群不一样。其中有一种 BT 菌（多形拟杆菌），在胖人的肠道里特别少，可算是有中国特色的瘦细菌。把这种 BT 菌灌入肥胖小鼠的胃里，结果，这种菌能够把谷氨酸代谢为 γ - 氨基丁酸，使血清中的谷氨酸浓度下降，胖老鼠的肥胖程度也减轻了。在胖人当中的研究也证明，BT 菌含量升高之后，血液中的谷氨酸含量就降低了，同时脂肪酸的分解增加，脂肪积累减少，于是老鼠就变瘦了（Liu R et al，2017）。

这就能解释，并不是什么人吃味精都会胖。如果你比较幸运，肠道菌群中的 BT 菌比较多，那么即便吃进去谷氨酸，也有 BT 菌帮忙来处理掉，很可能血液中的谷氨酸浓度并不会升高，对瘦素和脂肪代谢不至于产生影响，那么人也不会发胖。

当然，胖瘦并不是只有谷氨酸这一种影响因素。即便你吃了加味精的饭菜，但因为食物营养平衡合理，运动比较充分，代谢活力高，也照样是不会发胖的。

食物中会吃进过多味精吗？

再回到限制味精摄入量的话题上来。按食品加工和烹调的教科书所讲，在食品中味精的最佳添加量为 0.2% ~ 0.5%。如果喝 200g 汤（一次性纸杯 1 杯或吃饭的小碗浅浅 1 碗），就要喝进去 0.4~0.6g 味精。通常人们每天会喝 2 碗汤，再加上吃至少 400g（2 小碗）的菜肴，加起来就是 1.6 ~ 2.4g 味精。

谷氨酸的每人每天允许摄入量 (ADI) 为 0 ~ 120 μg/kg（以谷氨酸计，不是谷氨酸钠）。在食品加工中一般用量为 0.2 ~ 1.5g/kg。而 0.12mg/kg 相当于 60kg 的人摄入 7.2g 谷氨酸。

不过，即便欧盟的这个提议获得通过，也不是把味精完全禁掉。按照 30mg/kg（体重）限量，相当于 60kg 的人摄入 1.8g，正好相当于我国居民日摄入量中位数。不过，考虑到已经有大批居民超过了这个数量，还是要提示一下，无论鸡精还是味精，都不能大勺大勺地加，少量撒一点增味就好了。如果已经加了增鲜酱油，其中含有了谷氨酸盐，那么就不需要再加入鸡精了。需要担心的，并不是家庭烹调时放太多味精或鸡精，而是下馆子。大厨做菜的时候，往往和加盐一样，用大勺来加味精和鸡精。这可真是很难不超量啊。

还需要考虑的是，食物中的谷氨酸摄入量，不仅仅取决于增鲜剂，还取决于其他富含谷氨酸的食物。由于谷氨酸是一种氨基酸，它在天然食物中就大量存在。比如说，面粉蛋白质中的谷氨酸含量就相当多，甚至在 20 世纪初，人们还曾经用水解面粉蛋白质的方法来生产味精。面食那么招人喜爱，让很多人吃了就停不下来，除了它的多样化口感之外，很可能和其中富含谷氨酸也有一定关系。

你不知道的好处：味精还可以这么用！

当然，对那些瘦人来说，也许可以反其道而行之。味精不仅能够增加食欲，还能够为肠道细胞更新修复提供能量，所以用在增重餐中会是个不错的选择。也有调查研究提示，味精摄入多则患低血压和贫血的风险比较小，而瘦人当中常常出现这些情况（在我的增重食谱中，也常常把味精、鸡精作为调味料加进去哦）。

此外，希望读者不要因此把谷氨酸和味精看成洪水猛兽。其实谷氨酸本身还是一种营养药物。作为一种非必需氨基酸，它可以给人体组织提供营养，既能内用于肠道，又能外用于皮肤和头发，对毛发和皮肤的养护有一定营养功效。

香油里检出苯并芘，还能吃吗？

前两年曾有媒体报道，几种食用油在国家质检总局的抽检当中查出苯并芘超标。有朋友问：到底是添加了什么有害物质啊？那国产烹调油还能吃吗？

我也看到了相关信息，说这次抽检当中检查出苯并芘超标的主要是棉籽油、小磨香油、小榨菜籽油和小榨大豆油。首先大品牌的油脂没有超标情况，其次日常炒菜主要用的精炼大豆油、花生油、玉米油、葵花籽油、稻米油、茶籽油、橄榄油等均未有超标情况。

所以我安慰她说：不影响我们日常使用炒菜油。我们不能因为全国千万个产品当中有几个超标的，就以少概全，认为所有油都不能吃了。

朋友接着追问：为什么油脂容易出现苯并芘超标的事情呢？好像听到过好几次了。

我说：这些样品之所以超标，推测是因为加工中的温度过高。油籽本身是不含有苯并芘的，加工过程中也不可能添加这类成分。但是，油脂在 200℃以上时就有可能产生致癌物，300℃时必然会产生苯并芘之类的多环芳烃类致癌物。因为榨香油也好，榨菜籽油也好，都要先把油籽加热炒香，炒制的过程中如果温度控制得不均匀，很容易局部过热，从而产生致癌物。这可不是添加什么物质造成的。

另外，如果粮食、油籽之类收获之后在大马路上晾晒，有可能沾染上沥青里面的致癌物；如果用装了工业物质的桶来装油，也有可能被有害物质污染。欧洲曾经在 2000 年和 2008 年发生了饲料的二噁英污染，就是因为装在了工业桶里。

另一位朋友困惑地说：不明白啊，为什么是小磨香油和小榨油超标呢？我一直觉得这些都是传统工艺，应当是比较安全的啊。我妈妈就爱买那种农家小作坊里面手工炒制压榨的油呢。

　　我说：你还真是说着了。所谓传统工艺，都是在没有食品安全标准的年代里发展起来的，是否产生致癌物，它们本身是难以控制的，需要用现代科学来帮助它们提升安全性。

　　比如说，传统的小磨香油使用水代法，它先把芝麻炒香，然后磨成芝麻浆，再利用水和芝麻中蛋白质的亲和性，把油取代出来。油浮在表面上，分离出来就是香油了。这种方法的确不用任何化学溶剂，也不用添加剂，是古老而智慧的方法。

　　但是，人工炒芝麻或烤芝麻的时候，温度不一定能够保证均匀，偶尔局部过热也是在所难免的。由于苯并芘的检测十分复杂，需要高精尖的分析仪器，在古代完全不可能测定。所以，很多传统工艺如果不加以改进，反而可能是相当容易产生不安全因素的。这不是生产者的主观故意，而是客观上存在安全隐患。

　　有很多人迷信"家庭手工操作"，认为只要是小规模手工操作就万无一失，其实这是一个误区。在工厂现代化生产当中，设备先进，对温度的控制比较严格，即便如此，偶尔也有疏忽的时候，在油脂的精炼过程中温度超标，产生致癌物。而家庭手工操作根本就很难控制加工过程中温度的均匀性，所以产生致癌物的机会更大。

　　相比于制度规范、工艺参数固定的现代食品加工厂，人工操作时，产品的品质还与操作人员的素质和责任心有极大关系。如果油脂原料本身品质不够好，或者小作坊储藏条件较差，存放过程中容易出现轻微的霉变或脂肪氧化，油脂的品质会更令人担心。

　　还有朋友问：这么说，小磨香油就不能吃了？我家吃了多少年了啊！芝麻和油菜籽不炒香，直接榨油不可以吗？这样就没有致癌物了？

　　我说：这样当然不行，因为如果不炒香，就没有香气。香油和菜籽油如果没有香气，很多人也就没兴趣吃了。昂贵的冷轧坚果油就是没有炒香的，比较健康，不过香味确实差得远。

　　不过，也大可不必为此担心。因为即便含有致癌物，也要含量足够多才能致癌。相比于炒菜油，人们放香油的数量是比较少的。但是，香油的致癌物标准和其他油一样。那么，在同样多的苯并芘含量前提下，靠香油所吃进去的致癌物数量也比较少，到不了实际引起癌症的剂量。所以，并没听说因为吃香油而导致癌症的事情。

　　香油还有另外一个比较安全的地方，那就是它基本上是用来凉拌，直接加到食品里，并不会再次受到高热。而其他油脂是用来炒菜的，特别是爆炒、锅里过火和反复油炸的时候，因为加热程度过高，很难避免产生苯并芘之类的致癌物。换句话说，虽然厂家出厂的时候指标全部合格，但是在你自己家的锅里，却未必能够保证不产生致癌物啊！

实际上，香油的营养价值还是不错的，它含有芝麻酚类抗氧化物质，所以在没有精炼的情况下保存期还比较长。同时，它因为没有经过精炼，含有非常丰富的维生素 E，还有微量的矿物质。从脂肪酸的角度来说，芝麻油中以亚油酸略占优势，占将近 50%，但也有40% 左右的单不饱和脂肪酸，脂肪酸的比例比玉米油、葵花籽油之类更好一些。

大家都说：太好了，可以继续吃香油了。不过自己家里能生产致癌物这件事还真没想到！还以为除了地沟油和超标油，在家里烹调就没事了。

香油酌量食用，几滴就可以

土豆不冷藏，会产生毒素吗？

10

听说土豆不能冷藏？买来放在外面没几天就变青发芽了怎么办？削皮后还有毒么？

近来有网友问：听说孕妇不能吃土豆？土豆里面含的毒素会让胎儿畸形吗？我吃了两个发青的土豆，把皮已经厚厚地削掉了，会有什么不良影响吗？

要解答这个问题，先要说到土豆中可能含有什么样的毒素。

土豆为什么会制造毒素？

土豆，学名马铃薯，属于茄科植物。它天然含有一类微量的含氮甾类生物碱有毒物质，叫作龙葵素，也称龙葵碱或茄碱，通常以糖苷的形式存在。对于土豆来说，这种生物碱是它自我保护的厉害武器，具有抗病、抗虫、抗霉菌作用，并起到防止其他动物啃食马铃薯幼芽的作用。

龙葵素的毒性损害细胞的生物膜。和有机磷农药十分类似，会让人感觉口舌发麻、恶心、腹泻、神志不清等，严重时可以致死。2002 年的一项研究还发现，即便是不会引起明显中毒的数量，土豆中的毒素达到一定数量之后也会伤害肠道黏膜，从而引起肠道不适和消化系统功能慢性障碍，比如肠易激综合征 (IBS)。

土豆可以带皮吃吗？

在正常情况下，这种毒素在土豆中的含量非常非常低，不至于引起中毒。我国于 1995 年发表的测定数据表明，含量最低的是普通土豆的去皮部分，按鲜重计算，100g 土豆肉中的含量仅有 0.014g；如果要连皮一起吃，则含量稍高一点，为 0.026g。不过，如果土豆变绿，则 100g 绿色部分的毒素含量升高至 0.156g，而发芽部分为 0.179g。

安全食用的标准是多少呢？要想放心大量吃，100g 鲜重中的含量最好低于 0.020g。对于这种毒素来说，大鼠的半致死量是 75mg/kg（体重），大约相当于体重为 50kg 的人每天吃 3.75g，相当于吃带皮土豆约 15kg 的水平。用这个量除以 100，每天吃正常的带皮土豆 150g，仍不至于引起中毒。

可见，没有发芽变青的土豆，如果能薄薄地削去皮，自然是最为安全不过的；不削皮的土豆，如果吃得不是特别多，也不会有中毒问题。如果吃发芽变绿的土豆，可就有相当大的中毒危险了。

研究者提示，对于局部发芽变青的土豆，如果情况不太严重，只要厚厚地剜去芽眼，削去发青部分，仍然可以烹调食用。但是如果变青发芽的比例太大，则建议把土豆扔掉。

还好，土豆中的毒素并不会在人体中长期积累，而会很快代谢掉。如果真的对毒素有反应，很快就会出现胃肠道不适的情况。由于每个人的胃肠健康水平不同，那些胃肠功能差的人对土豆中的毒素会更为敏感。当然，如果吃了去掉芽眼和发青部分的土豆之后，一天之内都没有任何不良反应，连消化不良和产气增加的症状都没有，那么以后也就不会出什么问题了。所以，文章开头那个吃了发芽土豆的准妈妈不用太担心。

如何保证土豆的安全性？

不过，国内外的数据还发现，不同品种和栽培条件的土豆，其中的毒素含量差异很大。一般来说，遭遇干旱、没有充分成熟、感染病害、被害虫咬伤的土豆，其中的毒素含量都会升高。健康成熟的新鲜土豆中毒素含量最低。

储藏方面的研究也发现，土豆喜欢冷一点的环境，储藏的温度越高，其中产生的毒素就越多。国外研究发现，如果有光照，则 7℃下 24 小时后毒素含量会翻倍；16℃下变成 4 倍，24℃下甚至上升到 9 倍！因此，如果没有菜窖，土豆最好不要多买，及时吃掉最好。

在炎热的夏秋季节，土豆买回来以后一定要及时放在冰箱里。冬春季节天比较凉的时候，也不要放在有暖气的室内，最好能放在温度较低的阳台。同时，最好用黑色或不透明的袋子包装起来，不要让它见光，免得土豆们蠢蠢欲动地准备发芽，升高毒素的含量。

这种毒素在水里溶解得不是很多，所以用自来水浸泡效果不好。酸性条件下它才能部分溶解出来，而酸性条件下加热还可以破坏它。所以，烹调土豆的时候加点醋是个好办法，既能保证安全性，又能改善口味。

毒素也能变成良药？

近年来的最新研究表明，龙葵素虽然多吃有毒，但少吃却未尝不是一种疗效成分，因为它具有很强的抗肿瘤作用，对胃癌和直肠癌都有很好的抑制作用。

这些研究再一次告诉我们，所谓"药食同源"之说，果真不谬。目前，人类在植物中发现的各种抗营养因素、有毒因素，毫无例外都能被开发成人类的保健品或者药品——多吃是毒，少吃是药。

既然如此，我们也不必因为龙葵素的存在而对土豆敬而远之。只要储藏、烹调得法，就能与毒素和平相处，和营养充分接触。美食、安全和健康三者可以兼顾，信之。

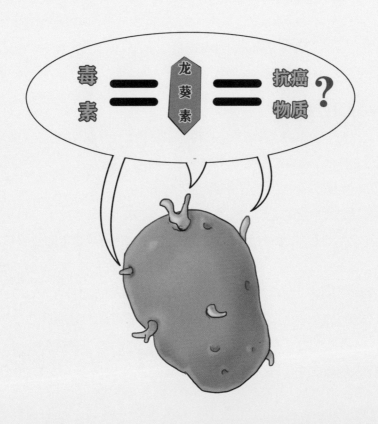

蕨菜致癌？致癌食物还能吃么？

11

又酸又辣又 Q 弹的蕨根粉，是很多人最爱的凉菜。

对于餐馆里的蕨菜和蕨根粉，有人说是纯天然野菜，营养丰富，还能清热解毒，有利于健康；有人说会导致胃癌，网上还有文章说蕨菜天然含有致癌物。到底哪个说法对呢？

看到一种食品原料致癌的说法，首先不要过于紧张。除了抽烟会增加肺癌、喉癌、口腔癌等癌症的患病风险之外，很多食物原料，在吃得不合适的时候都可能促进癌症的发生，比如：

①吃红肉加工制品会增加人体发生肠癌等癌症的危险；

②吃不合格的腌菜咸菜，甚至多吃盐，就会增加胃癌的发生危险；

③喝碳酸饮料会增加食管癌的发生危险；

④吃熏鱼、咸鱼等会增加胃癌和肠癌的发生危险；

⑤喝酒会增加多种癌症的发生风险，等等。

但是，人们仍然经常消费这些食品，并不显得非常害怕。减盐的努力非常艰难，为了防癌而戒酒的人比例也不算高。

问了几位朋友，你们为什么吃肉的时候总是这样勇敢呢？为什么吃烤肉还这样开心呢？难道不知道里面会有苯并芘和杂环胺类致癌物？他们说，吃烤肉终其一生，也不过是增加致癌的风险，又不是说吃一次就会致癌啊。

没错。其实危险就在于长期、大量地消费某些食物。毕竟人体有自我调整的功能，食物不是毒药，少量消费，偶尔消费，未必会产生多大的危险。加工的方法不同，吃的数量不同，吃的人体质不同，效果都会很不一样。砒霜虽能致死，少量用却可以治疗某些类型的白血病呢。

就蕨根粉这件事情来说，其实麻烦的根源来自于蕨这种植物本身。它含有一种苷类的致癌物（原蕨苷），国外研究发现这种物质的确有致癌效应，而且经常吃蕨的幼嫩部分的日本某些地区的居民，也的确食道癌发病比例较高。幼年经常吃蕨菜，可能增加成年后患胃癌的风险；甚至动物吃蕨菜之后，分泌的乳汁中也含有微量的致癌物。人们最爱吃的蕨菜嫩芽，正是致癌物含量最高的部位。这些都有明确的科学研究证据。

（题外话：记得以前去日本的时候，看到餐馆中的"定食"配方里，配着生鱼片、天妇罗、肉排、米饭和酱汤等，常常会有一小碟蕨菜。大概有 30g 左右的量。日本食客们都面不改色地吃了，没看到谁面现恐怖之色。）

言归正传。我想说的是："纯天然"和"安全"并不画等号。"绝对没有化肥农药"的食物，未必就比"打了好几次农药"的人工栽培蔬菜更安全。传说神农尝百草"日遇七十毒"，那可都是"纯天然"的东西啊！

说到这里，就想起来很多山区居民把蕨菜开发成山野菜，做成干制品、罐头、软袋包装小菜等各种产品，冠以"天然无污染""健康安全"等美名，的确有点名不副实的意思。天然的有毒植物、有毒菌类太多了，蕨菜可算不上毒性厉害的主儿。让人吃几口就可以一命归西的毒蘑菇多了，都是纯天然长出来的。相比之下，人类栽培的蘑菇可是安全多了。

不过，因为蕨中含有致癌物，就推断蕨根粉一口都不能吃，蕨菜制品也一口都不能吃，恐怕逻辑上还差得很远。因为蕨虽然含有致癌物质，它的致癌效应却需要很多年的食用才能表现出来。

研究证明，蕨的提取物有致癌作用。不过，只要看看研究是怎样做的，就知道它有多大危险了。那些增加了食管癌和胃癌风险的居民，都是多年经常吃蕨菜，把它当成日常蔬菜之一的情况，而不是偶尔在餐馆吃一次。假如把蕨菜嫩芽当成小白菜、菠菜那么经常吃，真的会升高癌症危险！

比如说，国内某实验用了由蕨根提取的粗粉来饲喂动物。高剂量是全部饲料的 1/3，连续喂 365 天。即便如此，只有 10% 的动物患上肠腺瘤。相比之下，吃少量蕨根粉［（1/10）~（1/5）］的动物仍然十分健康（黄能慧等，1998）。

要知道，老鼠们的寿命只有 2 ~ 3 年，它们吃一年蕨根粗粉，相当于人类吃半辈子。我们绝大多数人既不可能每天吃蕨根粉条，也不可能连续吃 30 年。既然如此，偶尔在餐馆吃一次蕨根粉，又怕什么呢？

蕨根里面的致癌物质是水溶性的。也就是说，如果多次水洗，可能会把它的大部分洗掉。研究中用的是蕨根的粗提物，并没有经过反复水洗，而人类制作蕨根粉条的时候，却会反复清洗，再加入大量水来制作粉条，客观上降低了致癌物的含量。加热煮熟之后，还会再分解一部分致癌物。

在做蕨菜加工品时，人们为了去除它的苦涩味道，也会反复地洗泡、加碱处理、腌制处理，最后还要高温灭菌，这些加工措施都会减少致癌物的含量。所以，如果旅游期间去农家乐吃饭，偶尔吃一次蕨菜做的小菜，也是无须惊恐的。

总体来说，从风险评估的角度来看，蕨根粉中的致癌物含量本来就低，如果只是偶尔吃一次，比如一个月吃一两次，实际暴露量很小，基本上不用考虑致癌问题。但有些家庭特别爱吃蕨根粉，三天两头吃，就像东北人吃粉条一样频繁，这是有风险的。顺便提醒一下，蕨根粉中的淀粉比较难消化，胃肠不好的人吃多了可能会腹胀。

但是，为什么人们对熏肉、香肠、咸鱼、炭烤肉等食物的安全性的考量相当宽纵，对另一些食品就非常严苛呢？比如说，我相信只要有人说起大鼠吃了蕨根提取物之后有少数致癌这句话，很多人恐怕再也不会吃蕨根粉了。

我想，这可能是一种感情问题。人们对自己熟悉的食物比较宽容，对于陌生的食物就非常担心；人们对自己爱吃的东西愿意承受风险，对自己不那么向往的东西就不肯冒丝毫风险。

正如有人愿意拼死吃河豚，有人明明痛风却要吃海鲜，有人明明糖尿病却要吃甜食……这些东西的危害，难道不是直截了当地摆在面前吗？但是，人们为了感官享受，却心甘情愿地去承担危险。

看来，要真正远离食品中的风险，我们还是应当更加理性一点，把握几个最基本的原则。

①任何食物在膳食中都有个合理的份额，不可以超量多吃，比如美味红肉，吃多了也会增加肠癌风险，并不利于心脑血管疾病的预防。

②食物的食用频率和食用数量（暴露量）关系到危险大小。天天吃则危险大，偶尔吃

一点则不用那么担心。

③食物的作用和身体状况有关，对于不同遗传基因、不同体质的人，食物的好处或者坏处可能大不相同。对同一种有害物质，身体的解毒能力也各不相同。

④三餐中要尽量让食物多样化，避免总盯着少数几种食物吃。每一种食物中的健康风险是不一样的。食物多样，经常轮换，就不至于因为其中的不健康成分长期积累，而给身体带来不利影响。

⑤平日注意健康饮食，减轻压力，放松心情，避免熬夜、适度运动。这样就能尽量提升身体对抗各种有害物质的能力，这是保证健康的基本方法，也有利于降低癌症的风险。

知道这些，在判断有关食品的信息时，就可以不那么一惊一乍，不那么惶惶不安了。不过，这件事情至少可以让人们明白，"纯天然""传统食品"未必就是安全的，食物中的微量天然毒素品种繁多。所以，日常饮食还是要多样化，不要总盯着一种自以为健康的食材吃。

一、任何食物在膳食中都有个合理的份额，
不可以超量多吃。
二、食物的作用和身体状况有关。
三、三餐中要尽量让食物多样化。
四、平日注意健康饮食，减轻压力，放松心
情，避免熬夜、适度运动。

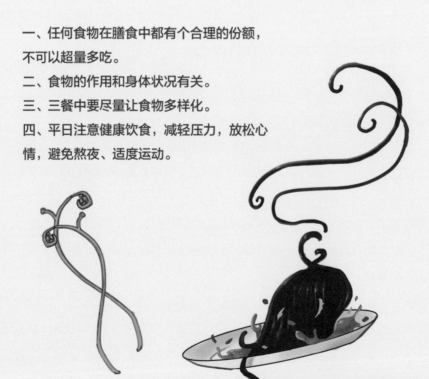

夏天吃"苦"养生？小心这些苦食物中毒！

12

一位女士告诉我：某日她买了瓠子炒菜，发现味道特别苦。本来想把苦瓠子扔掉，但她的母亲不同意。母亲说，电视上的养生专家经常说，夏天就要吃点"苦"！苦味食物清热泻火，利尿排毒！于是，她决定听母亲的话，准备继续炒熟吃，免得浪费食材。

菜上桌之后，孩子先吃了一口，觉得太苦，拒绝继续食用。她还在忙着收拾灶台没顾上吃菜，孩子就告诉她，觉得像晕车一样，头有点昏，胃里也不舒服。

这位女士赶紧给我发微信，问我这是怎么回事？我说，吃了食物之后头晕恶心，往往是食物中毒的反应，你赶紧帮孩子把吃进去的菜吐出来！于是她给孩子做了催吐，孩子吐了两次，感觉慢慢恢复了正常。她忙着照顾孩子，自己更没敢吃。

她的母亲吃了几口，也觉得有点反胃，却没有吐掉。她觉得可能是苦味的东西比较"寒凉"，胃里不舒服扛扛就能过去。没想到，还是腹痛腹泻了一整天。

这位女士上网一查，吓了一跳。原来吃苦葫芦、苦瓠子之类食物中毒的事件屡屡发生，轻则腹痛难忍，上吐下泻，重则出现严重脱水，甚至需要入院抢救。她向我道了谢，说要不是我提醒得及时，她和孩子都要发生危险了。

然后她又问了一个问题：为什么苦瓠子就有毒呢？

我说：在各种味道当中，人体对苦味的敏感度最高。通常浓度为几十万分之一甚至更低的苦味物质，就能尝出有明显的苦味，咸味到接近百分之一的浓度才能感知到，而甜味要到百分之几的浓度才感觉得到。这个差异，说明了安全性的差异。所以一定要意识到，感觉到苦味通常是身体对有毒物质的警示，不可忽视。

食品中的苦味，通常来自于一些植物的次生代谢物，其中包括苦味果仁（比如苦杏仁、苦桃仁、樱桃仁、银杏果等）中常见的氰苷等有毒糖苷，也包括生物碱类（比如咖啡因）、多酚类（比如柑橘皮里的橙皮素和柚皮素）和萜类（比如柑橘种子中的柠檬苦素）等。很多植物都把苦味物质当成自己防御敌人的"独门暗器"，比如说葫芦科植物就能生产属于萜类的家族独门苦味秘器——葫芦素类，这就是苦瓠子苦味的来源。

听到这里，女士赶紧问：可是，丝瓜和黄瓜的尾部也经常是有苦味的啊！我还吃过发苦的甜瓜和哈密瓜呢！日常吃的苦瓜自然不必说了。难道说，它们都是有毒的吗？

我说：您还真说对了。苦瓜、甜瓜、丝瓜、黄瓜、瓠子、葫芦等，都是属于葫芦科的植物，它们含有葫芦素类生物碱。这些生物碱结构大同小异，有十几种之多。它们不同品种之间的毒性水平差异很大，半致死量（LD_{50}）从几百毫克、十几毫克到几毫克的都有，最毒的品种的 LD_{50} 数值比砒霜还要低。当然，也无须太过恐惧，因为生物碱本来就不是大量吃的东西，在植物中含量很低，是以 mg/kg 来计算的。

女士听得有点毛骨悚然：真可怕啊！可是，不是说苦瓜能排毒、减肥、美容吗？

我说，大多数人可以接受微苦的味道，比如苦瓜、芥菜、茶叶、柚子、咖啡、可可等。它们都含有苦味物质，但含量较低或毒性较小。不过，这并不意味着这些食物适合每个人，也不意味着可以天天大量吃。因为听说夏天必须吃"苦"，天天勤奋吃苦瓜，造成慢性腹泻的女性，我不止见过一个。我直接建议她们停掉苦瓜，过两天腹泻就好了。

此外，对苦味物质的反应还与体质和健康状态有关，比如苦瓜、柚子和绿茶粉，多数人吃了感觉清爽愉快，少数人吃了腹痛腹泻，可能是因为苦味物质通常不利于消化吸收。长期拉肚子未必"排毒"，排掉的还有营养和活力。看起来面有菜色，说话都没力气，哪里谈得上美丽和魅力呢。

女士又问：我还听电视上有医生说，吃黄瓜一定要连苦味的头一起吃，说是有抗癌作用，是这样吗？有时候整根黄瓜也能吃出苦味，不是因为偷用农药造成的么？

我说：的确，天然植物中的生物碱等苦味物质往往能入药，但正所谓"是药三分毒"，比如很多抗癌药都是高毒的。没有那个病，就别吃那个药。有人以为苦味能清热解毒，欣然吃苦，甚至无视身体的警示，故意品尝不认识的苦味野菜、苦味果仁，致使苦味食物中毒事件屡屡发生。

这些天然苦味物质，和农药没什么关系，有机食品和野生植物中也照样会产生。在黄瓜中所做的研究发现，苦味物质有基因遗传性，而且在高温、低温、弱光、干旱等不利的环境条件下，锄地时不小心伤了植物的根，或者肥力不合理时，会产生更多的苦味物质。

女士又问：最近一位女友说自己要去除湿气，每天煮中药喝。我尝了一口，真是苦得要命！可是她已经喝了1个多月了……你说苦味东西都有毒，我好担心她。

我说：我们这里讨论的是食品哦。所谓是药三分毒，药物治疗的事情还是请医生来判断比较好。我们需要牢牢记住的是一个真理：所谓良药苦口利于病，是说为了治病，有时候需要用药性很强的东西，包括有一定毒性的东西。这绝不意味着没有病的人也可以随便吃苦药，更不能把苦药当成饭菜，天天大量吃！

最后友情提醒各位朋友，一定要注意身体的报警反应。如进食后有胃堵、恶心、头晕、虚弱等感觉，要赶紧催吐。这些反应很可能是提示食物中含有致病菌、微生物毒素、天然有毒成分或有害污染物质。恶心呕吐是身体的自保功能，千万不要忍着。即便你去医院处置，医生也是要做催吐洗胃之类处理的，但耽误了时间，毒物被吸收的数量就会更多，何不在家第一时间就把有害的东西从胃里清除掉呢！

小心河鲜、海鲜吃出病来。

13

经常觉得人们对食物的态度很不公平。对喜欢吃的东西，什么都能宽容。麻烦也好，昂贵也好，危险也好，千难万险也要吃。对不太爱吃的东西，什么都可以成为不吃的理由。

几年前，我在上课时曾经问过很多学生和学员：如果牛奶多喝会增加癌症风险，你们还愿意喝吗？80%的人说：不喝了。然后问：如果肉类多吃会增加癌症风险，你们还愿意吃吗？90%的人说：还要吃，少吃几口就是了。如果问：假如虾蟹贝类多吃会增加癌症风险，你们还愿意吃吗？答案是：当然还要吃！为什么呢？因为太好吃了……

这海鲜河鲜，好吃是好吃，营养价值也的确挺高，可是麻烦也相当大。这些麻烦大致可以归结为五个类别：致病菌、寄生虫、重金属等各种环境污染、过敏和不耐受，以及增加某些疾病发生的风险。

先说说致病菌和寄生虫吧。查了一下国内外的文献，发现在螃蟹、虾、贝当中所发现的致病菌可真不少，还有诸如病毒之类致病性很强的病毒。就拿螃蟹来说，臭名昭著的副溶血性弧菌、霍乱弧菌、李斯特单核增生菌、致病性大肠杆菌之类多种致病菌，都有在螃蟹里出现的报告。特别是弧菌类致病菌，在河鲜、海鲜里特别猖獗，夏秋季节尤其污染面大。一旦中招，轻则呕吐腹泻腹痛两三天，重则需要急救。

每一个人的消化系统能力不同，免疫能力不同，对致病菌的反应也是不一样的。如果胃酸很强，能消灭食物中的绝大部分微生物，那么出现麻烦的可能性就小。而那些消化能力弱、胃酸分泌不足的人，如果烹调不足，没有彻底杀菌，或者用餐时喝大量饮料、吃大量水果，稀释了胃液，食物中的致病菌就很容易活着通过胃而进入肠道，引起细菌性食物中毒。所以，有胃酸不足问题的人，尤其要量力而为，少吃海鲜、河鲜。

同时，寄生虫的麻烦也不可小看。在虾、蟹、螺等水产品中，还可能有管圆线虫、肺吸虫之类的寄生虫。吃醉螺、醉蟹之类风险很大，烹制不熟也可能让寄生虫的囊蚴漏网。前几年因为吃未彻底烹熟的螺肉引起的管圆线虫病，给几十个患者带来了极大的痛苦。寄生虫甚至深入脑部，有的患者甚至一度被误诊为脑瘤。这样惨痛的教训不可忘记啊！

所以说，这些水产美食一定要经过加热烹调，不能一味地追求鲜嫩，更不能生吃！

不过，水产品中的污染，却是加热没法解决的问题。由于养殖环境可能有水质污染，水产品天天泡在水里，难免会吸收其中的污染物质，这是外因；还有，水产品本身就有富集环境污染的特性，水里有 1 倍的污染，到了海鲜、河鲜那里，就可能变成千万倍的污染，这是内因。

按我国报告的数据，水产品中有富集问题的污染物是砷和镉等重金属。

我国研究测定表明，水产品中的砷含量远远高于肉类、粮食和蔬菜，是膳食中砷的主要来源。砷在珠三角地区的水产品中含量较高，我国台湾地区水产品中的砷污染也比较严重（李孝军等，2009）。1988 年 FAO/WHO 推荐 JECFA 的建议，无机砷的暂定每人每周允许摄入量（PTWI）为 0.015 mg/kg，以人的体重为 60 kg 计，每人每日允许摄入量（ADI）为 0.129mg。如果吃 1kg 的鱼和海鲜，按砷含量 0.1mg/kg（鲜重）的标准高限来计算，加上其他食物，已经接近许可摄入的极限数量。

甲壳类动物（如蟹）的镉限量为 0.5mg/kg，而超标的情况比较常见，高的甚至能超标十几倍。有研究者认为蟹富集镉污染的能力比虾更强，乌贼、墨鱼之类也比较高（毕士川等，2009）。而珠三角的水产品测定数据也表明在重金属污染当中，镉超标的问题相对更为常见（刘奋等，2009）。

除此之外，还有很多报告表明水产品中会富集多种环境污染物，比如现在早已禁用的高残留农药六六六和 DDT，以及众人皆知的难分解环境污染物二噁英和多氯联苯等。一项国内研究发现，如果菜地土里的六六六残留是 0.2 ～ 3.6 μg/kg 的水平，蔬菜中的水平只有 0.3 ～ 9.8 μg/kg；若农田土中的含量是 0.4 ～ 1.2 μg/kg，粮食中的含量是 3.1 ～ 12.6 μg/kg。同地区的地表水里，若六六六含量是 0.001 ～ 0.3 μg/kg，则水产品中的六六六含量却高达 38 ～ 46 μg/kg。可见，水产品富集农药污染的能力远远高于蔬菜和粮食（谢军勤等，2003）。

所以说，为了避免摄入过多的环境污染物，海鲜、河鲜都要适量，不能多吃。如果按我国营养学会的推荐，每天吃 75 ~ 100g 的量，那么既不会造成蛋白质过量，从水产品中摄入的环境污染物也不至于达到过量的程度。所以说，很多有助于营养平衡的措施，对于提高食品安全也同样有益。

另外，从世界的角度来看，甲壳类水产品和鱼类、鸡蛋、牛奶一起，都是较容易造成过敏的动物性食品。而对于我国居民来说，虾、蟹等水产品是成年人最容易引起过敏的食物类别。其中的过敏相关蛋白质已经有很多研究，但这些引起过敏的物质，用蒸 10 分钟的方法是很难去除的。除过敏之外，还有不少人对海鲜、河鲜有不耐受反应，食后感觉胃肠不适。有的人认为是因为其中的蛋白质难以消化所引起的，还有的人认为和其中的藻类毒素或致病菌有关。但无论什么原因，只要有不良反应，就应当远离这些食物，至少是暂时性禁食。

最后要提示的是，有血尿酸高和痛风问题的朋友们、肝肾功能受损的人、有消化系统疾病的人，以及过敏体质的人，一定要节制食欲，对海鲜、河鲜浅尝辄止，必要时敬而远之。无论食物多么美味，也不能"以身殉食"。若真吃出病痛来，便得不偿失。

可是少吃啊！

我最爱吃海鲜啦！！！

腌菜致癌？也许你扩大打击面了。

14

人们都听说过多吃腌菜易致癌，腌菜被世界卫生组织癌症研究机构列入了"可能致癌的食物"名单当中，但并没有确认它一定致癌。我国几十年来的研究发现，腌制蔬菜的摄入量的确曾经和北方一些地区胃癌的高发情况有关。

但是，到底哪些腌菜会致癌？是咸菜？酱菜？酸菜？泡菜？很多网友为这些问题争得火热。这里就我所了解的相关基础知识和查阅的文献资料，纠正几个常见的误解。

误解一：盐腌菜、暴腌菜、酱菜、普通泡菜、酸菜和韩式泡菜都是一回事。

尽管这些食品都归《食品安全国家标准　酱腌菜》（GB 2714—2015）范围管理，但是其制作工艺不同，发酵方式不同，所以危险也不一样。多项研究证明，由于乳酸菌不具备硝酸还原酶，严格的纯乳酸菌发酵所产生的亚硝酸盐含量是非常低的。泡菜腌制中所加入的鲜姜、鲜辣椒、大蒜、大葱、洋葱、紫苏等配料均可以帮助降低亚硝酸盐的水平。需要酱制数个月的酱菜亚硝酸盐含量也很低。只有腌制几天就食用的暴腌菜，以及杂菌污染大、腌制时间不足的泡菜、酸菜才有促进致癌的问题。

遗憾的是，我国很多地区居民喜欢大量吃暴腌菜，还有很多居民喜欢自己把蔬菜切碎，加点盐拌一下，在冰箱里放几天，做脆口小菜吃。实际上这也是暴腌菜的变种，是不太安全的。很多调查发现，吃制作不当的腌菜，与胃癌、食管癌的高发的确存在关联，而且在样品中也查出了致癌物。

误解二：正规厂家生产的产品和小作坊制作的产品的安全性是一样的。

目前，食品企业的加工技术水平差异甚大。少数技术水平较高的企业可以做到用人工选择过的安全菌种来接种，严格控制发酵条件，从而保证产品的亚硝酸盐不超标。还有一些企业能够严格遵守传统工艺，腌制、酱制和发酵时间超过 3 周，甚至达到数月之久，也能避免亚硝酸盐超标问题。从现有的检测报告来看，正规企业生产的产品的亚硝酸盐超标现象只是少数。

然而，部分小作坊、个人制作的腌菜、酸菜、泡菜等产品没有质量控制，生产程序混乱，菌种、发酵条件、添加剂使用、储藏运输等各方面都可能存在隐患，安全难以保障。

从以上情况看出，我国应当给所有传统食品都制定一个指导性的工艺标准，明确指出生产中的危害控制关键点及具体要求，并系统性地研究食用各种酱腌菜对健康的影响。这方面可以向韩国学习韩式泡菜的制作经验，也可以借鉴西方国家制作西式泡菜的管理程序。消费者应当优先选择正规企业的产品，或按规范程序自行制作。

误解三：亚硝酸盐不超标的腌菜就一定能合格。

按照目前我国对酱腌菜类食品的抽查检测结果，正规企业生产的酱腌菜产品的主要问题是添加剂超标，比如防腐剂超标、糖精超标、亚硫酸盐超标等。为了少放点盐避免口味过咸，同时又避免微生物过度生长，企业往往会加入防腐剂；为了改善风味，可能加入糖精；为了让颜色更漂亮一些，可能用亚硫酸盐漂白或放一点色素等。相比于亚硝酸盐，这些物质毒性都很小，但毕竟超过国家标准就是不合格产品。

这里要说明的是，放入少量姜黄色素或红曲色素是无害的，它们都属于天然色素，甚至有一定的健康作用。

误解四：如果酱腌菜的所有指标都合格，就可以放心多吃了。

无论酱腌菜如何优质，它们毕竟是含有较多盐分的食物，其中的天然抗氧化成分也有较大损失，故而不能与新鲜蔬菜的营养价值相当。

这里要解释的是，酱腌菜中含有膳食纤维和一定量的钙、镁、钾等矿物质，乳酸发酵和醋酸发酵也可以产生少量 B 族维生素，故而卫生合格的酱腌菜并非一无是处。世界各国人民都喜欢食用酱腌菜，少量吃一点作为开胃食品是无妨的，但如果用它作为一餐中的主菜，替代新鲜蔬菜，就不妥当了。特别是慢性疾病患者和少年儿童，需要更多地食用新鲜蔬菜来预防疾病或促进生长，并养成口味清淡的良好膳食习惯，故不宜多吃酱腌菜。

下面再详细解释一下，什么样的腌菜是有害的。

　　第一个必须解决的问题是：腌制食品中是什么东西有害呢？其实，它的害处无非两个：第一，某些腌菜亚硝酸盐含量过高，这东西不仅本身有毒性，而且可能会和蛋白质食品中的胺类物质合成致癌性较强的亚硝胺；第二，盐分或糖分过高，对慢性疾病不利。如果还要加上第三个罪名，那就是维生素损失大，营养价值偏低，但这和有毒是完全不同的概念。

　　第二个需要说明的问题是：哪些腌制食品含有较多的亚硝酸盐呢？其实有安全问题的主要是腌制蔬菜，而且是短期腌制蔬菜，也就是所谓的暴腌菜。腌制时间达 1 个月以上的蔬菜是可以放心食用的。

　　原来，亚硝酸盐来自于蔬菜中含量比较高的硝酸盐。蔬菜吸收了氮肥或土壤中的氮素，积累无毒的硝酸盐，然后在腌制过程中，被一些细菌转变成有毒的亚硝酸盐，从而带来了麻烦。此后，亚硝酸盐又渐渐被细菌所利用或分解，浓度达到一个高峰之后，又会逐渐下降，乃至基本消失。

　　一般来说，腌菜中亚硝酸盐最多的时候出现在开始腌制以后的两三天到十几天之间。温度高而盐浓度低的时候，"亚硝峰"出现就比较早；反之温度低而盐浓度高的时候，"亚硝峰"出现就比较晚。

　　我国北方地区腌咸菜、酸菜的时间通常在 1 个月以上，南方地区腌酸菜、泡菜也要 20 天以上，这时候拿出来吃，总体上是安全的。传统酱菜的酱制时间都很长，甚至长达几个月，所以更不必担心亚硝酸盐中毒的问题。泡菜加工中严格隔绝氧气可以减少有害物质产生，腌制当中添加大蒜能降低亚硝酸盐的产生量，良好的工艺和菌种也会降低风险。

　　真正危险的，正是那种只腌两三天到十几天的菜。有些家庭喜欢自己做点短期的腌菜，也喜欢把凉拌蔬菜放两天入味再吃，这些都是不安全的做法。因为吃了酸菜鱼之类的菜肴，而导致亚硝酸盐中毒的案例屡次发生，主要是酸菜没有腌够时间，提前拿出来销售的缘故。

　　第三个要说明的问题是，盐和糖用来腌制食品，主要是利用它们在高渗透压下能够控制微生物的性质，以及帮助产生特殊风味口感的性质。糖渍不会引起有毒物质的产生，但要想达到长期保存的效果，糖的含量要达到 65% 以上，这样就会带来高糖高热量的麻烦。盐渍要想达到好的长期保存效果，也要达到 15% 左右的含盐量，口味太重，也有升高血压的风险，故而目前多数酱菜产品采用糖盐共用方法，降低咸度，让消费者容易接受。但这样的低盐腌制食品保存起来必然困难，添加防腐剂就是难免的事情了。

　　第四个要说明的问题是，腌制食品要产生亚硝酸盐，一方面有温度、盐分、时间的因素，另一方面还要原料当中含有大量硝酸盐才行。鸭蛋、豆腐之类的食品并不含有大量硝酸盐，所以腌咸鸭蛋、卤鸡蛋、豆腐乳之类的食品不可能产生很多亚硝酸盐，不利于健康的因素只是过多的食盐本身。

　　总体而言，按科学工艺生产、腌制时间充分的普通泡菜、酸菜、酱菜、韩式泡菜等食品均不会引起中毒，对人体是安全的，还能提供一部分矿物质和纤维素。无异味的咸鸭蛋、咸肉、豆腐乳、果脯等也不会产生大量亚硝酸盐等致癌物。

　　然而，与新鲜产品相比，腌制蔬菜水果的营养素有较大损失，盐或糖的含量过高，从营养健康的角度来说，还是直接吃鲜菜鲜果更好一些。

腌制时间短　　腌制时间长

怎样才能安全地吃腌菜?

15

很多人都喜欢腌黄瓜、榨菜、腊肉、香肠等各种腌渍物的口味,又怕不健康而不敢吃。也有人想自己做"一夜渍"之类的快速腌菜,但听说若时间不够长,亚硝酸盐增加更多。如何平衡口味和安全的麻烦?选什么类型的腌菜?吃多少腌菜比较安全呢?

其实,腌渍蔬菜并不一定都不健康,全世界的人们都没有放弃这类食物。对这类天然发酵而成的蔬菜加工品,人们舌尖所好的食物,与其把它妖魔化,不如合理地制作和使用它。

先要明白为什么坊间传说它们不健康,到底有害在哪里。腌菜的危害,一是传说中的会致癌,二是盐太多,三是没营养。我们一类一类地说。

先说致癌的事情。传说腌菜中含有过多的亚硝酸盐,甚至是亚硝胺这类致癌物。其实,并非所有腌菜都有这个危险。研究早就证实,用纯醋酸细菌接种发酵的酸菜,或者用纯乳酸细菌接种发酵的泡菜,都没有亚硝酸盐过多的问题,因为这些"好细菌"是不产生亚硝酸盐的。比如说西方人经常吃的乳酸发酵制成的酸黄瓜,就是腌渍食物。但是,日常生活中人们并没有用纯菌种来接种发酵的条件,自制的泡菜酸菜中难免污染杂菌,这时候才有产生亚硝酸盐的麻烦。

需要提示的是:不要以为自己家里做的腌菜就一定安全,很可能反而是最不安全的。因为家里没有纯菌种,也没有经过各种检测和抽查,往往存在安全隐患。几十年前就发现,那种自制的暴腌菜,就是自己把蔬菜加点盐腌几天,入了味有了脆口就吃的方式,确实是增加胃癌危险的错误吃法。有关这方面的知识,请参考上一篇文章。

不过,如果你只是加入了腌渍液,在冰箱里腌一夜的时间,主要是调味品的渗入,细菌繁殖速度较慢，亚硝酸盐的产生量还不至于高到危险的程度。如果在其中加入白醋、鲜姜碎、鲜辣椒碎、大蒜碎，维生素 C（用药店的维生素 C 小药片，碾碎几片放进去）等配料，那么可以有效抑制有害菌的繁殖，研究表明这些配料能够有效抑制亚硝酸盐的形成。记得不要只放盐，也不要在室温下腌，再加上以上措施，就基本上能保证一夜渍的安全性。加这些配料，腌出来也会很清爽很有风味。

虽然杂菌会把蔬菜中的硝酸盐转变成亚硝酸盐，但这个变化也是有长有消的过程。一般来说，在腌制几天到十几天之内，亚硝酸盐的含量达到高峰，但在 2 ~ 3 周的时间之内，又会慢慢地减少。冬天到 20 天以上，其他季节到 15 天以上，就已经达到安全水平，也就是说，亚硝酸盐含量和腌制之前的蔬菜相差不多。这时候再吃腌菜，就比较安全了，亚硝酸盐含量完全能够达到国家食品安全标准规定的 20mg/kg 以下（蔬菜加工品，包括腌渍蔬菜），通常能达到 10mg/kg 以下。

我家也经常做泡菜，都会在达到安全时间之后才打开食用，而且我也会按上面所说，加入白醋、维生素 C 和姜丝、蒜片等配料，所以从不担心有危险。

市售腌菜中，各种酱菜是最无须担心亚硝酸盐问题的，因为它们腌制时间很长，达到几个月的时间，亚硝酸盐早已被分解或利用而消失。超市中销售的正规厂家出品并有 QS 标志的各种包装腌菜产品也无须担心，它们都经受了抽查和监管，吃到过量亚硝酸盐的风险很小。最令人担心的就是农贸市场甚至路边摊售卖的散装腌菜产品，因为它们不太可能用纯菌种制作，也不知道到底腌了多少日子。

当然，无论有没有亚硝酸盐，腌菜的第二大麻烦就是含盐量太高，从 3% 直到 8%，甚至更高。从前的腌菜为了保证不会腐坏，都是尽情地加盐，含盐量甚至能达到 15%，咸得比盐强不了多少。但是如今的腌菜为了迎合消费者的需求，含盐量都已经明显下降，而用少量的糖和防腐剂来帮助保存。

或许有人听到防腐剂三个字就会心生恐惧，实际上从健康效益的角度来说，用 0.5% 的苯甲酸钠或山梨酸钾来大幅度降低含盐量，实在是一件合算的事情——因为山梨酸钾比盐的毒性还要低，苯甲酸钠比盐的毒性也高不了多少，而它们的用量却比盐小得多。

再有，即便不考虑安全性，腌菜确实是一类高盐食品。并不提倡在三餐有足够新鲜蔬菜的情况下还吃很多腌菜。高盐饮食的害处我曾多次撰文说明，包括升高血压、促进脑卒中、增加肾脏负担、促进骨质疏松、促进水肿、损害皮肤和黏膜健康、诱发头痛、增加女性经前期不适等。自己家做腌菜的时候，最好能控制含盐量在 1% ~ 3% 的程度。

那么，有没有什么方法可以让吃腌菜不妨碍控盐，也不妨碍维生素摄取呢？其实也很简单：第一，用它替代盐来做菜；第二，吃腌菜时配合其他低盐菜肴，让一餐中的总盐量不过多。

这里就要再强调一点，腌菜毕竟不是新鲜蔬菜，除酸泡菜之外，大部分腌菜中的维生素 C 含量已经微乎其微，不能替代吃大量新鲜蔬菜的健康益处。不过，它们还是含有蔬菜中所有的膳食纤维的，含有其中的大部分钾，发酵过程中还会产生少量 B 族维生素，所以也不能说一无是处。

反正做菜也要放盐，如果用腌菜来替代盐，在严格控制咸度的情况下，还能比直接放盐增加一些矿物质和膳食纤维的摄入，同时用腌菜来增加风味，还能把味精、鸡精省去。这样一来，就把腌菜的负面作用变成了正面作用。

比如说，原来炒豆角放盐，现在就用雪里蕻小菜和豆角一起炒，把盐和味精省去，味道很不错。原来凉拌木耳放盐，现在直接用焯熟的木耳配切碎的紫甘蓝泡菜，再加一点醋和香油，颜色漂亮，口味也清新。原来炒牛肉条要加盐和酱油，现在加泡菜萝卜条，吃起来别有一番风味。

又比如说，这顿要吃腌菜，就配合盐非常少的大拌菜，做炒菜时少放一点盐，再把咸味的汤省掉，主食不吃加了盐和加了钠的品种（比如油条和加泡打粉的面点里都有不少来自小苏打的钠，花卷、大饼、煎饼等都放盐）。这样，一餐总盐量就不会超。

咸鱼、腊肉、火腿、培根等食物，已经被大量研究证实有增加消化道癌症特别是肠癌的风险（2015 年世界卫生组织把这些加工肉制品定为致癌物，咸鱼更是早就上了世界公认致癌物的黑榜），所以不能经常食用。而且这件事和亚硝酸盐残留量没有直接关系。当然，过年过节偶尔吃一次也是可以的，天天都过节，天天都任性，对健康可是非常有危险的。

各种调味酱中，往往用了豆豉、豆酱，有的还有泡辣椒等。至今未发现它们有什么致癌性，甚至豆豉的营养价值还非常不错，如果用来替代盐，值得人们经常食用。唯一的要点就是它们都含有很高的盐分，注意别吃进去太多盐才是关键。

总之，对于腌菜，首先要合理制作，保证安全；其次要限制数量，偶尔食之；第三要保证吃腌菜不妨碍新鲜蔬菜的摄入量；最后要注意，吃腌菜就要相应减少烹调时的加盐量，不能增加一餐当中的总盐量。这样我们就可以和它和平共处。

虾皮、鱼干、鱿鱼丝，居然含有致癌物？

16

相信很多朋友都有这样的经历：买来的虾皮是带包装的，当时颜色很正常，也没什么怪味。但买回来放了没多久，一打开包装，就有一种刺鼻的氨水味，甚至颜色也慢慢变红了。除了虾皮之外，鱼干、海蛎子、鱿鱼丝之类的干货，都往往有这种现象。人们怀疑，这是在制作时加了什么东西吗？还是蛋白质分解后产生的气味？有了这种氨水味的干货产品还能吃吗？含有什么有毒物质吗？

回答是：其中真的可能含有致癌物，但不是人为添加的，而是自然产生的。

我们还是从这些干海货的保存原理说起吧。

虾皮之类的干货能长期保存，主要的抑菌因素是水分低，盐分大，两者缺一不可。如果没干透，蛋白质含量那么高的食品，细菌是不会放过它的。买来的虾皮、海米、鱼干之类的产品没有干透，一方面可能是因为海边空气潮湿不太容易快速晒干也容易吸潮；另一方面可能是因为不够干的"干货"水分含量大，更重一些，利润较大。

储藏中的氨水味是从哪里来的呢？氨气是蛋白质分解的最终产物。蛋白质经过微生物的作用，先变成肽和氨基酸，再分解成低级胺和氨气，低级胺就是腥臭气的来源，氨气就是刺激味道的来源。

刚买来的时候没有味道，是因为蛋白质还没有严重分解。但因为虾皮没有干透，在常温储藏的过程当中，细菌会大量繁殖，分解蛋白质产生低级胺类和氨气。到了这个程度，蛋白质的分解已经非常严重了。

产生的这些低级胺类，不仅本身有较小的毒性，更糟糕的是，它们非常容易和水产品中少量的亚硝酸盐结合，形成强致癌物——亚硝胺和亚硝酰胺（统称为 $N-$ 亚硝基化合物）。这些物质是促进食管癌和胃癌发病的重要化学因素。

前面说到腌菜致癌的事情，正是因为制作不当的腌菜含有大量亚硝酸盐，以及少量的亚硝胺类物质。人们害怕制作不当的腌菜，害怕反复加热的蔬菜和不新鲜的蔬菜，正是因为害怕产生的大量亚硝酸盐与胺类反应生成亚硝胺类物质，从而提高癌症风险。

亚硝胺类物质的毒性是非常大的。例如 $N-$ 二甲基亚硝胺的 LD_{50} 是 58mg/kg，还有慢性毒性、致畸性和致癌性。它有挥发性，从空气中吸入也会引起毒性反应。

各种海产品和肉制品是膳食中亚硝胺类的重要来源。按我国卫生标准 GB 9677—1998，海产品的 $N-$ 二甲基亚硝胺含量应在 4μg/kg 以下，$N-$ 二乙基亚硝胺含量应在 7μg/kg 以下。但不新鲜的腌鱼、腌肉、虾皮、海米、鱿鱼丝、干贝、鱼干等都有超标的可能。所以，一旦虾皮出现异味，不要可惜，要坚决抛弃。即便经过了水洗之后，也不能放心。

建议大家在购买虾皮之后，先好好洗几遍，去掉沙子和蛋白质分解物，同时也能够除去一部分水溶性的亚硝胺和盐。然后把虾皮在锅里用小火彻底焙干，再分装放到冰箱中保存，每次取出一袋来吃。这样可以大大延缓蛋白质分解的速度，在两三个月内保持正常味道，也就减小了产生致癌物的危险。

顺便说一句，很多人经常吃虾皮，是听说它钙含量特别高，为了给自己和家人补钙。但虾皮每日的适宜用量只有 2～3g 而已，而且消化吸收率低，并非补钙的主要途径。如果多用，不仅味道咸腥，还会带来致癌危险。倒是可以考虑把虾皮焙干之后打成粉，和香菇粉、紫菜粉、精盐混合在一起，作为天然增鲜剂，在烹调时少量使用。打成粉之后，钙的消化吸收率也能有所提升。

转基因食品能吃么？你怎么看？

17

如果说起来什么涉及食品的话题争论热度最高，那恐怕要首推转基因食品。转基因食品和正常的食品有什么区别？超市里的食品中有转基因的吗？一般人如何区分一种食品是不是转基因的？到底能不能吃？你敢不敢吃？经常有人问我这些问题。

我不是转基因食品安全专家，不是品种专家，甚至不是农业专家。我的回答仅基于我的生物学和食品科学专业基础，基于我作为中国农业大学教师多年来耳闻目睹的相关知识，以及一个理性购物者的理解和逻辑，供各位读者参考。

① 首先要肯定，只要是超市中合法销售的食品，都能吃。

只要是符合相关食品安全标准的食品都能吃。如果在各项毒性试验中证明有害，就不会让它们进超市。

我所在的中国农业大学食品科学与营养工程学院，有一个转基因食品安全评价中心。各种转基因相关农产品，在研发过程当中，就要不断地做毒理学试验，包括急性毒性试验、慢性毒性试验、蓄积毒性试验、致畸试验、致癌试验等。如果发现有问题，这个产品的研发就不可能继续下去，更不可能有机会进入市场。

相比而言，倒是很多号称"纯天然"的东西，没有做过毒理学评价，还真不敢随便吃。按我国法规，一些没有广泛食用基础的可能食材，要作为"新资源食品"进行全面的毒理学评估，证明无害之后，才能作为食品原料使用，否则在超市销售它们是违法的。

② 不是纯天然，不等于有害。纯天然也不等于无害。

很多人认为转基因就不是纯天然了，有抵触心理，对纯天然的野菜野果之类倒是很放心。

其实纯天然的东西不等于无毒。比如野草、野果、野蘑菇中，有毒的品种非常多。传说"神农尝百草，日遇七十毒"，可都是纯天然的毒草。河豚毒素、有毒贝类毒素，都是大自然当中形成的纯天然毒素。自古以来，它们不知夺去了多少人的生命。

没有经过人工栽培的食材，同样不意味着没有环境污染。例如，"蘑菇含大量重金属"的传说，只适用于一些重金属污染地区的野生蘑菇产品，农区用秸秆、棉籽壳养殖的蘑菇，并不接触太多环境污染物，倒是很安心的。

反过来，不是纯天然生成的食材，也不等于一定有害。我不是基因方面的专家，但听其他学者说，大自然中就存在天然的跨物种"转基因"现象，人类的做法只不过是提升了选择性和加快了选择速度而已。同样，人工组织培养出来的脱毒植物，人工发酵制作的维生素和保健产品，只要符合相关的食品安全法规，都是不必恐惧的。

实际上，医学界早就开始在疾病治疗中使用转基因方法生产出来了多种人类蛋白质类物质，患者们会因此获益，因为让细菌和动物替我们生产人类的蛋白质，总比从活人身上提取这些成分更人道、更安全，资源也更丰富。

③ **法规要求标注是否转基因，不意味着它特别不安全。**

按我国法规，食品中含有转基因的原料时需要标注，并不是因为它有毒，而是因为尊重人们的认知和选择，而且遵循市场规律。有些农产品的转基因品种和非转基因品种之间存在价格差异，比如转基因大豆因为产量高、含油多，比低脂肪、高蛋白质的非转基因大豆便宜一点。标注出来有利于消费者了解产品成本，也有利于食品加工企业选择应用，但这和安全性没有直接关系。

另外，鉴于很多人对此有疑问，标注出来也是为了能够尊重每个人的选择，这是合情合理的做法。人们有充分的自由来拒绝一些实际上没有安全问题的食物，比如有人不吃昆虫，尽管养殖的可食昆虫高蛋白、低脂肪，维生素和微量元素含量丰富。还有人因为宗教信仰、环保理念，甚至因为不喜欢某个食品的生产国而选择不吃某些食物。在食物选择方面的研究中，食物选择影响因素多种多样。

④ **转基因产品得到的安全管理其实比普通食品更多。**

普通食品并未受到严格的监管，而转基因的产品从研发阶段就一直要做各种毒性试验。所以，相比而言，它出现严重安全问题的可能性非常小，甚至比很多野菜野果小得多。如果你不信中国的监管，那么你可以去美国看看。美国不仅有转基因植物大量生产，还有转基因的三文鱼可以销售。这种东西可不是主要卖到中国的。

很多人担心转基因食品含有过敏因素、毒素等。其实，平时我们习以为常的一些食品，其中也含有过敏因素和毒素。比如海鲜、坚果、蛋奶都是常见过敏原，花生过敏甚至是可以致命的。鲜黄花菜、生豆角、发芽变青的土豆、部分贝类、部分蘑菇等很多日常食品中都含有可以导致急性中毒的毒素。烧烤肉类、熏制食品、腌肉、咸鱼等传统食品中都含有已知的致癌物，长期食用的致癌效应也早已得到肯定。但是，人们也没有那么恐惧它们。那么为什么要特别恐惧暂时还找不出危害证据的转基因食品呢？

也有人争论说，转基因产品中可能残留除草剂，这些除草剂是有毒的。但是，非转基因产品也是普遍使用除草剂的。而人们担心的草甘膦这种除草剂，并不是农药当中毒性很大的一种。所谓"可能致癌"听起来好像挺吓人，其实它连国际癌症研究机构（IARC）的 A 类致癌物名单都没有进，还在"2B"等级当中，和咸菜一个等级。所以，只要残留量没有超标，用不着特别害怕。

相比而言，我们不太恐惧的酒精、咸鱼、火腿、香肠之类，倒是已经进入了 1 类致癌物名单。烹调油烟在 2A 等级里，油炸食品中富含的丙烯酰胺也在 2A 名单当中。少吃些熏烤煎炸和传统方法腌制的食物，对预防癌症的意义更大些。

⑤ 所谓"吃几十年之后有可能有害"这种说辞，并不值得恐惧。

说转基因食品可怕，最常见的表达就是：现在时间短，还看不出来，万一几十年之后有什么害处呢……这种说法，多少有点"莫须有"的意思。

国际上有流行病学研究证据表明，天天吃白米饭、白馒头，和吃五谷杂粮比较多的人相比，几十年之后容易患上糖尿病。天天吃牛肉，和吃红肉少的人相比，几十年之后容易患上肠癌。难道人们会因为这个一辈子不肯吃白米饭和牛羊肉，一看到它们就感觉恐惧吗？

比如说，转基因的大豆油，几乎所有餐馆都在用，很多加工食品也在用，但吃的人并没有什么感觉，说明它的危险不是短期见效的。相比而言，连续熬夜 3 天，你体会一下，有没有什么不良感觉？研究表明，长期睡眠节律紊乱或睡眠不足，会增加患高血压、脑卒中、糖尿病、肥胖和多种癌症的风险。那么你为什么天天晚睡熬夜不恐惧，吃转基因食品时却很恐惧呢？

⑥ 我们的生活当中，可能有害、可能带来风险的因素太多了。从可怕程度来说，远远轮不上转基因食品这一项。

比如说过马路闯红灯。

比如说开车超速超载。

比如说坐在车上不系安全带。

比如说用不合格的接线板和电线电缆。

比如说燃气灶、热水器多年不维修不更换。

比如说经常吃烧烤，容易患上多种消化道癌症。

比如说很少吃蔬菜，会增加患多种癌症、心脏病、脑卒中的风险。

比如说熬夜、黑白颠倒地生活，会增加患多种癌症、糖尿病、高血压等疾病的风险……

这些风险都是板上钉钉的，而人们不怕。转基因的危害至今还没有得到确认，还停留在传说阶段，说明它显然不是生活中的主要矛盾。既然如此，就别把太多精力用在这方面了。

⑦ 转基因的东西不意味着营养不好，也不意味着营养好。和健康的关系未必大。

比如说，菜籽油转基因变成芥花油之后，改善了脂肪酸成分，可能对心肌不利的芥酸含量大幅度下降，单不饱和脂肪酸比例增大，健康性质提升了。这是我所知道的唯一一个目前市售的转基因产品改善食物营养组成的案例。

转基因大豆油脂含量高，于榨油企业是降低成本的好事，于豆腐制作企业就没什么好处了，因为豆腐产品与其中的蛋白质有关，油脂含量高反而不利于产品效益的提高。

从营养角度来说，中国人的炒菜油摄入量已经太多，促进肥胖的风险很大，少吃点油有益无害。同时，大豆油耐热性不佳，冒油烟的加热时间长了容易发生氧化聚合，所以我并不赞成餐馆为了便宜而大量使用这种大豆油来做"过油"的烹调，也不鼓励人们大桶买这些油来做爆炒菜。

⑧ 转基因食品能用眼睛看出来，用嘴尝出来吗？

多数转基因农产品转的是一些抗除草剂、抗病、抗虫之类的基因，和营养价值、口味及外观都无关。这种产品是没法用感官区分出来的。当然，若能少用点农药，我也是支持的。

我至今还没有听说市场上有专门考虑大小、颜色的转基因农产品出售。什么紫薯、紫土豆、紫甘蓝、紫玉米、圣女果、大青椒之类，其颜色和大小，都与转基因没多大关系。

　　大自然中有各种颜色的种子和果实，我们日常只见到一种颜色、一类大小的产品，只不过是我国种植这种品种比较多而已，不要以为其他颜色和大小的产品就不曾出现在这个地球上。如果能去种质资源库看看，就会知道土豆就有至少几百个品种，红皮、黄皮、白皮、紫皮，红肉、黄肉、白肉、紫肉，什么样的都有。它们互相杂交出来的品种，花样就足够多了，真犯不上花那么大成本去搞什么转基因。

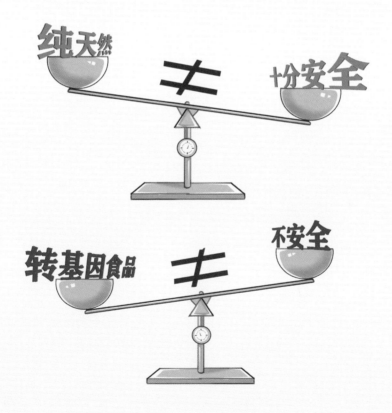

说白了，很多对农产品大小、颜色的猜疑，其实只是少见多怪罢了。

黄金大米是我所知道的唯一一个有关颜色的转基因农产品研究项目，它试图把黄色花朵中的胡萝卜素基因转移到大米当中，目标是减少贫困国家居民的维生素 A 缺乏症，因为每年有数以万计的贫困儿童因为缺乏维生素 A 而失明或早天。但这个产品还在研究中，研究了多年，还没有上市呢。

我个人认为，胡萝卜在大部分国家里都很廉价，东南亚国家的橙黄色水果和绿叶蔬菜也不少，只要加一点油脂烹调帮助其吸收利用就可以了，其实用不着靠吃这种转了胡萝卜素基因的大米来解决营养问题。但是，作为一种研究探索，我没有什么意见。

总之，在符合安全标准的基础上，挑营养价值高的食物吃就行了，不必恐惧。比如说，我知道市售木瓜产品大多是转基因的（国内唯一一种合法销售的转基因蔬果），农业部也公开说明过这件事，但我还是照吃不误。因为木瓜含维生素 C 和胡萝卜素都不少，热量不太高，是个营养价值不错的水果，味道我也喜欢。

若实在不想买转基因的产品，就好好看产品包装上的配料表，其中会说明有无使用转基因原料。如果这样还有怀疑，那就想买什么买什么吧。不买转基因食品，也是每个消费者的自由。

⑨ 这件事到底和安全有多大关系？

人类对科学的新发展往往是怀疑的，基于一种保守的心态，恐惧未知的事物，恐惧自己不了解、不可控的事物，其实也算是天性之一。

比如欧洲人对电子支付就有戒心，认为用手机扫描二维码购物，把自己的电话号码等信息留给那么多不认识的人，可能会使隐私泄露。

但无奈，社会就在发展，人类的天性使得多数人会选择最方便、最合算的做法。潮流如此，顺之者昌逆之者亡，也没法抗拒。我相信，欧洲人早晚也要走到手机电子支付这条路上来。

如果转基因的技术会降低成本，提高产出，那么按经济规律，农产品和食品企业一定会接受它，消费者也就会被动地接受它。因为并没有多少人愿意为了纯天然而付出更多的钱，绝大多数人都会选择最便宜的产品。我相信中国没有多少人因为转基因原因抵制用转基因大豆油做的餐馆菜肴，也没有多少人因此而抵制以用转基因玉米加工出来的高果葡糖浆为成分制成的可乐、雪碧之类的甜饮料。

当初讨论如何禁用"口水油"的时候，四川的一个记者就调查发现，其实没有多少人愿意为了提升烹调油的质量，让餐馆都用新油来做"水煮鱼"之类大油量的菜肴，成本要高出很多。

说到这里已经能够理解，要不要转基因，在很大程度上不是一个安全问题，而是一个经济问题，不仅涉及农业技术，还涉及多个产业发展、加工成本控制、国际贸易平衡等问题。无论支持或反对，都有经济因素在里面。是否还有其他因素，不得而知。

我以前总是担心转基因植物影响生态平衡。而且我觉得，是否发展转基因，是否高产，其实和能不能养活人类关系不大，少点浪费，食物就够用了！我国每年浪费多少食物？各环节的浪费和损失加起来，能占产量的 30% ~ 40%！仅中国餐饮业的食物浪费量，每年就能养活几千万人！

后来想想，影响生态平衡的因素太多了，这个还不一定是最要紧的因素呢！算了，就不为它纠结了，我还是多想想营养问题吧……各位读者，您也别纠结这事儿了。

天然食品和传统食品里的安全问题

//@ 闷蛋蛋: 中午吃了牛肉粉丝! 孕妇能吃粉丝吗? 有害吗?

范老师: 粉丝的主要成分是淀粉, 淀粉本身无毒。但粉丝可能含铝 (添加明矾来增加筋道感), 而且除了淀粉, 其他营养素微乎其微, 多吃对胎儿智力发育不利。偶尔一次就不必自责了, 千万不要经常当饭吃。油炸食品、膨化食品、凉粉凉皮、饼干、过于雪白松软的面点等, 都有同类问题, 均不宜多吃。

//@ 炊烟袅袅 23: 很多人不吃味精, 但吃不少生抽, 里面成分类似吗?

范老师: 部分酱油添加了味精 (谷氨酸钠) 和鸡精 (谷氨酸钠、肌苷酸钠、鸟苷酸钠等) 的成分。即便不加, 天然也含有谷氨酸钠, 因为酱油发酵原料中含有面粉和黄豆, 面粉和黄豆天然含有谷氨酸, 加入盐之后, 就含有钠。所以酱油里必然含有谷氨酸钠。

//@ 月光如春风拂面 v: 前两天看电视里说, 味精在有些高温烹饪的方法中就不能放, 多少摄氏度记不清了, 不知道有没有道理?

范老师: 过时的说法了。基本不用操心温度超过 120℃的问题。炒菜时, 虽然油温高, 但放了菜之后就会降下来。菜熟时的温度超不过 100℃, 除非炒糊, 或直接放在油里炸。

//@ 莹 _1020: 土豆放入冰箱会把淀粉转化成糖, 是什么原理呢?

范老师: 这种变化有化学和生物学基础。液体的冰点与其中溶质的浓度有关, 溶质增加, 冰点就会下降, 就不容易冻上。土豆、甘薯在天冷时也怕冻伤, 但其中所含淀粉不能有效降低冰点, 在淀粉被淀粉酶水解成小分子糖后, 冰点降低, 有利于抗冻, 同时味道也会变甜。

//@-Gyo-: 只要是苦味食物都带毒性?

范老师: 不一定。比如牛奶、豆浆的蛋白质被蛋白酶分解后, 会有点苦味, 但是没有毒性。即便含毒素, 剂量小就不会造成实质性伤害, 比如只吃两三粒苦杏仁或银杏不会中毒。

此外，还与体质和健康状态有关，比如苦瓜、柚子，多数人吃了感觉清爽愉快，少数人吃了腹痛腹泻。

//@ 绿树荫浓夏日长：范老师，最近天天在喝百合汤，百合也是苦的，是不是也有毒素啊？

范老师：百合有苦的，也有甜的。您买的大概不是甜味品种。有苦味肯定是因为有一些毒性成分存在，只是毒性比较小或含量比较低罢了，不会造成实质性伤害。下次买兰州那边的优质百合试试，很香甜，就是比较贵。

//@ 令狐冲 1974：农村的鱼塘一般在农田的水渠下游，打完农药后的田地如遇下雨冲洗，雨水全流到鱼塘里了。

范老师：城里人只知道蔬菜有农药，不知道鱼虾也有农药。我就是想告诉那些不敢吃菜，却敢把鱼虾蟹贝当饭吃的人，这样更危险。除非您是吃特供。提倡以肉为主食的人，实际上是提倡纯有机的贵族生活。

//@Hiromama-：请问范老师，水产品污染物超标，是指河鲜、海鲜吗？还是平时菜市场里常见的饲养的鱼类也同样超标呢？

范老师：甲壳类、软体动物类富集污染物的能力超过普通鱼类。所以同样的水质量，虾蟹贝类会更严重些。

//@ 且行且珍惜 llx：转基因可能无毒，但是转基因食品可能对生育功能有损伤。这个结论是否正确需要几代人的试验才能有定论，作为一个公众人物，没有试验，随便一说，这是对公众负责的态度吗？

范老师：正因为有很多试验验证，所以说吃了就不育才是不负责的。我们学校有转基因食品安全中心，每年做大批动物试验，未发现有传说中的害处。我本人支持国货，并不鼓励大家买进口大豆，但不能违背科学硬说它有害。

把住厨房里的安全关

● ●

我的

健康厨房

范志红

谈

厨房里的

饮食安全

刷碗也和食品安全有关？看看这些小窍门。

1

全家围坐，满桌菜肴，吃起来固然令人愉快，饭后刷碗却是个相当大的麻烦。您的家里是谁洗碗？向揽下此重任的家人朋友致敬吧，他们担负了收拾碗筷、打扫厨房的责任，才能让其他人轻松愉快地看电视、打游戏、玩手机。

不过，回到平淡的日常生活中，只要不是选择那种大量扔一次性碗筷的不环保生活，洗碗刷锅仍是平常百姓天天需要面对的杂务。很多家庭的夫妻会因为谁去洗碗而斗嘴怄气，孩子们即便被分配到这样的任务也往往不情不愿。况且，大部分男人认为做菜是创造性劳动，有意思；刷碗是重复性劳动，太枯燥。乐于下厨的男人，却往往把一堆碗筷和油腻腻的灶台留给女人。

其实，如果掌握了正确的方法，刷碗算不上是件麻烦事。至少我觉得，看到一个个碗盘变得晶亮干净，还是一件令人愉快的事情。不过，这个愉快有很多前提。

首先，要给碗盘做分类，注意刷洗次序。

没有油的和有油的碗盘，装生鱼肉的和装熟食的器皿，都一定要分开放，避免交叉污染。

纪律1：先刷没油的碗，后刷有油的碗。最干净的碗要最先清洗。如果把油腻腻的碗和其他碗摆在一起，结果是互相污染，全变成油腻的碗。最糟糕的是，碗的内外一起沾上油，让刷洗工作量凭空增加一倍不止！

纪律2：先刷装过熟食的碗，后刷接触生鱼肉的碗。如果把次序搞错了，容易携带致病菌的生食物残渣，就会污染到装过熟食的碗盘上，以及清洗用的布上、刷洗的池子上、洗碗人的手上，很可能又无意中污染到干净的碗盘上。

其次，要趁着碗里的水分没干，立刻刷碗，千万不要放。

那些没有油的碗，比如盛粥、装饭、放水果、放凉菜的碗盘，在没有风干之前，只要用水一冲或者用洗碗布轻轻一擦就干净了，非常简单快捷。其实只要烹调后、吃完后及时刷碗，污物都是比较容易刷掉的。时间放得越久越难刷，污物变成硬块，工作量就会增大几倍，令人望而生畏。

另一个原因是，在刚吃完饭的时候，细菌繁殖还没有那么多，碗盘的味道也不难闻。如果放到下一餐之前再刷碗，那些食物残渣早就成为了细菌的美味培养基。特别是夏天，如果一餐吃完不刷，放到下一餐，不仅菌数可能增加万倍，而且会产生难闻的馊味、酸味、臭味，甚至还可能产生细菌毒素。洗碗人强忍着这种气味工作，简直就是一种精神折磨。而且因为菌数增加，食品安全风险会增大，需要冲洗的次数和时间也会增加，既浪费时间，又浪费水。所谓天道酬勤，在刷碗方面也一样是真理。

炒完菜立刻刷锅是最明智的。趁锅底还有点热，加温水进去，油污很容易就洗掉了。对不粘锅来说，特别需要注意，不要马上用大量冷水来冲热锅，因为热胀冷缩容易损伤表面不粘涂层。千万不要将锅放到下一顿再刷，因为余热容易让锅底和锅边上的残留物质结成硬垢，刷起来更麻烦。特别是不粘锅，用力刷又容易弄坏内涂层和外壁的颜色。

第三，聪明处理油多的碗。

油污是水体的污染物，如果没有安装特殊的水油分离装置，不要把碗里的大量剩油随便倒进下水道。特别是动物油，如果随便倒进下水道，在冬天气温低时，还很容易结块，把水池下面的水管堵上，等池子没法下水时，倒霉的就是自己了，没准还会惹来楼下邻居的抗议！

所以，如果看到锅底或盘中有明显余油，要先用厨房纸或吸水纸来擦掉，把吸了油的纸扔进垃圾桶，然后再刷洗油很少的碗，就轻松多啦。

顺便说一句，厨余垃圾不要和其他垃圾混放，要分类回收哦！它是非常好的有机肥材料。一些环保人士在北京的小区、学校等设立了厨余垃圾发酵点，把它变成有机肥，然后用来种植花草，或者送给有机蔬菜种植农场，居民可以用这种"自制肥"换蔬菜吃，皆大欢喜。网上也有专门的厨余垃圾发酵桶，配有发酵剂的菌种，居民自己就可以处理垃圾。

第四，热水刷碗很轻松。

如果做的菜不油腻，那么刷碗只需用一块洗碗布，加上热水，不用洗涤剂就能搞定了。热水之所以能去油，是因为它可以让动物油保持液态，并降低油脂的黏度。温度越低，则油脂的黏度越高，越不好洗下来。

在过去没有洗洁精的时代，刷碗通常是用热水和米汤。热水除了能降低油脂的黏性，让它容易被流水冲走，还能保持米粒之类含淀粉污垢的柔软度，让它比较容易被擦下来。

同时，女人和老人冬天容易手指冰凉，如果用热水洗碗，洗碗时就能因为手指温暖而保持心情愉快，对这个烦琐的工作不再产生抵触心理。

第五，天然材料也去油。

米汤、面汤中的淀粉是个神奇的东西，因为淀粉能和油脂形成淀粉－脂肪复合物，也就是说，淀粉喜欢和油脂结合，这个结合物就不那么黏腻了，很容易被冲走。几十年前生活艰苦，油脂供应量很少，碗盘根本不油腻，用这点淀粉汤就足够洗干净了。

如果奢华一点，凡是含淀粉的植物种子粉，都是洗碗的好东西。比如玉米粉、小米粉、大米粉、小麦粉、豌豆粉等。如果种子中含一些皂苷类或磷脂类，还有表面活性作用，洗碗就更好用。比如大豆粉、皂角粉，以及网上流行的茶籽粉（估计比较便宜的是提取完油之后剩下的饼粕部分），都适合用来刷碗，其实就有这些道理在里面。这些天然种子粉网上都有销售，既好用好冲又无污染，并且也增加不了多少成本。

如果家里的粮食粉过了期、变了味，别把它扔掉，用来刷碗、刷锅、洗蔬果，倒是不错的废物利用方法。

若实在是重油污的东西，过去一般用碱面加热水来洗，原理是碱和油脂发生皂化反应而进入水相。碱面没有污染，刷洗油污也很有效，但太伤皮肤。现在不建议用碱洗碗，除非戴手套。

第六，洗涤剂用量要控制。

如果不打算特意去购买能去油的种子粉和粮食粉，就直接用洗洁精好了。在半碗水中加几滴洗洁精，洗碗布蘸这个稀释后的水，用它来刷有油的盘碗，更容易把洗洁精冲掉。当然，用一盆加了洗洁精的热水来泡碗筷，然后一个一个地用流水冲干净，也是可以的，只是没有前面这种方式省水、省洗洁精。

为什么洗洁精最好先稀释几倍再用？是为了减少用量，并让它容易被冲掉。毕竟洗洁精完全不是人体所需的东西，我们没必要经常用它来"洗"自己的肠胃。

曾有位女士经常轻度腹泻，吃各种药久治不愈。一次，她向人抱怨说，碗上面总是滑滑的，同事和亲友们才发现她是大量挤洗洁精刷碗的，冲几遍都冲不干净。于是告诉她，刷一池子碗只用几滴就够。后来，她改变了刷碗的方式，腹泻就好了，因为不再天天用洗洁精给自己"洗"肠子了。我感慨颇深：这年头，从小在家不干活的人，真的是连洗碗都要人教啊。

朋友们不妨观察一下自己周围的亲友同事，很多人洗个碗用的洗洁精，比刷牙的牙膏还要多啊，这样冲洗起来不仅浪费水，而且滥用的洗洁精本身就会造成水污染，特别是含磷含铝的洗洁精。我平日购买各种洗洁精的标准之一，就是产品必须有环保标志。

只要检测设备足够灵敏，就会在饮用水中找到日常生活中使用的各种化学物质，包括洗头、洗脸、洗餐具的洗洁精。这一点连环保较为严格的德国都能测出来，中国就不用说了。我们滥用洗洁精，把水污染了，最后还不是吃进人的肚子里么？

第七，选择合适的刷洗工具。

刷碗刷锅时所用的工具也很有讲究。普通棉布、纱布、毛巾、丝瓜瓤之类都很好用，它们的材料是纤维素，纤维素和淀粉一样，有吸油的效果。市售其他材料的洗碗布也都有很好的吸油特性，油不太大的碗直接用洗碗布擦一下，甚至无须使用洗洁精。

如果没有很硬的污垢，不提倡用硬百洁布甚至钢丝球洗碗，不仅容易伤手，对器皿表面也容易造成划伤。不粘锅也不适合用它们来洗，会伤到涂层；只有铁锅或不锈钢锅才能用。

第八，洗碗布也要讲卫生。

洗碗布要专项专用，不能又洗碗又擦桌子擦灶台，以避免其他污染。盛生肉生鱼的碗和熟饭菜或果蔬的碗盘要分开，它们的洗碗布也要相应分开。

需要注意的是,洗碗布如果不晾干,非常容易滋生细菌。所以在洗过碗之后,再把洗碗布、丝瓜瓤、百洁布等用两三滴洗洁精洗一下,油污就洗掉了,然后把它们用清水涮净,彻底晾干,避免微生物繁殖,才能保证食品安全。还要养成定期更换洗碗布的习惯,不要一块布用上好几个月,明显变脏了还舍不得扔。毕竟食品安全最重要啊!

第九,保持碗筷的干燥最重要。

很多家庭为了食品安全,都会购买洗碗机、消毒柜。但从原理上说,把碗筷刷干净,并彻底晾干,比消毒处理更有意义。只要没有有机质附着在碗上,也没有水分,微生物就没法繁殖。即便高温消过毒,只要盘子上还有微量的营养基,只要有水分供应,只要温度一降下来,微生物就不会放过它,卫生就难以合格。所以,购买消毒柜的人,最好是在用餐之前消毒,趁没有凉之前把碗筷拿出来使用,是最安全的。

对没有消毒柜的家庭来说,碗筷最要紧的安全措施是晾干,最好能放在碗盘架上控水晾干。很多老年人喜欢在洗碗之后再用布一个一个地擦干,这种做法非常不可取!洗过碗的湿抹布本身就是污染源,是微生物繁殖的良好培养基。用它们来抹洗过的碗,无异于给细菌已经很少的碗再补充大量细菌!

不锈钢锅、陶瓷锅和玻璃锅只要洗干净就可以了,而铁锅适合用干的吸水纸来擦干,避免残留的水让锅生锈。最好能放在燃气灶上略微烤两分钟,把水分彻底烤干。如果两三天不用,上面最好再涂一点饱和度比较高的脂肪,比如动物油、椰子油、棕榈油等,隔绝空气中的氧气。

最后要提醒的是,洗过碗之后,务必把水池和水池旁边的台面再刷干净。否则,水池会成为微生物交叉污染的绝佳场地。如果空间允许,最好在装修时就把厨房水池分成两个,便于保证生熟分开。别以为是自己家的厨房,就可以忽视食品安全问题和环保问题哦!

餐厨用品容易发霉，怎么办？

2

南方的朋友们往往有一个大烦恼：梅雨季节经常下雨，哪怕是冬天，空气也潮湿，什么都很容易长霉。餐具厨具长霉怎么办？扔掉真的很心疼啊！

北方人看到淅淅沥沥的雨，总会觉得少点阳光灿烂的感觉。不过，湿润的空气会让皮肤感觉水润舒服，让植物也特别饱满繁盛，南方居民早就适应了。衣服洗了不容易干，这个问题容易解决：买个带干燥功能的洗衣机就好了。但是，什么东西都容易发霉，真的是让人有点烦恼。

有朋友问：发霉的餐厨用具，洗一洗还能用吗？用什么洗？要高温处理吗？还是应该直接扔了？南方太容易发霉，如果发霉就要扔掉，那可是扔不起的。碗发霉，锅发霉，菜板表面也会长出绿色的霉斑，看着真别扭。

对于厨具和餐具来说，发霉的主要食品安全风险不是霉菌本身，霉菌的菌丝并不可怕，洗洗擦擦把它去掉就可以了。但是，有些霉菌可能产生霉菌毒素。很多毒素非常厉害，甚至有致癌性。霉菌还能产生色素，使筷子、菜板之类看起来发黑发绿，影响美观，妨碍食欲。

凡事都要从根源上想，有因才有果。微生物无处不在，空气中都会有，而餐具难免会暴露于空气中，所以"菌种"是不可能消除干净的，关键是不给它们茂盛繁殖的条件。

发霉的原理是霉菌旺盛生长。霉菌生长需要的条件是：有营养物质，合适的温度，合适的湿度，合适的水分活度，足够的氧气。如果我们能把这些条件掐断、消除，霉菌怎么努力想长也没门儿。

所谓营养物质，就是蛋白质、碳水化合物、脂肪、维生素、矿物质等。人类认为它们是必需的，霉菌也要靠它们来生长繁殖。所以，如果你不把盘子、碗和锅具彻底洗干净，上面沾着一些食物残渣，哪怕一点点，都可以变成微生物的营养来源。就算当时放在消毒柜里，只要一拿出来，还是会繁殖细菌和霉菌。有些霉菌特别"不挑食"，就连人类不能消化吸收的膳食纤维也不放过，所以竹子、木头做的餐具、厨具也很容易长霉，这就只好控制其他条件了。

所谓合适的温度，是从冷藏温度到四十多摄氏度之间。霉菌非常"抗冻"，在冷藏室里也照样顽强生长，只是比室温长得慢点。当然，人类喜欢温暖，霉菌也一样。到了春夏季节，长霉的情况就会比冬天更加严重。

所谓合适的湿度，就是潮湿的环境，或者餐具表面有点湿润。霉菌是"好氧"微生物，它们需要空气，完全泡在水里很难大量繁殖；但是它们也怕干燥，需要水分来帮助生长，最适合有点湿乎乎的水分状态。比如切了菜的菜板有点湿，上面还有菜汁的营养，就很符合霉菌的喜好。如果把餐具立起来，让水分控干，最好用热风吹干再放在干燥环境中，就能减少长霉的机会。

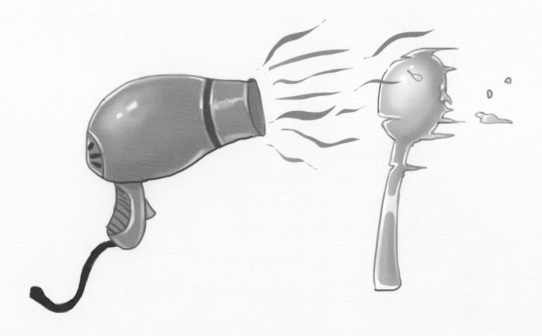

所谓合适的水分活度，就是水分子有没有被其他物质控制。如果加了很多盐、很多糖、很多酒精，食物就不容易坏，微生物就不容易长。因为这些东西都能提升渗透压，降低水分活度，有抑制微生物繁殖的作用。

所谓足够的氧气，是说有没有泡在水里。完全泡在水里也会减慢霉菌繁殖。

餐具之所以会经常发霉，恐怕还是您没有洗净晾干的缘故。

如果是陶瓷类或金属类的餐具发霉，比如瓷碗、盘子、不锈钢勺子和汤锅等，没什么关系。直接把它擦洗干净，再煮一下杀杀菌，就可以继续用了。这些东西本身不能给霉菌提供营养，也不吸潮，所以只需洗净控干就能避免再次长霉。铁锅发霉或生锈后擦洗干净，煮一下，然后把水倒掉，小火把锅烤干，表面抹点食用油，就光洁如新了。

你需要重点考虑的是你的案板和筷子。这些东西即便清洗了也仍然会长霉。除了把食物残渣尽量及时清洗掉，洗得足够干净，还要控干或吹干。

筷子头朝上竖起来存放比较好，有利于及时风干，不要一把紧挨着平放在盒子里。买个消毒柜存放更放心。菜板也竖着放，刷干净后及时晾干。用塑料菜板清洗比较简单，竹子和木头菜板可以刮掉表面发黏部分。

为了食品安全，家里的菜板要多备两个，记得荤素、生熟菜板要分开哦！当然，南方空气湿润，菜板上又难免沾点食物残渣和汁液，就算你吹干过，它还会再次吸潮长霉。所以除了勤洗菜板、经常吹干之外，还可以在表面上喷一点酒精，起到杀菌、抑菌的作用。

冰箱发热、结冰还有味，怎么办？

3

　　无论是冬天还是炎热的夏日，很多人家的冰箱一年到头都塞得满满的，从来不给冰箱喘一口气减减负的机会。大批吃不完的冷冻食品，各种被忘掉的剩菜剩饭，用了一半的半成品和食材，很可能仍然被埋在冰箱的深处。而且，冰箱越大，这些被遗忘的食物就越多。不仅看着心烦，费电费钱，而且食材的营养价值会逐渐下降，甚至还会滋生各种病菌，影响食品安全！

　　所以，不妨每个月都检查一下自家的冰箱吧！

　　检查冷冻室。

　　摸摸冰箱壁有没有异常发热，再看看冷冻室结了多少霜，是不是已经妨碍到冰箱门的紧密程度了，有没有造成严重的费电情况呢？冰箱里是不是有很多陈年老货？很多人家的冷冻室里能翻出两三年前的东西，食之无味，弃之可惜。

　　冷冻虽然能抑制腐败，减少化学反应，却不能阻断所有反应，特别是脂肪氧化反应，蛋白质也可能发生脱水、交联。所以久冻的食物口感硬，风味差，维生素含量降低。该扔的就扔掉吧，该吃的赶紧拿出来吃，及时"止损"，否则还要继续费电占空间，浪费资源和金钱。

　　检查冷藏室。

　　闻闻冷藏室的味道什么样，是不是已经非常让人别扭了？再看看冰箱隔板和冰箱四壁，是不是已经够脏了？有没有看到干在冰箱隔板上的菜肴汤汁和化冻鱼肉时出的水，有没有各种食物渣子和泥土污物？这意味着冰箱已经成了耐冷微生物的乐园。

麻烦给我检查一下身体，好臭！

然后检查一下，冷藏室下部是不是有积水？冰箱后壁是不是有积冰？这些都要清理掉，否则它们会吞噬家里的电费，还会让冰箱的冷藏效率下降。

好啦。现在开始工作吧！先从冷冻室开始干。

如果你的冰箱有自动除霜功能，那么把所有食物腾空，就可以让这个功能发挥作用了。问题是，大部分人家的冰箱根本就没有空的时候，或者根本没有自动除霜功能，那又该怎么办呢？按下面这几个步骤操作就可以啦。

①先把冷藏室的食物吃掉一半以上，或者取出来一部分，冰箱下层和零度保鲜盒都腾出足够的空间。反正冷藏室的蔬菜水果之类在室温下放两三个小时也不会马上坏掉。

②把冷冻室中不能马上吃掉的食物全部转移到冷藏室的下部。大块的冷冻食物虽然离开了冷冻室，但在冷藏室里毕竟温度比较低，两小时之内还是不会化冻的，只是温度从 −18℃上升几摄氏度而已。只要保持在冷冻状态，再放回冷冻室，也不叫"反复冷冻"，对冰晶状态影响较小。

③给冰箱断电。记得把冷藏室关严，不要开门，以便维持冷藏温度。因为一下子放进来很多冷冻食物，起到了冷源的作用，所以完全不用担心冷藏室的温度上升。

④断电之后，把冷冻室的门打开，先把碎冰清理掉。

⑤用浅盆装入热水，放进开门的冷冻室，用热气熏蒸，使积冰尽快融化。

⑥待冰有点软化后，用木铲轻敲，促其脱落（注意不要用金属铲，避免伤害冰箱内壁）。

⑦如果冷冻室深处有顽冰，还可以用电吹风来吹化。

⑧把冷冻室内的所有冰块全部清理掉，然后用软布把内壁擦干净。如果有油渍，可以蘸一点点洗洁精擦，也可以用一点热碱水。然后再用清水擦过，最后用干布彻底擦干。

⑨把冰盒和冰抽屉全部拿出来洗干净，也彻底擦干。注意这些清理要高效，抢时间！

⑩把需要继续储藏的食物从冷藏室拿出来，食物表面用干净的干布清理干净，水汽擦掉，然后整齐地放回冷冻室里。注意生熟分开的原则，生鱼生肉放下层，冷冻主食、冷冻熟食等放上层。

然后，关严冰箱门。冷冻室就算是清理完了。

下面要整理的就是冷藏室了。步骤是这样的。

①把冷藏室中的食物全部拿出来。冷藏室的隔板和抽屉，以及门上的盒子和蛋架也取下来。

②把冷藏室的内壁擦干净，隔板、抽屉、保鲜盒等洗干净，擦干。要想达到消毒的效果，最好用 70% 的酒精再擦一遍。只不过酒精对皮肤有一定的刺激性，要戴橡胶手套来擦哦。

③快速清理掉冷藏室的积水，可以用布来吸干。

④冰箱门的壁，以及门的边缘密封处都擦洗干净。

⑤把隔板和抽屉、架子放回冷藏室，安装好。

⑥所有冷藏室的食物分类整理，该扔的扔，该吃的吃。需要保存的放回冷藏室。

⑦重新插上电源，启动。此时冰箱重新恢复了高效制冷状态，而冰箱里面也看起来明亮整齐，令人愉悦。

这项清理工作最好是两个人一起干。一个人擦洗，一个人整理食品，可以大大加快速度。为了除去冰箱里的异味，最后一遍擦洗的时候可以用加了一点酒精或醋的水，也可以用煮了橙子皮的水等。可以用纱布包些橙子皮、柚子皮等放在冰箱里，也可以用茶叶包来吸附味道。

冷冻室的大清理在冬天做最方便，因为这时候气温较低，产生的冷凝水少，而且食物放在室温下温度也不会过高，冷冻的食物不容易化冻。但是理论上来说，一年清理一次实在是太少了。

冰箱使用忠告：

①冷藏室的剩饭剩菜最好用保鲜盒来储藏，不会串味，不会交叉污染，不会洒出汤来污染冰箱隔板影响卫生。选择大小合适的保鲜盒，可以大大节约冰箱的体积。

②食物一定要生熟分开存放，不可随便混在一起。

③饮料水果之类最好不放入冰箱，节约冰箱容积。

④如果可以经常购物，蔬菜每次只买 2 ~ 3 天的量，不要过多，让新鲜菜变成不新鲜的菜，不仅浪费电，而且降低口感和营养价值。

⑤门口就有超市，天天都开门，不必买来很多鱼肉虾之类冻在冷冻室里，用新鲜排酸肉的价钱吃不好吃的冻肉，很不值得。

⑥最好每周检查一次冰箱，查看存放的食物其中哪些已经不宜食用了，及时扔掉。还可以吃的赶紧吃掉。

⑦最好每月一次清洁冷藏室，擦净内壁和隔板。再用酒精消消毒就更好了，避免有长霉的死角，污染食品。

⑧夏天湿度大，要注意经常清理冷凝水。

⑨经常检查冰箱是否关严了。如果门不严，会严重影响冰箱冷藏效果，而且超级费电。

居家生活，处处留心皆学问。如果能够做到以上事项，您就是冰箱使用达人啦！

有关"冷"食品的 10 个安全提示。

4

　　说到微生物发生的生物性食物中毒，人们都不会忘记一个经典案例：2012 年发生了近万名德国小学生集体食物中毒的事件。德国媒体把矛头指向中国进口的速冻草莓，使人们对冷冻食品的关注度空前高涨。后来发现，食物中毒的原因是诺如病毒。这件事情提示人们，食品安全是件大事，别以为只有化学污染可怕，致病微生物的威力从来不可小觑。

　　其实，在欧美国家的饮食生活当中，因微生物的活动而发生食物中毒的情况并不罕见，每年都有不少患者因为食物中的致病菌而致死。据美国疾控中心 2011 年发布的数据显示，每年约有 4800 万美国人会经历程度不等的生物性食物中毒，其中约 13 万人因此入院，约 3000 人死亡。根据媒体报道，欧美人因食物中致病微生物而导致的死亡人数，按人口比例计算大大超过我国。

　　环境中的致病菌不可能赶尽杀绝，预防微生物导致的食物中毒，最简单易行的措施还是注意卫生和加热杀菌。

　　直到几十年前，我国很多地方的居民还没有喝上有卫生保障的自来水，医疗条件也不太尽如人意。南方很多地区的人洗涮、排泄都靠周围的河水湖水，而饮水做饭也靠同样的河水湖水，传播致病微生物的风险极大。

　　幸而我国自古以来提倡熟食，水要煮开之后才喝，菜要烹熟之后再吃，剩菜要热透再吃，吃饭时不直接接触食物而是用筷子取食……这些看起来"有点土"的生活方式，却极大地表现出中华民族的养生智慧，效果是让千万人幸免于致病微生物造成的食物中毒，逃脱"暴病而死"的厄运。

有很多人说，熟食是落后的，熟食会破坏营养素，生吃才科学才健康。但我们无法否认，熟食的优势也是非常明显的。它既能降低食品安全风险，又能去除很多妨碍营养素吸收的物质，比如蛋白酶抑制剂、淀粉酶抑制剂、抗维生素物质，降低单宁、皂苷、植酸、草酸等物质的含量，还能使淀粉和蛋白质的消化吸收更加容易。

尽管欧美发达国家的餐馆和家庭中的卫生状况很好，但他们几乎每天都吃未经加热杀菌的生食物，特别是沙拉之类的菜肴和冷冻甜点等都是冷食，第二顿吃的时候也不便再次加热，仍然会带来相当大的生物性食物中毒隐患。

很多人觉得，冷冻食品很安全，细菌不会滋生，这是因为低温可以抑制微生物的繁殖。但是，低温不能起到有效杀菌的作用，一旦恢复室温，其中存活的微生物仍可能活跃繁殖带来麻烦。肉类、鱼类、蔬菜、水果和速冻饺子之类的主食都是在生的状态下冷冻的，难以保证冷冻前食物没有携带各种微生物，包括致病菌和病毒。曾在媒体上热闹一时的速冻饺子中含金黄色葡萄球菌的事情，也正是这样的案例。

所以，生的速冻食品，无论蔬菜、水果、肉类、鱼类，解冻后均需加热再食用。速冻主食必须彻底蒸煮烹熟之后再食用。而对于冰淇淋、雪糕等不可能加热的冷冻食物，则最好选择可靠企业生产的产品，不能随便购买路边摊上的冷饮。2012 年夏天曾有新闻，某小作坊生产的"老冰棍"中的细菌总数超标 1700 多倍，大肠菌群超标 240 倍，足以证明冷冻是不能"冻杀"细菌的。

食物解冻后，如果在室温下放置很久，这个过程也会造成微生物的大量繁殖。如果这些化冻食物没有和其他食物隔离，那么其中的病菌和病毒还可能污染其他食物，造成交叉污染。在德国这次食物中毒事件当中，冻草莓被制作成"草莓蓉"给孩子们食用，这个加工是在室温下进行的，且并未进行杀菌，加工和运输的过程中都可能带来病毒和细菌的繁殖问题，其实怪不得冻草莓本身。

说到这里，让我们总结一下对待"冷"食物的几个家庭安全原则。

①超市选购时，冷冻食品和冷藏食品，要在逛超市快出门时再放到购物篮中，然后尽快回家放入冰箱。避免让它们长时间处于室温，造成食品温度大幅度升高，微生物繁殖加速，或者冷冻食品化冻。

②食品的包装上都有保质期和保质温度的说明，一定要按照保质温度来储藏。例如，注明可以冷藏储存 30 天的巴氏牛奶，如果没有放入冰箱，而是摆在桌子上，一天之后就可能滋生大量细菌而导致发酸、凝块，特别是在室温较高的情况下。

③冷冻食品在冰箱里一定要分区域，熟食品和生食品分开，避免交叉污染。生鱼生肉之类的放下层，冰淇淋、雪糕、冻水果、冻馒头等放上层。如果有三层，中间这层可以放速冻饺子、冻豆腐之类的食物。

④冷藏室也一样，剩菜剩饭、牛奶酸奶、熟肉等加热时间不会太长的食品放在上层；生蔬菜放在下层靠外处，豆腐放在下层靠内壁处；没有冻的鱼肉放在专用保鲜盒里。

⑤购买来的冷冻食品，无论蔬菜、水果、肉类、鱼类、速冻包子饺子之类，均需加热

杀菌再食用。即便是果蔬或坚果，也不能以为冷冻能杀菌，不可化冻之后不加热就直接吃。

⑥购买来的带包装的冷藏食品，所有豆腐和豆制品都必须加热杀菌再吃；杀菌后熟肉等食品刚开包装可以直接吃，但一旦变成剩菜，下次吃必须和其他剩菜一样充分加热杀菌。

⑦冻肉冻鱼在食用之前，最好头一天从冷冻室取出，严密包好后放在冷藏室专门放生肉生鱼的保鲜盒里化冻，这样化冻既很均匀，不流失肉汁，又避免了微生物超标和交叉污染的危险。取出之后马上切好下锅烹调，一定不要在案板上放很久。

⑧接触没有经过加热杀菌的冷冻食品之后，要像接触生鱼生肉一样，彻底把手洗干净，然后再去接触其他食材。避免把生食物中的耐冷微生物"传染"给其他食品，特别是熟的食品或者要直接生吃的食品。

⑨自制冷冻甜品时，如果需要加水果，最好用鲜水果加到冰淇淋、酸奶等配料当中。如果非要用冷冻水果，又不能加热，一定要尽快加工，立刻食用，让食品始终处于低温条件下，不给微生物的繁殖留时间。

⑩凉拌菜对食品卫生要求最高，最好现拌现吃，一餐吃完。不要腌制几个小时，这样是给细菌繁殖提供充分的时间，而且会伴随亚硝酸盐含量的迅速上升。

最后要提醒的是，不要认为只有孩子容易发生细菌和病毒造成的食物中毒，消化能力较弱、胃酸分泌不足的成年人也很容易发生胃肠道的感染。特别是吃大量生冷食物或喝大量甜饮料后，血管收缩，消化液分泌减少，胃酸被稀释，胃酸的杀菌作用就会减弱，会给致病微生物作乱制造机会，不可不慎重啊！

食品购物，居然也有"安全顺序"？

5

在现代城市当中，有些超市的规模非常宏大，商品品种极为丰富，在里面转上一圈，就要半小时以上。走走看看，挑挑选选，没有一两个小时出不来。然后，再把采购的一车一车的食物装上汽车，再穿过堵车的市区，把商品搬回家中，又要 1 小时的时间。很多消费者已经习惯了这种每周开车去一次仓储式超市大采购的生活。

即便是距离家门口不远，走路只有 20 分钟路程的中型超市，认真购物一圈，也得半小时时间。在推着自行车走回家的路上，有可能遇到一两个熟人，聊聊天说说话，可能半小时又过去了。

我赶时间!快让我进冰箱!

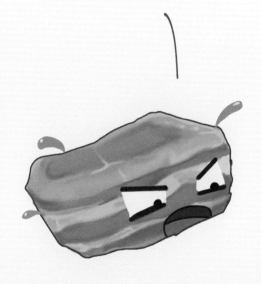

有些人把食品搬回家之后，却忙于其他事情，忘记马上把需要冷藏和冷冻的食品塞进冰箱。经常有这样的事情，把包放在门厅，人跑去照顾孩子、接电话、和宠物交流，一扭头就把自己买东西的事情忘了。等到想起来把食品放好，已经过了半小时、1 小时甚至更久。

然后，它们可能又要在消费者家里的冰箱中"住"很长时间，几天甚至几个月。

可能看到这里，很多读者还不明白：这和食品安全有什么关系？

的确有关系，如果你的购物单中有冷藏或冷冻食品，这些食品都需要冷链保存和运输。也就是说，从生产出来，到下锅之前，需要全程在低温下储藏。它们的旅程应当是这样的：从工厂的冰柜出发—到冷藏车的冷藏柜里—到超市的冷柜里—到消费者的冰箱里（或者直接下锅）。如果温度超过了保质温度，它们就会提前腐坏，或者品质严重下降。

那些冷冻食品，如果不一直放在冷冻室里，它的温度就会不断上升，甚至开始融化。即便没有融化，它的保质期也会缩短，而且因为温度的波动，会在袋子里出现冰晶，食材脱水变硬，互相粘连，口感变差，甚至出现裂缝。如果已经融化，那就更加糟糕了，因为在你的冰箱里，没有速冻设备条件，再次冻结的时候，肯定是"慢冻"了。慢冻会导致食物中产生大冰晶，不仅口感变差得更为严重，而且营养素和风味物质损失速度也会加快，化冻时会大量出水。

那些冷藏食品，离开冷柜货架之后，温度也会不断上升，很快就会和室温平衡。当然，其中原本被冷藏温度所抑制的微生物，已经开始快速繁殖，繁殖速度越来越快，细菌总数越来越多。

如何才能避免这种麻烦呢？要从购物的各环节注意，尽量缩短脱离冷链的时间。在超市里逛的时间，开车回家或走路回家的时间，进了家门之后在室温下等待的时间，都要尽量缩短，这样才能最大限度地避免微生物繁殖和品质劣变的麻烦。

所以，安全购买食物的忠告是这样的。

首先，在超市购物的时候，不要管超市的货架顺序是什么样的，先按以下顺序买东西：

①长货架期，又不怕压的产品，如米面粮油、罐头、不用冷藏的包装食品；

②短货架期，但可以在室温下放至少一两天的产品，如蔬菜、水果等；

③冷冻食品，如速冻饺子、冻肉等；

④冷藏食品，如巴氏奶、冷鲜肉、生鱼片等。拿完这些食物之后，不要再四处游逛，要马上去结账。

其次，在购物时，要注意物品在食品筐或购物车，以及购物袋中的摆放。

①把需要冷冻和冷藏的食物放在一起，让它们"抱团取冷"，降低温度上升的速度。但是不要把新鲜蔬菜和冷冻食品放在一起，因为蔬菜接触零下十几摄氏度的东西，有可能会出现冻害。

②不同类型的冷冻、冷藏食物，要各自包严，既不要接触蔬果，也不要互相接触，避免微生物的"交叉污染"。特别是巴氏奶、酸奶、生鱼片这种不会高温煮沸的冷藏食物，一定要小心，不要接触到其他生鱼生肉，也不能接触没有清洗过的蔬菜水果。

③在用购物袋盛装食品的时候，可以考虑自带或购买一两个冷藏袋，也可以自带冰袋。冷藏袋有隔热性，内壁有金属反光膜可以反射热辐射。把购买的冷藏、冷冻食品放进去，路上会更加安心。冷藏和冷冻食物放在一类袋子里，其他食物放在其他袋子里。

然后，提着装有冷藏、冷冻食品的购物袋，尽快回到家中，路上不要再去看电影、购买其他商品、逛街、会客、聊天等，以免耽误时间，除非你没有买这些需要冷藏或冷冻的食物。

回到家里，第一件事就是把这些食物赶紧分类放入冰箱。看了前面的文章，冰箱应当怎样安全存放食品，您肯定已经了然于胸了。那就赶紧动手吧，不要再让冷食物们在室温的屋子里苦苦等待很久啦，它们对细菌的进攻已经快扛不住了。

如果自己回家之后忘了把食物放入冰箱，怎么办？

如果鱼肉类食物已经化冻，就赶紧当餐烹调用掉吧。一餐吃不完也没关系，可以趁热分装，然后分别冷冻或冷藏起来，也可以享用好几次。

如果巴氏奶已经不凉了，即便放入冰箱，保质期也会大大缩短。所以，不如今天或明天就把它喝掉，但别忘记在喝之前加热到 80 ~ 90℃（还没有沸腾），杀一下活菌再喝，就会比较放心，避免孩子、老人、胃肠道敏感和体弱的人出现微生物引起的不适，甚至细菌性食物中毒。

如果生鱼片已经失去冷藏条件 1 小时以上，建议不要生吃，烹熟之后再食用。因为水产品中往往致病菌污染风险较大，非常容易出现细菌性食物中毒。吃了之后轻则胃堵胃胀，重则上吐下泻，腹痛难忍，发热无力。孩子中招之后影响学习，老人和病人一旦出现胃肠感染，还容易引起各种并发症。

虽然大部分人会说：没有那么严重吧！但是，食品安全的规则和科学的生活习惯，并不建立在身体强壮、运气上佳的基础上，而是建立在让老幼病弱人群也得到安全的基础上。日常的谨慎小心，对全家人的健康来说，能减少很多危险，让家人远离不必要的麻烦和痛苦。

自家厨房里有哪些食品安全隐患？

6

　　或许是因为有加热杀菌的保障，不少国人对厨房卫生相当漫不经心，不少家庭厨房的干净程度，还不及有资质的食品加工企业。比如，农村厨房四壁往往没有瓷砖，地面、房顶并不平滑，难以打扫，灶台油垢厚厚，不能隔绝蚊蝇老鼠的侵害，很多厨房没有冰箱来冷藏食物。平日吃了家里的东西之后拉肚子，胃肠疼两天，几乎被人们视为平常，只要不出人命，很少把它和食品安全事故联系起来。

　　即便是都市居民，厨房往往也是家里最不干净的地方，而且操作中有很多安全隐患。实际上，厨房应当，而且必须是家里最干净的地方！

　　这里，咱们就来细细评说厨房里那些可能纵容致病菌作乱的环节。各位读者，请自己对照检查一下吧！

　　1. 厨房环境

　　①厨房地面能否做到每天擦净？

　　②灶台和灶台后的墙面，在每餐做饭之后都进行清理清洁吗？

　　③清洗食材的水池，每餐做饭之后都进行清理清洁吗？

　　④每年几次给厨房整体（包括墙壁和屋顶）做大扫除？

　　⑤擦餐桌、灶台和洗碗刷锅的抹布，是否能分开使用和清洗？

　　——洗洁精、去油烟剂等非食用化学物质，是否能和食物、调味品分开存放？

　　2. 厨具清洗

　　①刀具和菜板是否在切一种食品之后马上洗净，再用来切另一种食品？

②用来拌生鱼、生肉、生蛋液的筷子或勺子，是否漫不经心地放在灶台上、菜板上，或扔在放满了碗筷的水池子里？是否煮沸消毒或彻底清洗晾干之后，再用来接触其他食品？

③每餐做完饭之后，菜板是否彻底洗净，然后控干水分令其干燥？

④锅具和铲子是否及时洗净之后晾干或挂起？

⑤刷碗时是否还在用脏乎乎使用了很久的抹布？

⑥每餐后是否及时刷碗，避免微生物在食物残渣和洗碗池中繁殖？

⑦洗干净的碗里有水却不控干，而是冲洗干净之后再用抹布擦干？

⑧各种清洗剂、防霉剂等，能否做到不同时使用，避免发生不良化学反应？

3. 食材处理

①处理肉和蔬菜，处理生食物和熟食物，是否能分别准备菜板、刀具和洗菜盆？

②是否固定某些盘子、碗等用来装生鱼、生肉，用过之后不再装熟食品？

③打鸡蛋之后，生蛋壳是否立刻扔进垃圾桶，而不是随手放在案板上或灶台上？

④是否在浸泡、处理过鱼、肉之后，只是简单冲一下水池，就把蔬菜、水果等放进去？

⑤蔬菜是否不洗干净就用水长时间泡着？

⑥食物是否切开后很久还不及时烹调，而是在室温下一放就是一两个小时甚至更久？

⑦是否在没有经验也没有菌种的情况下，就自己勇敢地动手制作富含蛋白质的发酵食品，比如自制豆豉、纳豆、臭豆腐、发酵鱼之类？

⑧是否随意使用可能有一定安全风险的物质来处理食材，如嫩肉粉、亚硝酸盐、硝酸盐、纯碱、明矾等？

4. 烹调加热

①从商店外购的熟食是否能加热杀菌之后再食用？

②动物性食品能否做到彻底烹熟再食用？

③豆角、豆子、黄豆芽之类含有毒素和抗营养物质的食品，是否能彻底烹熟？

④在夏秋季节，蔬菜类凉菜是否能尽量用加醋、蒜蓉等方式尽量减少微生物繁殖的风险？

5. 个人卫生

①进厨房之前是否脱去外衣换上围裙？

②开始烹调操作之前是否洗手？手上的护手霜和脸上的脂粉是否卸去？

③厨房用的擦手巾是否每天清洗？

④围裙是否经常清洗？

⑤是否经常用脏围裙或者抹布来擦干手上的水？

⑥是否经常头发披散着进厨房，没有扎起来，更没有戴上帽子或用头巾包起来？

⑦是否手上有伤口或疖肿等未经处理就下厨？

⑧是否在流鼻涕、打喷嚏、咳嗽时不戴口罩就下厨？

⑨是否去卫生间后不洗手、不换围裙就继续处理食物？

⑩接触过生肉、生鱼、生蛋壳的手，是否及时用洗手液洗净，然后再接触其他食品或者餐具？

6. 冰箱使用

①冰箱是否放得太满？

②冰箱各层是否有分工，熟食放在上面，生食放在下面？

③冰箱中的食物是否能尽量放入有盖保鲜盒中或用无毒保鲜膜、保鲜袋覆盖？

④是否知道各类食物的最佳储藏温度并放到合适的区域？

⑤冰箱中的食物是否经常检查，避免过期和霉变？

⑥冰箱是否每个月清洗一次？

⑦食物是否能切成一次吃完的分量后分别冷冻？

⑧是否能做到食物不反复化冻和冷冻？

7. 剩菜处理

①刚做好的菜，明知道吃不完，是否能提前拨出一部分放在干净的碗或保鲜盒中及时冷藏，其他部分当餐吃完？

②是否在用餐结束之后马上把剩菜剩饭放入冰箱，而不是在室温下放到下一餐？

③从冰箱里取出剩食物之后,是否充分蒸煮杀菌(100℃以上3 ~ 5分钟)或微波杀菌(中心温度 70℃以上) 后再食用？

④是否能做到剩食物只加热一次，不反复剩再反复加热？

⑤蔬菜类凉菜是否能做到一次吃完，不剩到第二天？

⑥剩煲汤、炖菜等如果体积大没法放进冰箱，是否能在餐后及时再次煮沸，然后密闭不动地放到第二天？

让我们切实提高食品安全意识，不仅要挑剔市售食品的安全性，也要让自己的家庭厨房更安全，不要因为家人不会埋怨我们，更不会向我们追究法律责任，就忽视很多食品安全的隐患。

果蔬洗净，也未必能保证安全，怎么办？

7

不少人都听说，生的果蔬是"寒凉"的，老人孩子不能吃，孕妇不能吃，体弱者也不能吃。

很多人吃果蔬之前万分小心，用淘米水泡，用碱水洗，用盐水泡，用面粉搓……唯恐有什么不安全的东西。

但也有人听说，纯天然的果蔬是安全的，自家果园里摘的草莓和葡萄，用手蹭蹭就能吃，连洗都不用。

其实，人们不吃没洗的蔬菜水果，应该说是一种卫生意识的进步。

蔬菜水果必须认真清洗，与是否为有机食品，是否在自家菜园中生产出来，并没有直接的关系。主要原因是担心蔬果表面上可能沾染寄生虫卵、致病微生物等危险。

的确，寄生虫卵、致病菌、病毒等都是"纯天然"的。甚至，过去用没有经过科学处理的粪肥、有机肥种菜会更危险。几十年前的小孩，多数肚子里都有蛔虫、蛲虫甚至绦虫，就是因为那时候卫生习惯不好，食物常常不洗就吃。即便用水洗洗，过去的河水、井水往往也达不到如今的卫生要求。

所以，在我小时候，《健康小顾问》之类的科普书上写着，果蔬生吃之前，要用高锰酸钾水来泡一下。那年头没有消毒液和洗洁精，用紫红色的高锰酸钾水泡过消毒，人们才会觉得比较放心。——当然，也只有受过相关教育，关注家庭健康的人才会看这种书。说到这里，必须感谢我的母亲，她虽然是数学专业毕业，却很在意卫生和营养，相关知识比她的同龄人丰富得多。

别以为农药残留是食品安全的唯一问题，致病微生物比它们凶猛多了。别说吃自家院子里的水果，就算吃洗得特别仔细、特别干净的水果，也不意味着不可能发生上吐下泻、肚子绞痛、发热无力的细菌性食物中毒悲剧。

题外话：我有两次因为细菌性食物中毒而肚子疼，简直疼到让人生不如死的程度，每一分钟都是煎熬。还有一次在餐馆吃饭之后感觉胃堵，身体疲劳，当时没经验，没有及时吐掉。后来就发展成典型的细菌性痢疾症状，折腾了3天才停止腹泻。

苹果、梨这类果皮又厚又坚韧的水果，还不用太担心，直接用清水洗洗，再薄薄地去皮就好了。比较让人担心的，是那些微生物能够长驱直入的果蔬。

比如草莓，有可能会污染诸如病毒，如果正好人体的抵抗力低，就可能发生恶心、呕吐、发热、腹痛和腹泻等。这个病毒在2012年曾经让数以万计的德国人中招，一时间轰动世界。又比如，2011年，美国因为甜瓜被污染了单核增生李斯特菌造成16人死亡。

最近美国普渡大学的研究者还发现，单核增生李斯特菌之类的致病菌甚至可能存在于果蔬的内部，比如甜瓜、生菜等。微生物会从植物的伤口侵入，然后在其中存活长达数月的时间。无论怎么洗都是洗不掉的。这个可怕的菌，专门欺负体弱者，比如婴幼儿、老人、病人等，特别可怕的是，它能够在体内潜伏几天到几十天时间，越过胎盘屏障侵犯胎儿。研究文献表明，孕妇一旦被它感染，有可能会造成流产和死胎。

——这些可怜的准妈妈，流产后都不知道是为什么，其实有可能是因为体质不够强壮，此前不幸被食品致病菌感染了。所以增强体质、改善饮食习惯，注意食品卫生，是有多重要啊！

这让我想起去年参加的一次无公害和有机蔬菜栽培的培训。我自己去讲蔬菜的营养，顺便也听听课。有位专家详细讲解，叶菜类污染致病菌而引起的食物中毒事件相当常见，供生吃的产品要相当小心。

为了保证食品安全，有机、绿色、无公害蔬菜在种植过程中就要采取各种措施避免污染。不能使用没有发酵的有机肥，它会引来致病菌和寄生虫卵；不能使用未检测的农家肥、塘泥等传统肥料，它们往往存在重金属超标和其他环境污染物积累的问题。

很多人以为不用化肥农药就能带来安全，其实大谬不然。多位土壤肥料专家告诉我，天然肥料其实可能更危险。寄生虫卵可以通过发酵杀灭，但一些难分解的环境污染物真的很难清除。比如说，塘泥中有可能含有多年来积累下来的有机氯、二噁英、多氯联苯等环境污染物，还有重金属污染物；猪粪之类可能含有超标的砷污染。这些都会给有机蔬菜带

来被污染的风险。

专家特别强调，采收季节，尤其必须仔细操作。

采收人必须身体健康，还要把手洗干净。切割用的刀具必须足够锋利，以便减少组织破损流出汁液，这些汁液中的营养会促进细菌繁殖。采收的蔬菜不能接触土壤，因为土里往往带有致病菌。洗菜要用饮用水等级的水。包装要经过消毒，储存和运输过程中要及时去掉腐烂部分，防止交叉污染，等等。这些食品安全控制细节，岂是过去的传统家庭菜园所能做到的！

注意：土壤中天然含有多种致病菌……如果对自己和孩子的胃肠功能没有足够自信，在果园采摘草莓、黄瓜之类的水果蔬菜之后，千万不要蹭蹭就吃……这不代表农民给你加了什么有害农用化学品，而是担心纯天然的致病菌。

总之，即便认真洗过泡过，也不能保证完全清除掉致病菌和病毒。如果购买超市中切碎的蔬果，更要非常小心。因为蔬果切得越细碎，切口越多，感染和繁殖细菌的速度越快。传统认为蔬果生吃太寒凉，女性不能吃，吃了容易拉肚子损气血之类的说法，原因之一可能就是因为这些致病菌。

要对付这些可怕的微生物，最简单的方式就是加热杀菌。无论它们多么狡猾，都会被蒸煮炖炒之类的烹调方式灭掉。

欧美国家的人经常生吃蔬菜，所以经常发生各种细菌性食物中毒。美国疾控中心承认，因为微生物污染导致的食品安全事件，每年造成数千美国人死亡。而在中国传统饮食文化中，特别注意不给老人、幼儿、病弱者吃太多的生果蔬，不喝没有煮沸过的水，在食品安全控制能力低下的古代，实际上是一种保障健康安全的重要措施！

对大部分抵抗力较好的成年人来说，既想要生吃蔬果的健康效果，又不想冒食品安全的风险，除了把果蔬洗干净之外，最简单的预防方法，就是每次少吃点，少量多次吃。吃得少，进来的有害病毒和细菌总数就少。同时，也避免太多水果中的有机酸盐缓冲胃液。胃液的pH值可以低达2以下，而水果中的柠檬酸在形成缓冲系统之后，pH值是5左右（柠檬酸－柠檬酸盐缓冲液，生物科学相关专业的学生大学时代都是配过的）。显而易见，被它们缓冲之后，胃液的杀菌能力会大大下降！

所以，别过度贪吃甜瓜、草莓、桑葚、葡萄、樱桃之类；剩的凉拌菜要扔掉。不要经常考验我们的胃酸杀菌力和胃肠抵抗力。胃酸偏少、胃动力不足、患萎缩性胃炎的人，以及体弱者、老年人，更要高度注意，因为本来胃液分泌就不足，杀菌能力比普通人差。

最后，吃果蔬的时候，还要教育孩子，并自身示范：把手洗干净！把手洗干净！把手洗干净！

为什么生水不能喝，而要喝热水？

8

从小爸妈就说生水不能喝，还听说为了养生，夏天都必须喝热水。为什么生水不能喝呢？为什么必须喝热水呢？为什么用生水洗手这件事就是讲究卫生呢？

要解答这个问题，先要从生熟、冷热的差异说起。

1. 生水真的不能喝吗

生水理论上并非不可以喝。我个人理解，主要是因为 3 个原因不建议人们喝生水。

①生水没有经过煮沸，其中可能存在微生物污染。尤其是几十年、十几年前，大部分农村地区没有自来水供应，城市的自来水水质管理没有现在这么严格，不合格的情况是常见的。大部分人喝的井水、河水，很容易被污染，含有过多的有机物，其中滋生微生物，是很不安全的。比如痢疾、甲肝之类的急性胃肠道疾病都可以通过饮用水而传染。

②部分地区的生水中含有过多的钙、镁等矿物质，碱性较强，虽然没有毒，但对肠道有一定刺激，可能引起肠道不适。比如北京的水就是这样的。煮沸之后，通过产生水垢，去掉了一部分钙、镁元素，水质得到一定程度的软化。以前有的日本朋友喝北京的白开水都觉得肠道有不适，可能就是因为不适应硬水的缘故。

③部分人的胃肠对冷敏感，喝冷水有可能肠道产气，甚至出现腹泻。

理论上说，只要不怕凉、足够干净、硬度不太大的水是可以直接喝的。比如说，现在超市有纯净水、矿泉水出售，有些家庭净水机、净水器就号称能够制造出直饮水，一些公园、机场、车站等也有直饮水供应，这些都是没有煮沸过的水，某种意义上说，也就是"生水"。

既然人们对生水的担心主要是微生物和矿物质，那么通过严格的过滤程序，滤除了微

尽量喝热水哦！

生物，滤除了有机物，甚至去掉了过多的矿物质，那么就可以直接喝了。

当然，有些人对冷刺激敏感，喝凉水不舒服，那么即便是安全性没问题的直饮水，也需要热一下再喝。

2. 为什么很多人提倡喝热水

喝热水并不是一个适合于所有人的戒律，但对部分人，包括体弱者、胃肠消化功能不佳者、对冷刺激敏感的人来说，可能有一定道理。

热胀冷缩是物理学基本规律，血管遇冷之后收缩，会造成胃肠血液循环速度变慢，有可能影响消化液的分泌。消化不佳则营养摄入减少，体质会变弱，这是不利健康的。夏天如果避免过食冷饮和冰水，注意保护胃肠，好好吃饭，得到足够的营养，有利于保持肌肉量，维护基础代谢，那么冬天就不那么怕冷。这种说法大体上是符合科学道理的。

我本人从小体弱，曾经喝凉水就会腹痛腹泻，后来体质改善很多，喝室温的水已经没有问题了，但偶尔还是会在喝凉白开之后感觉肠道产气，喝冰镇的水则感觉不舒服，所以从来不加冰块。

由此可见，喝凉水还是喝热水，完全可以交给自己的身体来判断。如果当时只是口腔和舌头舒服，而后面胃肠不适，那就以不喝凉水为好，尊重身体的意见。

除了凉水之外，冷饮、冷酸奶之类也有同样的问题。不过，冷饮的害处主要不在温度，而在于其中营养价值低，糖含量太高，即便暖一些，也不值得经常吃。酸奶则营养价值很高，只是刚从冰箱里拿出来有点凉，只要稍微暖一下，到舌头不觉得冰凉，就可以喝了，而且对胃肠非常友好。

3. 为什么用生水洗手有利食品安全

不得不说，现在很多人虽然对食物要求挺高，但对自己要求超级低。经常是不洗手就吃饭，直接抓什么吃都很自然，就好像自己的手一定比没洗过的菜干净一样。

凡是做过微生物实验的人都会明白，人的手到处接触各种东西，表面是相当脏的。用手给培养基接个种，能培养出来无数微生物菌落。不仅难以避免导致胃肠感染的细菌，还可能传播流感病毒等很多致病微生物。

无论自来水怎么被黑，说它如何不干净，要用滤水器，但合格自来水中的细菌数目，比起没洗过的手上的细菌数目，简直是千万分之一。所以，用洗手液或肥皂好好洗个手，哪怕没有用什么杀菌洗涤剂，都能让上面的细菌数降低到原来的几十分之一甚至几百分之一。因为把手上沾的各种有机物洗掉，也能减少让细菌继续繁殖的"营养"。

所以，无论是生水还是熟水，洗手对食品安全是必需的！

现在赶紧来对照反思一下自己：

是不是坐在电脑面前的时候经常随手抓点零食吃？没听说过电脑键盘有多么脏么？

是不是一边玩手机一边吃东西？不知道手机键盘上的微生物品种多么丰富么？

是不是在餐馆捧着无数人摸过的菜谱翻了半天，然后不洗手就开始抓荷叶饼卷烤鸭吃？

别因为心理作用把自来水和食品想得太可怕，最该做的事情是：从现在起立个规矩，回家赶紧洗手！出卫生间前洗手！饭前必须洗手！不洗手就不许抓东西吃！

远离可怕的肉毒素和肉毒菌。

9

2013年，爆出了新西兰乳制品中查出"肉毒菌"的新闻，虽然最后证明检出的不是肉毒菌，而是和它特别像的另一种梭菌，但至少让人们熟悉了肉毒梭状芽孢杆菌这个专业词汇。那么，还有哪些食品中可能会污染肉毒菌，含有肉毒素，也让消费者开始担心。多些了解，日常注意防范，就会减少受害的危险。

肉毒菌，顾名思义，外形像梭子一样，也叫肉毒梭菌，全名是肉毒梭状芽孢杆菌（*Clostridium botulinum*），是个臭名昭著的食品致病菌。当它旺盛繁殖的时候，会产生一类世界上最毒的毒素——肉毒素（botulinum toxin），引发肉毒素中毒症（botulism）。肉毒素有7个类型，毒性各不相同，毒害人类的主要是A型和B型。

要问肉毒素有多毒，要先从砒霜说起。砒霜在人们心目中就是毒性最大的物质了，但它远比不上氰化钾；而氰化钾，又远不比上肉毒素。$1\mu g$的肉毒素就能致死人类，按这样计算，1g肉毒素就足以毒死100万人。正因为肉毒素堪称毒药之王，它已经被开发成了生化武器。

肉毒素的分子能够进入神经细胞，它使神经元无法释放神经递质，从而让神经元之间的"沟通"发生障碍，信息无法传导，从而出现一系列肌肉麻痹的症状。肉毒素中毒和其他常见食物中毒一样，都会出现恶心、呕吐等自救反应，也有头昏、肌肉无力等表现。它比较特殊的症状是眼睑下垂和复视，其他细菌或细菌毒素所造成的食物中毒没有这些症状。如果中毒比较严重，会发生呼吸麻痹而致死。如果没有得到及时的针对性抗毒素治疗，这种病的病死率能超过H7N9病毒感染。

肉制品中的肉毒菌

自古以来，倒在这种毒素下的人类生命不计其数，而且在西方尤其多见。西方人很早就发现，吃肉制品容易发生肉毒素中毒症。*Botulinum* 这个词汇，就源自于"肉肠"的拉丁文 *botulus*；而中文译为"肉毒素"也是这个缘故。因为在几百年前乃至更早，人们并不懂得食品安全的学问，发生中毒甚至死亡，也不知道怎么回事，只是模糊地知道，吃肉肠有中毒死亡的风险。在微生物学发展起来之后，人们才确认这种中毒是肉毒菌带来的。

肉毒梭菌其实并不是什么稀罕物，它在自然界中广泛存在，土壤中、粪便中都可能找到这种细菌。这种菌怕酸，怕热，而且在通气条件良好、氧气充足的地方长得不太茂盛。它尤其喜欢富含蛋白质的食品，比如肉肠、火腿、肉罐头，都可能有肉毒梭菌潜伏其中。人的肠道里通风条件不那么好，酸度比较小，肉毒梭菌也能生存，不过 37℃不是它的最佳产毒温度。

可是人们会问：难道做肉肠和罐头不经过高温杀菌甚至灭菌吗？难道肉毒梭菌不怕热吗？谢天谢地，这种菌本身并不耐热，而且肉毒素也不耐热。虽然这种毒素非常非常毒，但是，它在 100℃的温度下，只需煮一两分钟就会失去毒性。

问题是，很多熟肉虽然生产当时经过加热，但因为做好之后要存放几天才能卖出去，而且通常不加热就当冷盘吃，很难保证安全性。为了避免被肉毒素所害，古人早就探索出了一个好方法——加亚硝酸盐，因为它对于抑制肉毒梭菌特别有效。

亚硝酸盐虽然也有毒，而且会在肉中合成微量的致癌物亚硝胺，但它的毒性和肉毒素相比，那简直不值得一提，差着若干数量级。用严格限量的亚硝酸盐来避免肉毒素中毒的危险，对于加工肉制品来说，绝对是明智之举，所以世界上所有国家都许可在加工肉制品中添加亚硝酸盐。不信，只要认真看看肉肠、火腿之类产品的标签，总会在配料表中看到"亚硝酸钠"四个字。

我曾经非常反对餐饮业使用亚硝酸盐，是因为餐饮产品当时制作当时食用，顾客不会吃剩菜，所以没有必要用。而且亚硝酸盐如果管理不善，很容易出现超标甚至中毒事故。但加工肉制品不可能当天做当天吃，所以不能不加。要想避免其中微量致癌物的害处，唯一的方法是少吃外面卖的加工肉制品，多在家里自己用鲜肉做菜吃。

厨房里的肉毒菌

但是，在家庭厨房当中，这种恐怖的毒素却往往会被人们忽视。比如豆制品和煮熟的黄豆、豆酱之类，比如家里的剩鱼肉、剩豆腐、剩蛋类，特别是那些自制的发酵豆制品，都可能有肉毒菌潜伏，特别是在室温下存放之后，不重新加热就食用，风险非常大。

某网友说：公司同事今天带来老家农村亲戚做的纳豆，加了点盐、辣椒、老姜，凡是吃了的同事，症状都是头晕乎乎的，呕吐，双腿发软无力……其实这就非常像肉毒素轻度中毒的症状。只不过吃得不多，难受一两天时间后自愈，没有造成人命事故罢了。看看公共卫生方面的医学杂志，因为吃自制纳豆、自制水豆豉之类产品而丧命的报告比比皆是，令人惊心。

也正因为如此，人们经常会说，剩菜剩饭要彻底加热杀菌，煮沸几分钟，或者在上汽的笼屉上大火蒸几分钟，都能起到杀菌、消毒的作用。不加热就直接吃室温下翻动过的剩菜、剩饭，是有危险的。特别是在过去没有冰箱的时代，各种致病菌在室温下繁殖速度都很快，吃剩菜剩饭更加危险。虽然有人可能会说"我吃了好多次也没事儿"，但一次有事儿，患上胃肠炎甚至肉毒素中毒，那可就麻烦了。

所谓食品安全管理，无论是在企业还是在家里，要的都是十分保险，目标都是万无一失，绝不是碰运气，用食用者的健康和生命来冒险。

不过，加热只能保证当时安全，不能保证长期存放。尽管这个肉毒梭菌和肉毒素本身都不耐热，肉毒梭菌的全名可不要忘记——肉毒梭状芽孢杆菌。芽孢杆菌的特点是能产生一种叫作芽孢的东西。细菌一旦变成芽孢状态，它就非常皮实，不怕 100℃加热。要在 120℃以上加热 30 分钟，才能把芽孢们灭掉。一般煮几分钟是没用的。

芽孢如果没有被灭掉，它会潜伏在食品中，一旦环境条件合适，芽孢们就会"破壳而出"，变成一个个活跃的肉毒梭菌，大肆繁殖，甚至产生毒素。那是一件多么恐怖的事情啊！

所以，在食品加工中，有杀菌和灭菌两类处理。杀菌只是把活细菌杀死，芽孢们却杀不死。所谓巴氏奶，就是用 85℃左右的巴氏杀菌处理把细菌杀死，但是芽孢杀不死，所以必须在冷藏条件下保存，常温下会很快变质。所谓常温奶就是经过 120℃以上的灭菌处理，把芽孢们也都干掉。这样，无菌灌装、趁热封口，就能够让牛奶安静地在无菌纸盒里存放 6 个月以上，甚至 1 年以上。

肉毒梭菌的芽孢比普通的芽孢更顽强。用 121℃的高压蒸煮 30 分钟以上，才能保证彻底杀死这种芽孢。所以，在制作肉罐头的时候，加热温度稍微低一点，或者时间短一点，产品的中心温度达不到要求，就可能会有肉毒梭菌的芽孢幸存下来，造成安全隐患。

当然，芽孢们也不是什么条件下都能进入活跃状态的。它最喜欢的是室温条件，15 ~ 30℃是它最舒服的环境。若放在 10℃以下的冰箱里或者在 55℃以上的发烫环境中，它就无法繁殖也无法产毒了。所以，把吃剩的食物赶紧放进冰箱，是家庭中预防肉毒素中毒的重要措施。

夏天温度太高，超市又不一定能做到全冷链运输和储藏，买菜回家的路上温度也很高，就有多种致病菌繁殖甚至产毒的隐患。所以从超市中买来的散装熟肉制品、豆制品等最好不要直接吃，一定要在家里再加热杀一下菌才放心。肉毒素只需于 80℃左右加热 10 分钟，或者 100℃加热 1 ~ 2 分钟就可以被破坏掉了。

奶粉里的肉毒菌

还有朋友们问，奶粉里怎么也会有肉毒梭菌呢？这的确是个新情况。以前各大品牌的进口洋奶粉曾经出过很多问题，比如亚硝酸盐超标，比如检出阪崎肠杆菌，比如脂肪氧化，比如重金属超标，比如营养素不达标，比如找到金属异物和玻璃碎片……但是肉毒梭菌的报告还是第一次。后来的检测证明，奶粉里污染的并不是肉毒梭菌，而是另一种和它十分类似的厌氧型梭菌。

淀粉类食物和奶类食物在馊了之后会发酸，而酸性条件不太适合肉毒梭菌生存，一般来说，在液态奶制品中不常发现这种细菌；而奶粉是粉状食品，接触空气比较多，厌氧的肉毒梭菌也不容易大量繁殖起来。

正因为不是常见情况，所以目前各国的奶制品标准中根本没有查肉毒梭菌这一项。企业没有及时发现，我国的进口检验部门也没有及时发现。不过，这次事件也给乳制品行业提了个醒。各国的管理规范都是在各种麻烦中成长和进步的，以前没有过，就不可能有相关的标准和检查。消费者常常抱怨监管部门"总是事后才发现"，其实这就是食品安全管理的无奈之一，各国概莫能外。

为什么人们对奶粉中检出致病菌的事特别担心呢？因为奶粉是用温水冲开喝的，不会再次加热，所以不能杀掉这个细菌，更不能杀灭芽孢。考虑到小宝宝本来身体抵抗力就比较弱，胃酸分泌少，容易受到各种毒菌或毒素的伤害，所以奶粉必须格外严格要求。相比之下，如果以被少量致病菌污染的奶粉作为配料，制成饮料、烤成饼干，都需要进行加热，那么活菌和毒素会在加热过程中被灭活，倒不用太过担心。

总之，食品安全的风险无所不在，化学物质固然令人担心，但"纯天然"的致病菌们也生性凶残杀人无数，绝不可掉以轻心。致病菌可不认识你是谁，它们不会因为一个企业负有盛名就不来找麻烦，也不会因为你是亲手在家给亲人们制作食物就放你一马。要想远离各种安全隐患，最关键的措施，还是要在从土地到餐桌的每个环节中都不怕麻烦、严格把关。

最后想说一点题外话。人们对肉毒素不太恐惧的原因之一，是觉得它能起美容作用，甚至有些爱美女性多少还有点向往之情。其实，肉毒素美容的原理，正是在局部注射之后，引起面部肌肉麻痹，从而不会形成表情纹。但是这种处理也会导致脸部表情呆滞。

做这种美容处理，需要精确控制毒素的剂量，稍有不慎就会造成中毒。每年世界上都有不少女性因为肉毒素美容而发生中毒事故，甚至有人因此丧命。

美容虽然重要，但性命更重要啊！为什么不选择那些更安全的方法呢？不愿意通过健康饮食、充足睡眠和适度运动来达到美容的效果，却要拿自己来当小白鼠注射毒素，不是有点舍本逐末了吗。

美味荤菜中的污染隐患。

10

在 2014 年 1 月公布的"2014 ~ 2020 年中国食物与营养发展规划"当中，人们很惊讶地发现，肉类的目标产量有明显的下降。这种国家水平上的膳食模式变化目标，意味着人们不能再沉迷于大块吃肉的生活方式，而要接受少量吃肉的膳食模式。

在贫困之时，人们总是把吃肉和幸福、富裕联系在一起；而富到一定程度之后，对于大部分居民来说，大鱼大肉已经不再成为奢侈享受，它们的魅力也就逐渐下降了。实际上，我国膳食指南中早就指出，在多样化饮食的情况下，每天吃 50g 肉或鱼足以满足营养需求。荤食过多，实在不是什么幸福，甚至可能带来种种麻烦。

麻烦之一：鱼肉里的环境污染物比植物中的高得多。

按照生态学的基本定律，如果环境中存在难分解污染物，比如说铅、砷、汞、多氯联苯、六六六等，那么越是处于高营养级的动物，体内的污染水平就越高。也就是说，如果水里有污染，那么水藻就会受到污染；吃水藻的小鱼会浓缩水藻中的污染，而吃小鱼的大鱼又会浓缩小鱼体内的污染。一条大型食肉鱼一天就能吞下千百条小鱼，所以它们积累污染物质的速度最快。同理，猪吃植物性的饲料，那么它的污染一定比饲料中的污染水平高得多。我们如果大量吃猪肉，那么我们体内的污染水平又会比猪高得多……这就叫做生物富集和生物放大作用。

麻烦之二：鱼肉中不可避免地存在农药兽药残留。

许多人以为，蔬菜和水果表面上的农药是最可怕的污染，认为吃鱼肉就不会吃到农药，这是一种严重的误解。实际上，鱼肉中的化学药物残留水平绝不亚于蔬菜和水果，甚至有过之而无不及。这是因为，动物饲料也是在污染的农田中生产的，照样有农药、除草剂等农用化学药品的残留，其中的难分解成分会积累在动物体内；而动物饲养过程当中，各种兽药、杀菌剂、饲料添加剂等化学物质也会或多或少地进入动物体内，从而间接地进入人体。所以，不吃菜光吃肉，并不能使人远离农药污染。

所以，那些鼓励吃鱼吃肉的国内外人士，毫无例外都强调要吃"有机肉"，还要低温烹调，最小限度地加工，正是基于以上种种原因。

麻烦之三：多吃动物食品，增加致癌危险。

有研究发现，在同样的致癌物水平下，如果给试验动物摄入过多的动物蛋白质或动物脂肪，那么试验动物的癌症发生率会比吃植物性饲料的动物更高。动物蛋白质和脂肪都有这种作用，而植物性蛋白则效果小得多，植物中的膳食纤维还有减轻污染物作用的效果。

如果我们吃不到有机鱼肉，也不能做到自己烹调，还垂涎餐馆中的各种美食，那么至少可以做到一点：控制数量。

美味的鱼肉海鲜，是人生的重要享受，一生远离它们，也是没有必要的。这里强调的只是不要过食鱼肉荤腥，因为过犹不及，正如古代养生专家所说，过多鱼肉会"伤身腐肠"。

对于我国不少富裕居民来说，吃动物性食品的数量已经偏高了，特别是肉类的消费量，已经超过世界平均水平。许多家庭顿顿离不开鱼肉海鲜，宴席上更是荤素比例严重失调。

按我国膳食指南，每天平均摄入 40 ~ 75g 肉和 40 ~ 75g 鱼，就是合理的范围。如果每周只去餐馆吃 1 ~ 2 次，如果每天只吃 50g 肉或 100g 鱼，或者一次吃得多一些，但一周中每天的平均值并不过量，那么，即便荤食中存在污染，由于数量有限，也不至于给人体带来太大危害。这样做，同时也就减少了过食鱼肉海鲜所带来的患癌症、心脏病、痛风、脂肪肝等疾病的危险，岂不是一举两得，美食与健康兼顾吗！

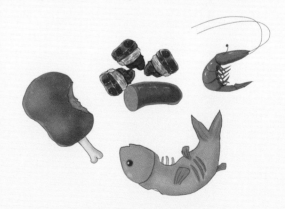

多吃动物食品有风险！

想做备餐，怎样保证安全和营养？

11

很多朋友都有同样的烦恼：一个人生活，每餐吃得太少。如果每一餐都做新菜，既容易剩菜，还很费时间。做少了食物单调，做多了剩菜浪费。

其实，对于这种情况来说，完全可以采用"备餐"（meal prep）的方式来处理，也就是提前做好一批食物，特别是主食和费时费事的菜肴一次多做一点，分装保存。然后每次取用一份，配合容易烹调的新鲜蔬菜，再配些水果坚果，就可以吃到多样化的健康饮食了，既省时间又方便。

但是还有很多人会问：一次做菜后冷冻保存，那下一餐不就等于吃剩菜么？会不会有很大的营养损失？会不会带来亚硝酸盐之类的安全隐患？这里就给大家详细解答。

1. 主食的备餐

米饭、粥、馒头、花卷、饼、豆沙包、奶黄包等，可以一次蒸、煮 3 ~ 4 顿的量，然后取 1/4 当餐吃掉。其余部分分成一次能吃完的量，分装在干净的保鲜盒里，或者放在食品保鲜袋里。48 小时之内能吃完的量直接放在冷藏室里。两天内不吃的要放在冷冻室里冻起来。隔水包装，温度恒定地将其冷冻保存，可以存 4 周以上。

杂粮饭：由于杂粮饭新煮的时候好吃，过后放凉了比较容易变干变硬，最好是分装后立刻冷冻起来，不给其变干变硬的时间。取出后再蒸热，就比较接近于新饭的状态了。如果不冷冻，杂粮饭冷藏难免变干变硬，但取出之后可以加水和燕麦片煮成杂粮粥，或者加油、蔬菜、鸡蛋做成炒饭，口感不错。

饺子、包子：可以蒸熟、煮熟后，放在冰箱速冻格里，速冻一夜后，硬了再取出来放在食品保鲜袋里，然后放在冷冻室保存。请注意，冷冻室要生熟分开，专门用上面的抽屉来冷冻各种熟食品，生鱼肉之类放在下层。

2. 鱼肉类

鱼肉都可以一次多做点，然后分装保存，原理和上面的主食类似。48 小时之内放入冷藏室，长期存放必须冷冻。

比如说，做一条大鱼，一次肯定吃不完，可切块装盒冷冻。排骨、丸子、红烧鸡、红烧肉等，都取一部分装盒冷冻。这样就不必做了鱼天天吃鱼，做了肉天天吃肉。可以今天取一盒冻鱼，明天取一盒冻肉，轮着吃，保证营养供应的均衡。

其他如炒虾仁、蒸扇贝、红烧四喜丸子等，都可以同样处理。

如果喜欢做炒肉菜，又讨厌切肉，可以直接去超市购买肉丝、肉片、肉末，买回来调味上浆，用油滑一下，让肉片、肉丝、肉末变色，然后把它们捞出来分成小份，按上面的做法，分别冷藏和冷冻。每次取一份出来，和蔬菜配合，下锅一炒就行了，很快捷。

从冷藏室取出食物，吃之前要再次加热杀菌。从冷冻室取出食物要有计划，先放在冷藏室里一夜，让它慢慢化冻。这样最能保持鱼肉的口感，避免肉汁流失而使肉变得柴硬。然后再蒸、煮、微波处理，短时间加热杀菌即可。

需要注意的是，一旦取出化冻，就不能再冻起来。实在一餐没吃完，可以放在冷藏室，下一餐赶紧吃完。

3. 豆制品

豆制品包括素鸡、素肉、豆腐干、豆腐皮、豆腐丝、豆腐泡等，它们酸度低，蛋白质丰富，是致病菌繁殖的好材料。合格的肉类通常是外表接触微生物，而中间部分是无菌的；豆腐在制作的全过程中都会污染微生物，所以它最易腐败。对散装豆制品来说，买到家里之前已经滋生了大量的微生物，一定不要直接吃，必须加热之后才能吃，否则细菌性食物中毒的风险非常大。

豆腐买回来要立刻冷藏，放在下层或 0℃ 保鲜盒中。散装豆腐要当天吃完，盒装豆腐要在保质期内吃完。如果散装大块豆腐一天吃不完，不妨提前按一餐能吃完的量来分成几块，如果 2 天内都吃不完，那么就不要全部冷藏了，直接把一部分冷冻起来，做成冻豆腐，用来炖汤吃很好——多孔的冻豆腐更能吸收汤里的美味。

过去没有冷冻设备，老百姓也有些土办法来保存豆腐。

第一个方法是低温换水法。在冬天的时候，用冰冷刺骨的水来泡着豆腐，然后过半天换一次水，这样就能把长出来的微生物扔掉，然后放水稀释微生物的菌数，等达到比较多的细菌量时再换水，让微生物的量一直达不到腐败的程度。

第二个办法是杀菌法。其实就和那些有品牌的盒装豆腐原理一样。先把当天吃不完的散装豆腐放在加了盐的水里，充分煮沸。煮沸能够杀菌，让已经繁殖了很多的细菌归零；盐水则会延缓细菌的繁殖速度。这样，煮过的豆腐在冷凉的地方又能放一天。如果还吃不完，在腐败之前再煮一次，又能放一天。

提前备餐的时候，可以把一大块豆腐切成几大片，全部蒸一下（蒸比煮营养损失更小），当餐吃一份，其他则按处理熟肉的方法分成几份包装好。三天之内能吃完的量可以放在冷藏室，若还要放得更久，则最好放在冷冻室里。除了豆腐之外，其他豆制品也可以同样处理。

腐竹、油皮等可以先用水发好，然后蒸熟，和处理肉类一样分包冷藏，也可以吃两三天。

4. 蔬菜

黄瓜、番茄、绿叶菜等蔬菜最好是当时烹调当时吃，也并不费事。不过一部分蔬菜也可以提前制作。

比如说，鲜豌豆、嫩蚕豆可以一批多剥出一些，然后放入沸水里烫 2 分钟，捞出来，分几包速冻起来。豆角也可以择好掰成段，然后用沸水烫过，分包速冻起来。烫过的冷冻蔬菜可以在 −18℃下存放 1 个月以上。

南瓜、茄子、土豆、甘薯、山药、芋头、甜玉米、荸荠等，可以一次多蒸一些，然后分包放在冷藏室里，每天热一热，吃两块。蒸一次可以冷藏 2 ~ 3 天慢慢吃。这样就天天可以吃到"五谷丰登"这道菜啦。

木耳、香菇、银耳之类需要水发的蔬菜，也可以一次多发一点，然后放入沸水中焯 1 分钟，或者放入蒸锅里蒸 10 分钟，分包冷藏或冷冻保存慢慢吃，用来配菜也非常方便。这样就经常能吃到香菜拌木耳、香菇炒油菜、银耳鸡蛋汤之类的菜肴了。

5. 汤和豆浆

汤羹类可以多做一点，当时盛出一份，必须当顿喝完。其余部分体积太大，冰箱不一定放得下，那就把一部分放入冰箱冷藏，其余放不下的部分可以直接放在汤锅里，加热到沸腾，然后严密地盖上盖子，不要再翻动，可以室温保存一夜。喝之前再加热杀菌一次即可。

豆浆也是一样的方式。一般用豆浆机做一次豆浆可以喝 2 ~ 3 次。盛出来的豆浆室温下存放不能超过 2 小时。喝不了的部分趁热及时分装，及时冷藏，可以存 24 小时。记得喝之前再加热杀菌一次。

比如说，一个豆浆机能做 3 碗豆浆，早上当时喝一碗，用保鲜盒冷藏存两碗。晚上饿了，从冰箱里取出一碗，热热当夜宵喝。第二天早上取出最后一碗，热热再喝掉。晚上再做一批，同样能喝一天半的时间。

除了新鲜果蔬浆不能这么做之外，什么银耳汤啊、大枣汤啊、南瓜羹啊，只要是可加热的液体食物，都可以采用同样的方式来处理。

只要按照以上各项措施实施，再准备一些坚果、水果，随时就能吃，每天吃进去 18 种食材，完全没有想象中那么麻烦。

相关问题回答：冷藏和冷冻食品的贴心叮咛

在讲述备餐方法之后，有关食物冷藏和冷冻前后的处理，还有很多朋友存在困惑之处，提出了以下问题。

一、肉类到底是应当先腌好放在冰箱里，当餐再炒熟，还是先烹熟再冷冻起来，吃的时候化冻热一下呢？哪个更安全、更久存呢？

答：我不太赞成先把肉类腌渍起来的想法，这样保质期比较短，冷藏通常只有一天时间。冷冻，化冻之后味道和口感往往会改变。相比而言，直接烹调成熟之后再冷冻更为安全，保存时间长达 1 个月以上，而且口味基本上不会变化。只需要蒸一下，或者用微波炉热一下，或者放在汤里煮一下就好了，比腌制之后再炖再炒方便得多。

二、你说蔬菜类都要先焯水之后再速冻，能不能直接将生的冻起来呢？

答：不能。你试试就知道了。果蔬类食物如果生的时候冻起来，过一两个月拿出来，味道和颜色都会发生不良变化。比如蘑菇，冻过之后味道完全变了，鲜味没了。绿叶菜会褐变，蔬菜的清香味道也没有了。加工之前先热烫灭酶，这是果蔬加工学中的基本原则之一。

天然食物其实都是有活性细胞的，它们中所含的酶在你的冰箱里还会继续活动，化学反应如氧化之类还能在冷冻室里发生。如果烹熟之后再冻起来，至少那些酶就被灭掉了，

食物味道变化的可能性就比较小，而且确实吃起来更为方便。

三、刚做好的食物（如豆浆），趁热分装后直接放入冰箱好呢？还是放置于室温再冷藏／冷冻？

答：当然是趁热分装。热的时候细菌总数是最少的，我们这时候分装冷藏，能获得最长的保质期。

把滚烫的食物放进保鲜盒，松松地盖上盖子，待不烫时再扣好放入冰箱就可以了。如果敞着口，先放两三个小时，再放入冰箱，细菌就会进去很多，会缩短保质期。

四、塑料盒真的可以加热么？不会有害么？塑料盒冷藏、冷冻后凹下去，是怎么回事？

答：微波炉可以加热的保鲜盒都是聚丙烯（PP）材质的，它可以耐受120℃长时间加热。菜肴和主食趁热分装，即便是刚出锅，这个热度也不会超过100℃，所以完全无须担心。

冷藏取出时保鲜盒盖子会凹下，是因为气体热胀冷缩之故。千万不要硬开把扣子掰坏。只要放入微波炉里加热一两分钟，或用勺子把轻轻撬一下接缝处，令内外气压平衡，就能轻松开盖了。这和拧开玻璃罐头的原理差不多。

五、冷冻的菜肴，放在塑料盒子里盖着盖子放入微波炉加热解冻，不会炸裂么？

答：不需要有这样的担心哦。

首先，放入微波炉的时候，密封保鲜盒周围的四个塑料扣是要松开的。

其次，微波加热只是为了开盒子，中火一两分钟就够了，这个温度根本不足以让里面冰凉的食物沸腾，没有沸腾就没有大量蒸汽，没有大量蒸汽怎么会炸开呢？加热只是让里面被低温收缩的空气重新膨胀到室温水平，这样盒子就不会向下凹，负压消失，于是就能轻松打开了。

当然，如果把盒子扣得严严的，又长时间高火加热七八分钟，因为长时间沸腾，气体膨胀不能逸出，的确可能会让盒子变形。不过这就不是解冻，而是炖煮啦，再说打开扣子一点都不麻烦嘛！

上班族，如何安全带饭？

12

为了营养和安全，也为了吃得顺口一些，很多朋友都喜欢自己携带便当，也就是盒饭，到单位当午饭吃。天气热时，食品就容易腐败。大城市上班路上常常要走 1 小时以上，路上没有冷藏条件，微生物的繁殖会很快。天气冷的时候，这种做法还是比较好操作的，可是，办公室温度比较高，一年四季总在 20℃ 以上，也未必有冰箱可以放啊！

还有很多朋友担心，如果温度不能控制好，细菌生长快了，蔬菜中产生的亚硝酸盐也会增加，损失营养成分。那么这带饭的事情该怎么办呢？

说到这里，大家就能明白，归根到底，是要和微生物做斗争。微生物这种东西无孔不入，只要食物中有营养素存在，它们就不会放过；只要温度适宜，它们就会疯狂繁殖，给食品安全带来巨大隐患。人们之所以要发明冰箱，就是为了降低食物的储藏温度，从而降低微生物的繁殖速度。要想让盒饭安全，就要在没有冰箱的条件下，想出制约微生物繁殖的办法来。

微生物怕什么呢？古人已经给我们想了好多主意。比如说，它们怕高渗条件。所以，多加盐、多加糖、泡在蜂蜜里，都能抑制腐败。又比如说，微生物怕干，把食品中的水分除掉就安全了。微生物害怕大量酒精，所以用酒泡也行。微生物也害怕过酸的环境，所以用醋泡也不容易坏。

可是，说来说去，这些条件好像都不太便于用在盒饭中。太咸、太甜、太多酒精都不健康，太干又不好吃。这时候还有一条路，就是杀菌隔菌的方法，也就是罐头能够长期保存的原理：把里面的细菌都杀死，同时包装封严，让外面的细菌进不去，那么里面的食物就能暂时安全了。

这个原理，也一样可以用在带饭这件事情上，只是需要两三个能耐热又能密封的饭盒，大小要合适，让食物盛装到 2/3 或 3/4 的满度为最好。

程序是这样的：先把洗净的饭盒里外用沸水烫一遍，尽量杀死细菌；再把刚出锅的大米饭装进去，然后马上把饭盒封严，温度降到不烫手的程度，再立刻放到冰箱里。这样，取出来的时候，你会发现塑料饭盒的盖子凹下去了，其他密闭饭盒或玻璃罐的盖子很难打开，因为盒内的空气受冷收缩，造成负压，外面的细菌想进去都很难。带着这样的饭去单位，放半天是很安全的。如果发现盖子鼓起来，那可就要小心了，很可能是细菌活动的结果。

当然，热菜也可以同样处理。专门用一个盒子或瓶子，用沸水烫过，把刚出锅的热菜装进去，然后盖严，稍微凉一点后立刻放入冰箱中即可。如果要装两个菜也不难，把它们同时加热，然后一起放在盒子里就好了。

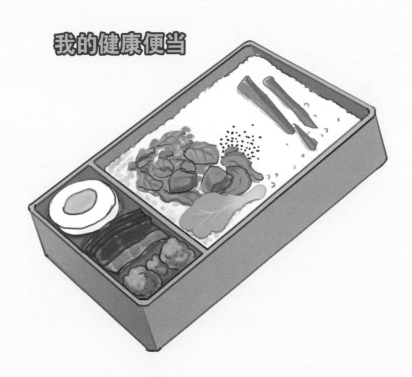
我的健康便当

另外取一个饭盒，专门用来储藏生食品，比如生番茄、生黄瓜、生菜等，最好不要切碎。也可以放一些新鲜的水果。

既然是自己带饭，那就要在营养平衡上下功夫。除了水果和蔬菜沙拉，还可以带些蒸甘薯、蒸山药、蒸芋头、蒸土豆、蒸玉米等，替代部分米饭、馒头；可以在米饭中煮进去红小豆、燕麦、小米、糙米等杂粮食材，努力提高主食的营养品质。

然后，还可以给自己带一些酸奶、盒装牛奶，也可以带一些粉糊类的杂粮，或者速食燕麦片，自己用热水冲成杂粮粥 / 糊喝，胃里很舒服，比喝那些既高盐分又没营养的速冲汤好多了。

除此之外，带饭用的菜在烹调上还有几个注意事项。

首先是多做一些酸味的菜，因为酸多一些，细菌繁殖的速度就会慢一些。

其次是选材时要选适合多次加热的菜，比如土豆、胡萝卜、豆角、茄子、番茄、冬瓜、南瓜、萝卜、蘑菇、海带、木耳等。如果用青椒，反复加热之后就很难吃。如果用菠菜，过软了就口感不佳，颜色也会变成暗暗的橄榄绿色。

如果想补充绿叶蔬菜，又不怕颜色变褐，可以把它提前用沸水焯一下。这样就能去掉70% 以上的硝酸盐和亚硝酸盐。既然硝酸盐已经很少，也就不会在冰箱储藏过程中变成亚硝酸盐了，带在饭盒里，重新加热一下，是安全的。如果不喜欢那种发暗的颜色，就在中午带其他颜色的蔬菜，比如番茄、茄子、胡萝卜、南瓜、冬瓜、蘑菇、海带等，到回家吃晚餐时再多多补充绿叶蔬菜，也没问题。

第三，少做生的凉拌菜，避免亚硝酸盐和细菌的麻烦。生的凉拌菜，比如拌白菜丝、拌萝卜丝等，头一天拌好之后，没有经过加热杀菌，也没有除去其中的硝酸盐，第二天上午在室温下久放，会因为细菌的繁殖而增加亚硝酸盐含量，不是非常令人放心。如果一定要做生的凉拌菜，可以考虑多加醋、姜汁和大蒜泥，起到抑制细菌的作用，安全性就能大大提高。也可以直接放洗净的生蔬菜，然后带一些炸酱、甜面酱、黄豆酱之类，直接蘸着吃，清爽可口，又比较安全。

这样，带着三个盒子去单位，有米饭，有热菜，还有生蔬菜或水果，基本上就能满足营养需要了。如果单位有冰箱可以存放，那真是太好了，只有路上那点时间，细菌繁殖危险会小得多，食物品种和烹调方法就不需要那么严格啦。

节日期间，小心来自食品的危险。

13

节日美食饕餮，特别要注意把自家厨房的食品安全和餐桌的营养平衡管好，避免食物带来健康麻烦。

春节团聚即将到来，除了亲友欢聚的幸福，各种美食饕餮也是春节的永恒主题。不过，如果不注意控制风险，春节期间也容易发生各种饮食健康相关的麻烦，给欢乐的节日带来麻烦和痛苦。

家庭食品安全管理的话题，虽说是老生常谈，但很多家庭仍然屡屡中招，不可不防。不要以为在家里的厨房就是安全的，不要以为食品安全风险只存在于工业产品食品当中！只有做好风险防范，才能让温馨的节日真正享有幸福和欢乐。

总结一下，节日期间的饮食健康风险包括以下几个方面。

1. 来自剩菜的细菌性食物中毒风险

亲朋共聚，烹调的菜肴很多，进餐时聊天喝酒，花费时间长，而且常常一餐吃不完。这时候食物已经在室温下放置了两三个小时了，非常容易滋生大量细菌。即便开始只是污染少量致病菌，经过几小时的室温放置之后，也容易大量繁殖。

多数人都知道，蔬菜是不应当反复加热的，需要及时吃掉。而蔬菜本来热量较低，大家多吃几口，也容易"光盘"。但是，鱼肉类硬菜数量稍多，就难免会剩下。而在荤食剩菜当中，又以海鲜河鲜类食物风险较大。为了追求口感鲜嫩，海鲜河鲜类食物一般不会长时间加热，而是急火快炒，或者短时间蒸制，食物的中心温度常常达不到彻底杀灭微生物、灭活其产生的毒素的效果。这类食物容易被水中的致病微生物污染，而这些微生物往往相当擅长耐受冰箱的低温，所以在变成剩菜之后，再次食用时如果不能充分加热，食品安全风险更大。

特别值得注意的是凉拌菜肴和冷盘鱼肉，因为它们通常不会加热食用，反复食用剩菜时，特别容易发生微生物超标的问题。强壮者胃酸杀菌功能强，肠道 SIgA 也能消灭部分致病微生物；但体弱者和胃酸分泌不足者就容易发生细菌性食物中毒。

对策：蔬菜菜肴，特别是凉拌蔬菜类菜肴，最好一次吃完。冷盘则需要分装冷冻保存，每次取出一份食用，及时吃完。海鲜河鲜类菜肴一次少做点，最好及时吃完。如果剩下一部分，可以用蒸汽和微波加热的方式充分杀菌。剩下的酱肉、香肠、海鲜等也可以重新改刀之后，加蔬菜配料，翻新制作成热炒菜或者炒饭，也会比较安全一些。

2. 食物在储藏中变质的风险

亲朋好友互相走动，肯定会互赠礼物，其中食品占据很大比例。由于春节期间食物量极为丰富，其中部分礼物食品有可能发生变质，包括细菌超标、发霉、氧化酸败等情况。

腐败的食物人们通常会丢弃，但发霉和氧化的食物往往舍不得丢弃。实际上，霉菌毒素毒性极大，凡是有霉味的食品，无论是粮食、坚果还是水果，一定要及时扔掉。

氧化酸败常常发生于坚果、油籽、油炸食品以及富含油脂的肉类加工品中，食物已经丧失营养价值，而且产生毒性的氧化酸败产物，因此也必须扔掉。

肉类加工品、豆制品和熟食在储藏中容易发生的情况是细菌超标，有酸味，甚至有可能会出现肉毒素污染的情况。肉毒素污染不能用感官察觉，但危险极大，一旦中毒，致死率很高。

建议：粮食和豆类最好用不透水包装分装成小份，放在干燥阴凉处保存。坚果油籽类食物同样如此，放在冷冻室中亦可。只是要注意，如冷冻或冷藏保存，取出时容易因为温差而吸潮。建议每次取出一小包，平衡到室温之后，再开包食用，这样就能避免受潮。肉类加工品和熟食等食物短期内不能吃掉时，最好分装在保鲜盒中冷冻保存。

3. 食物交叉污染的风险

因为春节期间食物过多，人们往往发现家里冰箱爆满，随便找个空就把食物塞进去，而忘记食物储藏中需要包装隔离，生熟分开。

建议：无论冷藏室还是冷冻室，都必须分类管理，熟食物和生食物不能接触。可以建立规矩，冷冻室的下层抽屉放冻生的鸡鸭鱼肉，上层放冷饮、主食、熟食等可以直接入口或加热时间较短的冷冻食物。冷藏室也是一样，上层放剩菜，下层放生的蔬菜。开封后的食物或一般熟食可以放在保鲜盒中密闭冷藏或冷冻。在处理食物的时候，菜板、清洗盆、菜刀、抹布等也要尽量做到生熟分开。

4. 因为食物过敏而造成身体不适

春节时期食材丰富，外食频繁，而且亲友走动时，会吃到很多平日不常吃的东西，以及一些不知道原材料是什么的食物。对于过敏体质的人，以及婴幼儿来说，有可能会发生食物过敏情况。

对策：在家里客人多的时候，要注意避免亲友给婴儿吃一些不合适的食物。对免疫系统功能还不太健全的幼儿来说，家长也要密切观察吃一些新奇品种食物之后的反应。容易过敏的人去亲友家做客时，要提前说明自己的身体情况和饮食禁忌，不要因为顾忌面子而给自己的身体带来不适。

5. 因暴饮暴食和营养不合理造成身体不适

同时，过量饮食、过量饮酒、大吃鱼肉海鲜等食物，也容易造成急性胰腺炎、急性肠胃炎等疾病发作。对三高患者来说，还要注意控制血压、血糖、血脂和血尿酸，预防心肌梗死、脑卒中、痛风发作等突发情况。

建议：日常饮食仍然不要忘记荤素搭配。家人亲友之间不要劝酒，对有三高的人来说，还要注意根据饮食情况和生活起居来调整胰岛素和其他药物等的用量。

油烟促癌？减少油烟危害的 10 个建议。

14

一位网友问：我妈妈听说超市卖的油不健康，土法榨的才好。她就买老家的人按土法榨的菜籽油，是那种浑浊的油，和超市里澄清透明的油不一样。可是，用它做菜之后，厨房里的油烟味道比以前大了。这东西真的更健康吗？

另一位网友告诉我：我妈妈老说，猪油做菜比植物油好多了，不仅好吃，而且清洁。植物油会使得锅灶和抽油烟机都黏糊糊的，猪油就不会，证明用猪油烹调更好……

还有网友告诉我：我已经怀孕了，一闻到油烟就恶心，坚决不进厨房！

其实，这些看似很不相同的问题，大致说明了同一件事情：用植物油炒菜会带来油烟，每个人都可能受到油烟之害。而油烟问题的严重程度，又和油脂的品种有关，和具体的烹调方法有关。

中国人习惯吃的美味炒菜，往往和油烟笼罩油腻污浊的后厨联系在一起，和脸上头发上甚至全身沾满油烟味的下厨人联系在一起。

其实，油烟不仅仅意味着损害皮肤，污染环境，它还有很大的健康危害。孕妇之所以非常讨厌油烟，正是因为孕早期的胚胎对有害物质特别敏感，准妈妈此时嗅觉灵敏度明显上升，就是本能地试图远离油烟之类的有害物质，避免它们危害到胎宝宝。即便不是孕妇，普通人也不喜欢油烟浓烈的味道，因为身体知道它们有害。

在我国，肺癌在男性中是第一位高发的癌症，在女性中是第二位高发的癌症。耐人寻味的是，15% 的男性肺癌患者和 53% 的女性肺癌患者并不抽烟——但是他们通常会经常炒菜。研究早已发现，烹调油烟是肺癌的一个重要致病因素，特别是在不抽烟的女性中间，这个因素不可忽视。

美国研究者对 29 项以人群为基础的调查或与环境关系的研究进行了梳理（Lee T，2013）。在 22 项病例对照流行病学研究中，有 18 项研究都发现油烟暴露与肺癌风险之间有相关性。另有 4 项研究发现了厨房中致癌空气污染物与健康之间的理论证据。两项研究发现，在男性餐馆工作者尿样当中 1-hydroxypyrene (1-OHP，1- 羟基芘，多环芳烃类致癌物在体内代谢产物的指标) 的量与 DNA 损害指标之间相关；一项英国的回顾性研究也发现，有厨师的职业历史会带来肺癌风险的增加。换句话说，尽管还没有长期的定群跟踪调查，但目前已经有不少研究提示，经常接触油烟会增加肺癌的风险。此外，长期从事中式烹调的女性，呼吸系统疾病患病率增加，肺通气能力下降。这些观点已经得到国内外研究者的普遍认同。

很多人听到这里会马上提问：哪些油在高温加热之后所产生的致癌物最多呢？什么样的油最容易冒油烟？

最近英国每日电讯报报道的一项科学新闻说到，英国德蒙特福德大学的化学分析专家发现，玉米油、葵花籽油等富含多不饱和脂肪酸的油脂，在烹调时所产生的醛类致癌物最多。用它们来烹调一份普通的"炸鱼和薯条"快餐，致癌醛类化合物的含量比世界卫生组织的相关健康标准高出 100 ~ 200 倍。相比之下，如果改用橄榄油、猪油、黄油或椰子油，产生的有害物质就会大大减少。

其实早有研究证实，大豆油、葵花籽油和猪油所产生的烹调油烟中都含有醛类致癌物 t-t-2,4-DDE、t-t-2-NDE、t-2-DCA 和 t-2-UDA。在三种烹调油中，以大豆油所产生的 t-t-2,4-DDE 最多，比葵花籽油高 85%；猪油略多于葵花籽油。这些物质对人类肺表皮细胞具有遗传毒性和细胞毒性，而且显著降低各种抗氧化酶类的活性，增加活性氧的产生（Dung CH,2006）。

这些研究说明，日常广告中经常标榜的"多不饱和脂肪酸"，实际上对热不稳定，更容易在高温加热时产生有毒致癌物质。同时它们也容易发生热氧化聚合反应，生成"黏糊糊"的物质，让抽油烟机变得难以清理，让厨房蒙上一层擦不掉的污垢。相比而言，猪油热温度性好些，产生的氧化聚合物就少一些，所以灶具"不那么黏"。

因此，选择不太容易被氧化、热稳定性略好、烟点较高的油脂是十分重要的。和澄清透明的油相比，土榨的粗油杂质多，同样温度下，产生的油烟也多得多。经过一次烹调的剩油，油炸后的余油都比新鲜澄清的油更容易冒油烟。经常用它们炒菜是极不明智的，不要以为用"自家""传统"方法榨的油炒菜就更健康！

此处必定有人说：祖辈都是这么吃粗油过来的，怎么没有得肺癌？古代平均寿命短，等不到患上癌症；古代直到 30 年前人均用油很少，根本不可能天天用很多油炒菜；古代没有现在这么严重的环境污染；古代没有每天鱼肉油炸，蛋白质脂肪太少，癌细胞也不容易疯长……所以还是别这么抬杠了，没意义。

一项研究调查了军队中的 61 名炊事兵，发现在烹调油烟中暴露 5 天后，他们尿液中的多环芳烃类代谢物标志物 1- 羟基芘（1-OHP）、DNA 受损标志物 8- 羟基脱氧鸟嘌呤 (8-OHdG) 和氧化应激反应标志物异前列腺素 isoprostane(Isop) 的含量显著上升，而且高于不接触烹调油烟的士兵。而且，其血液中的多环芳烃类代谢物、氧化应激代谢物和 DNA 受损标记物的对数浓度之间具有显著相关性（Lai CH，2013）。简单说，就是在好

几天待在有大量油烟的环境中之后，炊事兵血液中的致癌物增加了，遗传物质受损害的程度上升了，促进衰老的物质也增加了。这些研究暗示，如果能够减少炒菜的频次，提升蒸煮、凉拌、焯烫等烹调方式的比例，降低爆炒菜的比例，烹调者就可以减小受害程度。

研究还发现，室内通风状态和肺癌危险有关。不仅香烟烟雾是 PM2.5 的来源，油烟也是一样。一根香烟就能让屋里的可吸入颗粒物浓度大大超标，而炒菜锅旁边的油烟也可以让 PM2.5 数值轻松升高到 200 多。人们从室内吸入的有害物质越多，身体受到损害的程度也就越大，所以，及时和有效的通风，对减少油烟污染非常重要（Jin ZY，2014）。

当然，同样一种空气污染状况，也不是每个下厨人都会患上肺癌。大量研究发现，肺癌的易感性有一定的基因基础（Yin Z，2015）。对于存在易感基因的人来说，如果存在空气污染状况，就可能会雪上加霜，更强烈地增加肺癌的风险。既然我们不能确定自己拥有超强抗污染基因，还是主动远离油烟污染比较明智一些。

综上所述，要预防油烟危害，远离致癌危险，可以采用以下几项措施。

①不要用粗油、毛油，也不要反复用以前炒菜剩下的剩油。因为没有精炼过的油和剩油含杂质多，烟点低，炒菜时会放出更多的油烟。

②炒菜时，减少大豆油、玉米油、葵花籽油等多不饱和脂肪酸的比例，优先选用热稳定性较好的油，如精炼茶籽油、精炼橄榄油、芥花油等以单不饱和脂肪酸为主的品种就略好些。如果确实需要高温爆炒和煎炸，建议选择棕榈油和椰子油等饱和度高、对热更为稳定的油脂。

③降低煎炸、爆炒、红烧、干锅等油脂需要高温加热的菜肴比例，提升蒸、煮、炖、焯、凉拌等方式的比例。比如一个豉汁蒸鱼，一个油煮海米西蓝花，一个凉拌木耳黄瓜，一个洋葱胡萝卜炒肉丝。这样的菜肴也很丰盛，营养很均衡，但就比 4 个炒菜的油烟少多了。

④降低炒菜的油温。鉴于现在纯净油脂的烟点都高达 190℃以上，没有明显冒烟时就能达到正常炒菜的温度。只要看到有点若有若无的烟，就马上把菜放进去，温度正好合适。有关如何判断油烟，用一片葱皮或蒜片就能测试出来：周围冒很多泡，但不会马上变色。杜绝锅里过火的烹调方法。这种方法不仅产生油烟，还会让食材直接受到高温而产生更多的致癌物。

⑤买一个锅体较厚、热容量较大的少油烟锅。由于锅体热容量大，烧热需要时间，不

至于还没来得及放入菜肴，就已经锅中浓烟滚滚。换用这种锅需要适应几次，开头可能掌握不好放菜的时间。但一旦适应之后，就会享受到少油烟的幸福感，而且菜也更加清爽好吃。

⑥买一个吸力强的抽油烟机，注意安装时距离灶台的高度合理，不要太远，保证吸力足够强，距离灶台 1m 远闻不到炒菜的味道。

⑦在还没有开灶台火的时候就打开抽油烟机，等到炒菜结束之后再继续抽 5 分钟，保证没有充分燃烧的废气和油烟都充分被吸走。同时，打开附近的窗子，使新鲜空气流入。

⑧做炒菜和油炸菜时使用帽子和长袖罩衣，之后及时换掉罩衣，定时清洗。出厨房之后清洗手和脸。

⑨用空气炸锅烤含脂肪食物（如烤鱼、烤鸡翅、烤排骨等）的时候，注意要把空气炸锅放在抽油烟机旁边。因为用高温热风来"干炸"含脂肪食物时也会产生一定量的烟气，其中难免含有脂肪受热产生的有害物质。

⑩目前国内外关于 PM2.5 对妊娠母子的危害的研究很多，建议孕妇、哺乳母亲最好不烹调冒油烟的食物，并远离油烟滚滚的厨房。油炸食品也要少吃，按国外研究结果，多吃油炸食物可能增加孩子未来患上哮喘、过敏等疾病的风险。

有关油烟的 7 个问题回答。

15

问 1：做饭时戴口罩有用么？如果有用，是否必须戴那种防 PM2.5 的？

答：炒菜油烟确实是可吸入颗粒物的来源。有电视节目测定过，能达到 200 多的 PM2.5 数值，而且不比外面污染的空气好——是直接携带致癌物的微粒，沉积在肺泡里就出不来，致癌物天天粘在上面……个人没有做相关研究，不敢确认口罩能不能解决油烟污染问题。

个人意见是：戴口罩比不戴好，哪怕能截留一半油烟微粒也是好的。只是，需要考虑口罩的类型。日常我们用的 N95 之类的口罩不能用于防油烟，因为它只能防住非油性物质。理论上说，要专门购买防油污类型的口罩才行。当然，用个高效的抽油烟机，换用无油烟锅，改成不产生油烟的烹调方法，会比仅仅戴口罩更好。

问 2：买个很强力的抽油烟机对减轻油烟污染真的有用吗？

答：用个好的抽油烟机，再把附近的窗户打开一个，情况会好很多。有研究证明厨房室内通风程度与油烟危害之间是负相关。抽油烟机的安装位置也很重要，距离太远效果就会变差。此外，抽油烟机也宜经常清理。当然，少做冒油烟的烹调是最好的。即便排到室外去，也是大气环境污染的因素。一个上千万人口的城市，每家出点油烟，就是一个惊人的数量。虽然据说只占污染物的 10% 左右，但少一点算一点。减少雾霾污染也要从家庭厨房做起！

问 3：我家抽油烟机还不错，就是管道不知为什么总会闻到别人家做菜的味道，是不是也会受到油烟危害？

答：是的。高层楼房共用烟道容易出现这种情况。别人家做菜的时候，你也要开抽油烟机。使用抽油烟机的要点是这样的：灶台点火之前就开抽油烟机，打火时由于不完全燃烧就会产生有害物质。炒菜结束之后再继续抽几分钟，把余下的油烟抽干净。如果是住共用烟道的高层楼房，午餐、晚餐做饭时间，最好一直开着抽油烟机，避免别人家的油烟进入你家厨房。

问 4：我发现，在国外做饭的时候我用橄榄油和不粘锅，油烟一般不是很大，不开排风扇也几乎不可见，可是在国内的家里，妈妈每次做饭都有很大油烟，用的是普通铁锅，一直不清楚，到底是什么原因导致这种油烟数量的差异？

答：因为烹调习惯不同，锅也不一样。用不粘锅或者厚底无油烟锅，加上用较低的油温，就不会有那么大的油烟。不粘锅只能开中小火烹调，大火烧容易烧坏、熏黑、掉涂层；厚底锅升温较慢，达到烟点的时间也长，来得及在冒油烟之前从容放入食材。其实过高的油温不仅仅产生油烟，还会破坏菜里的维生素，完全不值得。

此外，有些家庭用的油也不一样。所谓的"自榨油"看似放心，其实没有经过精炼处理，杂质比较多，烟点比较低，做菜的时候油烟特别大。精炼油的烟点通常在190℃以上，甚至超过200℃，不冒烟时放菜就足以达到烹调效果；粗油的烟点可低到120～130℃，不冒油烟做菜温度太低，确实不好吃，达到180℃的烹调温度就难免冒油烟，这对下厨人的健康是很不利的。

问 5：每次做完饭都觉得手和脸一股油烟味，太难受了，如果及时清洁会不会好些？

答：是这样的，油烟微粒粘在皮肤上，肯定是不利于皮肤健康的。研究发现，油烟被吸入身体后，会增加血液中的氧化衰老物质，降低抗氧化酶活性。烹调之后接触孩子，油烟的有害微粒对经常摸爬、咬手、啃东西的幼儿也是一个损害，就像"三手烟"带来的微粒有害儿童健康一样。及时清洗是非常明智的。不过，因为吸入了油烟微粒，你的肺泡里也是这样一股油烟味，不过是洗不掉的，一直粘在肺泡上产生危害。所以，还是尽量减少油烟产生最为明智。

问 6：蒸煮菜没有油烟，可是不知道怎么做啊，感觉也不好吃。能不能推荐一些做法？

答：受累在我的微博和微信中查一下"油煮菜"这个关键词，很好学的，而且做蔬菜很好吃呢。锅里放一小碗水，也可以同时加入肥牛片、羊肉片、海米、鸡汤等煮出鲜味，水煮开后，放一勺香油或橄榄油，加入蔬菜翻匀，然后盖上盖子焖 1 ~ 2 分钟。再开锅时，绿叶菜就可以捞出了。菜花等可以再煮 1 ~ 2 分钟。捞出来之后加盐、鸡精或汤料等调味即可，也可以按照喜好加入胡椒粉、熟芝麻、辣椒油、芥末油等。没有油烟，做蔬菜很方便，而且质地软硬可控，调料自由选择。《吃对你的家常菜 2》一书中有很多无油烟菜肴的制作方法。

问 7：听说肺癌的风险不仅和空气污染有关，还和基因型有关系？

答：是这样，肺癌风险与基因型有关。我不是研究这方面的专家，对此无法做详细解释，但看文献提到有众多基因与肺癌风险相关。有两个甚至更多易感基因的人，即便不抽烟也没有油烟环境，也会升高肺癌风险，在有害环境下风险就更大了。

不过，根据调查数据也发现，来自中国的女性移民和其他亚裔女性移民相比，尽管吸烟率低，肺癌发病率却高，认为除了遗传因素之外，烹饪方式的差异也可能有较大影响。血液和尿液的调查也证明油烟确实升高了体内相关有害物质的含量。我们暂时不知道自己有没有易感基因，但除了大环境无法改变，控制油烟和二手烟等环境因素还是可以做到的。避免一个风险因素，至少能减少患癌的可能性。

原来我曾经多次遇到食物中毒！

16

其实食品安全问题经常发生在我们身边，而且身体体验得到，只是日常被人们忽略了。看看下面这些案例，主人公都说：以前真的没有意识到这种情况就是食品安全事故！您是否也曾经历过类似的身体感觉呢？

问 1：昨天在水饺店吃了一盘猪肉饺子，馅料里只有猪肉、粉条和酸菜，不久后就觉得心跳很快，脸部耳后大面积泛红，胸闷，手脚麻木，直立困难。我去看医生，急诊医生也说不清是什么情况，只嘱咐我多喝水，就让我回家了。

答：这种情况高度怀疑是食物中毒。因为你吃的是猪肉和酸菜馅，首先怀疑是肉馅里的瘦肉精造成中毒，其次怀疑是酸菜里亚硝酸盐过多造成中毒。

从症状上来看，不像亚硝酸盐中毒，而更符合瘦肉精中毒的情况。瘦肉精中毒就是心跳加快、心律不齐、头晕、胸闷、四肢麻木或震颤、站立不稳等。如果是轻度中毒，多喝水，休息一段时间，毒物代谢掉之后，就会恢复正常。如果严重，需要请医生注射药物进行治疗。

假如您是皮肤和嘴唇发紫，同时有头晕头痛、胸闷气短、恶心呕吐的情况，就要首先怀疑是亚硝酸盐中毒。

问 2：我有一次参加宴会，吃的海鱼和海蟹感觉味道不太新鲜，吃完之后就出现身体不适，皮肤发红，头晕恶心，四肢麻木，整个心脏都收紧好像透不过气来一样。这不是肉类啊，难道也是瘦肉精中毒吗？

答：不新鲜的海鲜河鲜和红肉鱼确实是非常危险的。除了细菌毒素之外，其中蛋白质分解可以产生过多的组胺，导致人体发生中毒反应。组胺引起的食物中毒症状就是皮肤发红，心跳加快，胸闷，头晕，恶心，四肢麻木等，和你的症状相当一致。如果胃里有不舒服，要尽快吐掉，后面症状就会逐渐缓解。严重时也要去医院治疗。青皮红肉的海鱼，不新鲜的虾蟹贝类，不新鲜的虾皮海米，都有可能引起这种麻烦。

问3 前几天在外面吃了小龙虾之后就感觉不舒服，上吐下泻，身体虚弱，阵阵发冷，好像发烧了，也是食物中毒的表现么？

答：这就符合细菌性食物中毒的症状啊。感觉发冷，说明你发烧了，很多细菌性食物中毒会有发烧的情况。很多中国消费者觉得呕吐拉肚子乃是家常便饭，对各种明显的食物中毒事件居然都无所谓！致病菌和细菌毒素虽然是"纯天然"的，但自古以来害死过多少人啊！你年轻体壮还好恢复，如果正好有其他疾病，或者年老体弱，很可能就会雪上加霜而送命啊！

问 4：之前有一次吃饭，我突然感觉全身无力，呼吸不畅，头晕晕的，好像意识模糊起来，过了好久才恢复正常，然后就不敢再继续吃了。我想是不是对其中某个食材过敏？现在想起来，可能是食物中毒。只有我症状比较明显，大部分人吃了好像没什么事。

答：这很可能是食物中毒情况，我很难判断是轻度的亚硝酸盐中毒，还是肉毒素中毒。前者会引起血液缺氧而导致头晕和无力，后者是因为麻痹神经而导致头晕和无力。当然也有其他毒素中毒的可能性。食物过敏是不会在一顿饭的短时间内马上恢复正常的。

不过，每个人体质不同，对这些有毒物质的敏感性差异很大。不能因为有人没有发生中毒反应，就不认为这属于食品安全事件。如果你比较敏感，那么以后就要更加小心，避免食用任何不新鲜的食物。一般来说，体弱或胃肠不好的人，可能反应更大一些。

问 5：有一次，我吃炒黄花菜，是没有晒干过的，那种新鲜的黄花菜，不久之后就感觉恶心，嗓子发干，肚子难受，手脚麻木，过了两三个小时才恢复正常，这个也是中毒的症状吧？

答：是的，鲜黄花菜里含有秋水仙碱，它是一种药物，能够在人体内代谢成有毒物质。不过它的主要症状是腹痛、腹泻、咽喉发干等。买来鲜的黄花菜不要直接炒制，有三种方式能降低秋水仙碱的含量：①先在室温的 10% 盐水里泡半小时，秋水仙碱的含量可下降 50% 以上，泡 1 小时下降 65% 以上；②加碱浸泡黄花菜 1 小时以上；③在沸水中焯烫 1～2 分钟，再浸泡 1～2 小时，使大部分秋水仙碱溶出到浸泡水中。

当然，这些处理也都会大幅度降低黄花菜中的水溶性维生素含量，但毕竟保证食品安全是最重要的。目前市场上有些黄花菜经过预处理，已经降低了秋水仙碱含量，买回家之后只需先焯烫处理，然后再炒熟吃，每次少吃点，就可以避免中毒了。

"轻食"中的安全隐患。

17

最近，"轻食主义"在大城市当中日益火爆起来。

"轻食"（light meal）这个词汇，原本是指食物的分量比较小，到不了一顿正餐的数量，而程序也比较简单，没有很多盘子很多碗摆上来的简单进食，而且常常是在非正餐的时间，尤其不是晚饭时。在人们略有点饿，但又不打算吃正餐的情况下，吃个三明治外加一小盘蔬菜沙拉，喝点下午茶、果汁配些点心，都是轻食的常见操作方法。

按定义来说，轻食不拘中西。中餐完全不缺乏轻食的案例，比如广东的早茶，北方的一小盘煎饺或锅贴加一小盘凉拌菜，两个小包子配豆浆，一小碗皮蛋瘦肉粥加一小盘蔬菜，都是轻食的方式。姜撞奶、榴莲班戟之类的港式甜品轻食深受女生喜爱，而日餐中的紫菜饭卷也因为形象漂亮、分量小、口味清淡，受到很多年轻人的追捧。

不过，传统的轻食并没有考虑健康要求。近年来，由于年轻人日益重视健康，蔬菜沙拉成为了很多轻食店里的核心内容，食物多样化、每一种食物分量很小，成为了一种特色。同时，在这类健康轻食当中，各项料理也都注重少油、低糖、低盐的健康烹调理念，让人们感觉到新鲜、清爽，吃完了之后既不会昏昏欲睡，肠胃也没有沉重的负担感。

很多年轻人把蔬菜沙拉和水果等轻食当成午餐，热量摄入低于正常一餐，正常成年人根本吃不饱。这既满足了很多女生减肥瘦身时热衷的低热量低脂高纤维膳食需求，同时又显得自己理念先进，时尚感强。

相比捧着一盘沙拉或日式饭卷而言，吃传统中式小吃，就显得十分落伍。但是，轻食在有时尚健康招牌的同时，也存在不少的食品安全风险点，注重健康的食客们不可不防，制作的餐厅也必须高度谨慎，严格执行卫生标准。

风险一：冷食的沙拉存在致病菌加速繁殖的隐患。

制作沙拉是不需要加热杀菌的。沙拉中拌入的生鱼片，甚至生的牛肉，还有煮熟切开一段时间的鸡蛋，切碎后放了一两个小时的奶酪块，等等，它们都是带菌的。生的果蔬食物即便仔细地洗过，本身也不是无菌的。各种食材表面带菌，而切菜、装盘时菜刀、菜板、餐盘、工作人员的手和衣服等，都是污染来源。

在吃的过程当中，一直都是二十多摄氏度的环境温度，加上食物中含有多种营养成分，适宜各种致病菌的繁殖。如果用餐时间比较长，那么吃东西的过程也是细菌病毒繁殖的机会。这些以指数速度繁殖的微生物，2 小时之后的数目就会上升两三个数量级甚至更多。

正因如此，由于吃沙拉而导致食物中毒的事情在欧美国家屡见不鲜。除了诺如病毒多次占据国际食品安全新闻榜单，还有多种致病菌经常掀起风浪。NBA 勇士队的临时主教练迈克·布朗就因吃沙拉而出现食物中毒的症状，幸好他体质很强，迅速恢复，否则就可能因为这事影响比赛。

相比而言，在中式凉拌菜（其实就是中式沙拉）制作时，人们往往会加入醋和蒜泥来调味，在一定程度上，起到了抑制和杀死微生物的安全效果。这是因为大部分微生物在醋的酸性条件下难以繁殖，而大蒜素又具有相当强的杀菌能力。如果不是这样调味，餐馆夏季出售的凉菜冷盘是相当令人担心的，因为很多餐馆都没有把提前做好的凉菜放在规定的冷藏温度下保存，细菌超标的情况屡见不鲜。

风险二：蔬菜原料可能污染寄生虫卵和其他污染物。

虽然轻食餐厅都以"有机蔬菜"为招牌，但有机产品、"农家自种"的生产过程中，绝不意味着没有食品安全隐患。

有机产品在种植过程中要求不使用人工合成的各种化学物质，却不可能防住所有寄生虫和致病菌。比如说，用人畜排泄物来给农作物施肥，那么如果前面的发酵腐熟没有处理好，就可能存在把多种寄生虫引入食品的危险。这些小虫卵可是"纯天然"的，它们在人的肠道当中发育为成虫，靠吸收人体的营养而存活，想想是不是相当恐怖？

此外，一些动物排泄物和塘泥（水塘、河底的淤泥）用作肥料时，还存在着重金属超标的危险，因为它们不像化肥那样有严格的生产管理和产品检测。如果在生产有机食品时随意使用，有可能带来砷、铅等有害金属元素过量的问题。

所以，有机食品生产也需要非常严格的安全管理，烹调处理时也需要认真清洗，并非像某些人描述的那样，可以摘下来就随意放入口中食用。过去人们发生细菌性食物中毒拉肚子都不当回事，孩子们肚子里满是蛔虫的状态更是平常，别以为几十年前就是食品安全天堂。

风险三：冷藏的食物存在嗜冷菌繁殖的隐患。

餐厅里出售的一些生菜卷、三明治、帕尼尼之类便携西餐轻食，以及饭卷、寿司之类日式轻食，做好之后不太可能马上吃掉，因为必须有一定量的储藏，才能在客人落座后不久就端上来。否则等你到了店里再开始制作，根本就来不及。但是，这些制作好之后在冷藏柜里存放了几小时的产品，有很大的风险被嗜冷菌污染。

这是因为，有一部分细菌比较怕冷，一旦放在 2 ~ 6℃的冰箱里，它们就龟缩不动了，虽然不会死掉，但是繁殖缓慢，而且不再有能力产生各种毒素。但是，另一些微生物则非常耐寒，它们在冰箱温度下生命力仍然顽强，继续繁殖。比如令食品界相当头痛的单核增生李斯特菌、副溶血弧菌之类，都是耐冷的致病菌。各种沙拉、水产品、肉制品、奶制品等都是它们喜欢乘虚而入的食物。

此外，各种现制、鲜榨饮料存在细菌污染隐患，食客们通常不洗手就抓取食品，或者只是简单地用湿巾擦擦，擦过之后又翻看菜谱，玩手机，这些都是食品卫生隐患。

即便不出门吃轻食，只是在家里煮点速冻饺子、速冻馄饨，或蒸几个速冻小包子，享用一下"中式轻食"，也并非没有安全隐患。

2012年，速冻食品连连爆出含有金黄色葡萄球菌的新闻，弄得人们对速冻食品担惊受怕。这件事情在某种意义上令人高兴，因为通过"金葡菌"这个词汇，消费者终于认识到，原来食品安全问题不仅仅是食品掺假问题和添加剂滥用问题，还有致病细菌的问题。

金黄色葡萄球菌广泛存在于自然界当中，人体和食物中都常见它的踪迹。它本身不耐高温烹调，但麻烦在于，它会产生很厉害的细菌毒素，其中"毒素A"最为臭名昭著。这种毒素耐热性非常好，煮沸10分钟也难以破坏，在古今中外引起过不计其数的食物中毒事件。

要想避免这种麻烦，就要在生产全过程当中进行控制，第一要避免金黄色葡萄球菌的源头污染；第二要把这些菌的数量严格控制住，让毒素的产量少到不能引起实质性危害的水平；第三要想方设法让细菌得不到好的环境条件，比如保持在低温、冷冻条件下，让细菌没有"精力"来产毒。

速冻饺子之类的带馅食品，本身是未经烹调的生食物，它材料很多，既有鱼肉类配料，也有蔬菜类配料，还有粮食类配料，各种原料中所带的菌都可能汇聚一处，互相交流；清洗、切分、混合、包制过程中，温度都在室温，不可能全在冷藏条件下进行，又给细菌的繁殖提供了机会。生产线上工人的个人卫生和机械设备的清洁程度，也是控制致病菌来源的环节。所以，对待这类食品，一定要和对待生鱼生肉一样，无论是在冰箱的冷冻室里，还是在菜板上，都不可以和熟食品放在一起，吃之前要彻底煮熟杀菌。

总之，千万年以来，微生物造成的麻烦，包括细菌总数过多造成食品的腐败，致病菌超标问题，细菌和霉菌产生的毒素，一直都是食品安全事业当中最重要的关注点。它们引起的死亡和疾病真是数不胜数，即便在发达国家，每年死在致病菌或微生物毒素上的消费者仍然数以千计。

那么，为何在西方国家，人们那么关注各种致病菌，而中国人却关注得比较少呢？其实还是因为老祖宗给我们留下的一个食品安全习惯：什么东西都要煮熟吃，连水都要喝烧开过的。中式饮食讲究饭菜都是刚刚烹调之后吃热乎上桌的，而不是吃在冰箱里放了好几个小时的剩菜剩饭。

很多人以为这个老习惯太落伍，总觉得煮熟了会损失营养素，却不知道，在食品加工储藏条件很差、食品安全没有任何标准的古代，如果什么都吃生的，没有加热杀菌这个安全保障措施，胃肠道疾病和寄生虫疾病就很容易暴发流行，中国恐怕很难在两千年中独居世界第一人口大国的位置。

然后，我们还是回到轻食这个话题上来。愿意多吃点新鲜蔬果和杂粮薯类，少吃油腻食物，这当然是好事。不过，首先要选择食品安全靠谱的餐厅，进门时就看看和执照挂在一处的"食品安全等级"，尽量选择 A 级和 B 级的餐厅；在点菜之后，就把自己的手洗干净，不要随便再抓菜谱、玩手机；用餐的时候专心致志，细嚼慢咽，进餐时间不要太长，注意观察食物的状态和气味。

最后的忠告是：如果您本人有慢性胃肠炎症，胃酸过少，或身体偏弱，容易腹泻，胃堵腹胀，那么说明您对食物中致病菌的抵抗力很可能比较差。在吃沙拉、三明治之类冷食的时候，一定要做好思想准备，少吃一点，吃的时候不要大杯喝果蔬汁和冷饮。若出现胃堵胃胀、腹痛腹泻的情况，赶紧就医，并告知医生自己的饮食内容。

在外就餐如何保证安全，如何鉴别劣质油？

18

在外就餐，买外卖，买半成品，能让人省去在热烘烘的厨房里做饭的麻烦。但是，吃完之后，很多人总有点不放心。

经常有朋友问这样一个问题：在外就餐，买外面的东西，什么方法能快速准确地鉴别地沟油，怎么知道所用食材是否新鲜？我怎么都吃不出来呢？怎样才能远离这些麻烦呢？

这是个好难回答的问题。我们分几方面来说吧。

一、有关烹调油的质量

"快速准确地鉴别出地沟油"这事儿实在很难做到。检测专家研讨过很多轮了，没能解决这个问题。

为什么是这样呢？你肯定会觉得，专家真没用。

其实，纯的从地沟里捞出来的废弃油，泔水桶里分离的油，或者是长时间煎炸产生的老油，当然很容易鉴别出它们不合格。看外观、闻味道都知道不是新鲜油脂了，水分、酸价等常见指标也不可能合格。

即便对它们进行脱酸、脱色、脱臭、脱水干燥，去掉杂质，仍然能够用一些简单的指标发现它们不合格，比如折射率、黏度、极性值、电导率等。

例如，新鲜纯净油脂本来导电性较差，极性值很低。在家里反复加热几次，油脂的极性值和电导率都会上升。国外研究发现，这种极性值高的油可能对胃肠疾病、高血压等多种疾病都有促进作用。吃餐馆里那些过油的菜肴，理论上也是一样的效果。当然，用这个方法只能鉴别出来油脂是否新鲜，是否经过反复加热，不能鉴别出是从哪里捞出来的。

但是麻烦在于两件事：

第一，如果把这些经过处理的废弃油兑到合格的新鲜油当中，只兑5%，这还真是很难鉴别出来。因为5%的指标变化往往还在合格范围当中。

第二，专家们至今没有发现，从地沟里捞出的油含有什么和其他不合格的油不一样的特征物质，比如和反复煎炸的油相比，比如和放了很久氧化变质的油相比。

其实，专家们也想了很多办法来对付这些只兑了少量坏油的掺假油类产品。

比如说，反复油炸鱼肉，给肉丝、肉片、虾仁之类食物过油之后，本来不含有胆固醇的植物油，会溶解动物性食品中的胆固醇。这样，即便只在新鲜油里面兑入5%用过的煎炸油，一测定也会发现其中含有胆固醇。但这个只能鉴别出新鲜植物油中有没有兑入炸过鱼肉类食物的油，而不能鉴别是不是兑入了从地沟里捞出来的油。

又比如说，炸鸡的油如果不倒进地沟里，只是一遍又一遍地重复使用，它所产生的有害物质就很多，包括热氧化聚合反应产生的苯并芘等多环芳烃致癌物。如果把它兑到新鲜油里，多环芳烃类物质的含量就会骤然升高，因为它们在新鲜油脂里的含量本来微乎其微。

问题在于，胆固醇也好，多环芳烃类致癌物也好，到底是来自火锅、菜汤里捞出来的"老油"，还是曾经给宫保肉丁、鱼香肉丝中的肉丁、肉丝过油用的餐馆炒菜油，还是给地三鲜中的土豆、青椒、茄子过油的家庭炒菜油，还是从地沟里捞出来的油？

连专家都没有解决的事情，我们靠眼睛和舌头，自然更不能解决。

不过，纠结这些坏油是从哪里来的，有没有去过地沟，一点意义都没有。只要油脂已经受热发生化学变化，到一定程度之后，都是严重有害健康的！即便把水分、杂质、颜色、味道去掉，也去不掉其中的热解产物、水解产物、环化产物、氧化聚合产物，包括苯并芘之类的致癌物。

如果要求不那么精确，不考虑是从地沟里来的，还是炸过油条、油饼、麻花的，还是餐馆反复给半成品菜肴过油用的，劣质油脂的鉴别方法还是可以有的。我们需要了解的就是：面前的这盘菜，它所用的油到底是不是坏油呢？到底是否适合人类食用呢？是否会威胁到我们的健康呢？

至少我们能够鉴别出来，做菜的油是否已经明显不新鲜，或者加热时间太久，不适合人类食用了。

1. 尝尝菜的口感

新鲜合格的液体植物油是滑爽而容易流动的，即便放的油多，也绝无油腻之感。在水里涮一下，比较容易把油涮掉。反复加热使用的劣质油，因为已经发生氧化聚合，分子量增大，黏度上升，口感黏而腻，吃起来没有清爽感，甚至在热水中都很难涮掉。

如果是动物脂肪（猪油之类），虽然室温下是半固体，吃起来有点黏，但它们在30～50℃就会变成液态，在热水里就能涮掉。黏腻的坏油却是热水也涮不掉的。用这一点，可以鉴别是猪油、牛油带来的黏腻，还是坏油带来的黏腻。

2. 看看菜的颜色

如果油脂经过长时间加热，已经氧化聚合，不仅会变黏，还会发生折光性的变化。如果菜的表面看起来比正常情况更明亮，明晃晃的，那就要警惕了。

3. 闻闻菜的味道

新鲜的精炼油没有明显的味道，没有精炼的油则有它本身特征的味道。如果一道蔬菜中没有鱼肉类配料，却带有荤菜的味道，那就说明油脂是多次加热过的，不是新油了。如果菜里有不新鲜油脂的味道，比如哈喇味、老油味，那就更说明油的质量不佳。

4. 冷却之后的变化

人们都知道，多数植物油在室温下是液体状态的。如果是用豆油、花生油、稻米油、菜籽油、玉米油、葵花籽油等新鲜植物油烹调的菜肴，那么油在室温下冷却后，还是液体的。只有可可脂、椰子油等有可能在20℃的室温下呈现固体状态。夏天的温度超过25℃，连椰子油和棕榈油也是呈现液态的。

把菜肴打包回家，再在室温下打开，如果油脂已经凝固或半凝固，说明油脂的饱和度比较高，或者反式脂肪酸含量高，或者是油脂热聚合产物多，很可能是反复使用的油。一方面，这些油在炸肉、炸鱼之后掺入了动物脂肪，使饱和脂肪增加；另一方面，是因为加热造成氧化聚合和反式异构化，也会导致凝固点上升，油就容易凝固了。

二、怎样远离不新鲜食材和劣质食材

食材的新鲜度需要我们自己有经验，知道新鲜的食材是什么味道。常见的情况是蔬菜新鲜度降低，豆腐发酸变味，鱼类存放太久肉质过烂过硬或有腥味，肉类久存有不新鲜的氧化味道，等等。

为了尽量缩短客人等待的时间，餐馆的多数食材都要提前处理，做成半成品，大部分食材不会在客人点菜时才开始处理，非常容易繁殖过多细菌。特别是夏天，要仔细品尝一下，高度警惕豆腐变酸，以及凉拌菜变味的情况。凉拌菜尤其要小心，因为它们没有经过加热杀菌，细菌繁殖之后危险很大。

对于各种零食和自制饮料，也要提高警惕。比如说，如果使用了陈年的黄豆，打出来的豆浆会有不新鲜的风味；又比如说，很多餐馆在客人落座时就上一碟花生、瓜子之类，却往往是已经很不新鲜有哈喇味的，这样油脂已经氧化的食物，吃下去有害健康，还是不吃为妙。

此外，调味品也有很大风险是伪劣产品。比如点心、凉菜或蘸料里加入了已经氧化酸败的花生、花生碎或芝麻酱，就能吃出来哈喇味。我经常在餐馆中吃到劣质的醋和酱油，一尝就知道不是纯酿造产品，甚至不是合格产品，口感非常差。吃惯了优质酿造调味品的人，一口就能尝出来，因为造假是没法达到优质品的风味、鲜味和口感的。

做个吃货，就是半个美食家，要对食材的原来风味口感有充分了解。为什么麻辣味、香辣味的食品特别受欢迎？为什么各种超重口味的食品大行其道？一则迎合了人们追求刺激的本性，二则可以利用浓重的调料味来掩盖低质量原料的真相，从而降低原料成本，用低价格来打开市场。所以，越是吃味道浓重的食品，越要非常认真地品味其中的本味，避免被劣质原料伤害。

一些餐馆善于用低价原料来替换高价原料，要小心鉴别。我曾去餐馆吃孜然羊肉这道菜，吃了一口，就发现根本不是羊肉，好像是鸭肉。因为就算是放了很多孜然，羊肉的味道和口感，也是没法用其他肉来模拟的。而鸭肉的口感，也不会因为加入调料就变成羊肉。同样，优质的牛肉，没法用老牛肉通过加入嫩肉粉之类模拟出来。嫩化处理之后肉有点软，但肉丝感没有了，吃牛肉比吃鸡肉质地还要软，岂不是很假。

通常，调味比较清淡、烹调比较低温的食物，很难用劣质产品来糊弄人。比如说，清蒸鱼只能用刚杀的鱼来做，而干烧鱼、油炸鱼就可以不用活鱼来做，用冷冻多日的鱼也没问题。清炒蔬菜如果用不新鲜的油来做，很容易被顾客察觉；而加几片五花肉和大量辣椒的干锅蔬菜，用油炸多次的油来做，都不太容易吃出来。又比如说，在吃辣子鸡丁、回锅肉等菜的时候，常常会发现肉片或肉丁经过油炸已经基本变干，甚至发脆。这样的肉，未必是新鲜的肉，有可能是因为缺乏香味、甚至有异味，特意深度油炸，让它产生焦香，掩盖异味。

不过，对于经验不足、舌头不灵、不够耐心的人来说，只要烹调方式足够浓味，加的盐、辣椒和其他调料足够多，就容易被蒙蔽。如果又追求菜肴价格便宜，又想要油脂、食材和调味品全都新鲜优质，难度也非常大。若真想吃新鲜食物，又不想自己做，那就只能点那些味道比较清淡的菜肴，什么煎炸、干烧、干锅、回锅、烧烤、熏烤之类，都不要点。

最后给大家 4 个建议：

①看看食品安全等级。去餐馆的时候，在悬挂营业执照的地方，会有一个"食品安全等级"的牌子。餐馆食品安全水平有 A、B、C 三级，达不到 C 级，就不能营业。食品安全等级都是按硬标准评的，看看后厨就知道不同等级的餐馆差别很大。您曾经注意过这个等级标志吗？

②保留证据。去餐馆吃饭要保留发票，至少是收据，以便出了任何问题之后有证据可查。每年夏天都有很多消费者因为在外就餐而发生细菌性食物中毒，上吐下泻，腹痛发烧，少则一天，多则三天，让人痛苦不堪。不要小看这"拉肚子"的事，这就是食品安全事件！

③表明抗议。如果发现餐馆的食物质量有问题，即便结账之后，也要当面和店家说明你的意见。回去之后，要在网上做评价，广而告之，让不注重食品安全的餐馆受到压力，吸取教训！如果大家都保持沉默，或者只是私下嘀咕，就是对劣质产品和无良店家的纵容。

④及时举报。如果在外就餐之后有身体不适，一起就餐的人也有同样的不适反应，就说明很大可能是外面餐馆的食物引起的，建议直接打电话投诉。食品安全管理举报热线是12331，大家都要记住！也可以拨打市长热线12345，让领导来监督相关部门解决问题，不仅有效，还有对举报人的电话回访呢！

只有消费者监督，才能让餐馆有自律的动力，我们在外饮食也才能更加安全！

吃饭看手机，原来还有这 7 个危险！

19

在手机统治人类的时代，很多人吃饭时也不肯放下手机。椅子一坐定，先问 wifi 密码，然后连接上网。搞定之后，才要来菜谱。点完菜，立刻又低头玩手机，直到菜肴上来，吃上几口，继续一边玩，一边吃，直到吃完饭，往往都没有看几眼菜盘。

这么做，到底可能有什么危险呢？你可能会说，不就是没有集中精力吃饭，可能影响消化么，咱们不怕这个！

真的挺开心听到这话，说明大部分人还是知道吃饭玩手机不好的。

第一个危险，当然就是影响消化，患上胃病的危险。

这方面人人皆知，我就不用多说了。不过，还有很多其他危险，也许你不曾考虑过。听我一一道来吧。

第二个危险：在餐厅的饭桌上玩手机，增加发生意外烫伤的危险。

餐馆食物往往是滚烫时上桌的，吃饭时玩手机，如果碰到正在加热的干锅、烧得滚烫的砂锅和铁板，发生烫伤等意外事故的风险是很大的。

曾经有新闻说：男子玩手机撞倒汤锅烫伤幼童。孩子也好，大人也好，不管是自己的亲人还是熟人朋友，被烫伤一次，都会承受很大的痛苦。伤在手上、胳膊上还好，万一伤到眼睛、脸部，那可就是重伤，恐怕不是赔偿医药费就能解决的。

同时，有些人眼睛看着手机，手里在夹菜舀汤，然后机械地放进嘴里。这时如果菜肴或汤羹温度较高，也有烫伤自己嘴唇和口腔的危险。

第三个危险：一边玩手机一边咀嚼，有被硌到牙齿的危险。

因为没有看着食物，也没有专心感知嘴里的食物，一些硬东西就容易硌伤牙齿。如果运气不好，可能会造成牙齿损伤需要修复，甚至造成牙神经发炎，需要做根管治疗，既花银子又受罪。

第四个危险：一边玩手机一边吃饭，可能造成呛入气管的事故，尤其是孩子和老人。

人们不止一次看到这种情况，因为没有认真吃饭，一边看手机一边漫不经心地咀嚼，结果被食物呛到，不仅一口喷出老远很不雅观，而且自己咳嗽半天也很痛苦。如果是吞咽功能未发育好的孩子，或者是吞咽功能下降的老人，情况就可能更加危险。

第五个危险：一边玩手机一边吃饭，对食物的数量缺乏感知能力，容易造成营养不良，也会增加肥胖危险。

在玩手机的时候，人们精力没有放在进食这件事上，食物吃了多少根本不清楚。没有耐心好好地感知菜肴的味道，更不会细致地考虑营养平衡问题，考虑吃了多少蔬菜，吃了多少鱼肉，比例是否合适。

人对合适的饥饱程度需要在细致专心的状态才能充分感知，一边进食一边看电视、看电脑、看电子阅读器、看书报杂志等，都会影响对饱感的感知能力。玩手机就更是如此，因为它字小，更需要集中精力盯住屏幕。

一部分人往往只是机械地把碗里的主食吃完，菜肴吃得比较少，天长日久就容易发生营养不良。另一部分人则是机械地不停地把食物放进嘴里，很难控制食量，容易发生肥胖。

第六个危险：发生细菌性食物中毒的危险。

因为人们干什么事情都要拿着手机，手机上面的微生物数量品种之多，媒体做过多次报道，恐怕人人都有所耳闻。在吃饭的时候，刚抓过手机，又要卷荷叶饼吃烤鸭，要拿着包子、煎饼、韭菜、盒子往嘴里放，显而易见非常不卫生。

同时，因为吃饭玩手机，对食物的风味、味道和口感就失去了细致感知的能力，即便食物有些不新鲜，微生物已经严重超标，也往往吃不出来。这样就失去了预防的机会，发生细菌性食物中毒的风险比那些认真吃饭的人大得多。

经常听到有人说：唉哟，我怎么又拉肚子了？到底是什么东西吃坏肚子了？赶紧反思一下吧，您吃饭之前到底洗没洗手？拿了手机之后有没有洗手？有没有一边玩手机一边漫不经心地把食物放进嘴里呢？

第七个危险：钱包受损失。

很多人进了餐馆就忙着玩手机，既不好好看食物的价格，也不好好看到底上了哪个菜没上哪个菜，添了几碗饭，打了多少折。到付款的时候，反正是用手机支付，感觉就像自己没花钱一样，说是多少就付多少。有些店家利用顾客这种粗心大意，没有上的菜也要算进去，饮料和米饭往多里算，承诺给的折扣也假装忘记，但很多顾客只忙着玩手机，根本没有留意这些细节。

各位朋友，反思一下自己的用餐经历，再想想周围的亲戚、朋友、同事、同学，有没有被这七个危险击中的实例呢？但愿我不是杞人忧天哦……如果有过教训，那还等什么，马上整改吧！所谓民以食为天，吃饭是天大的事儿，吃饭的时候，坚决不能玩手机，就要一心一意专心致志聚精会神全身心投入地吃，同时和一起吃饭的亲人朋友们好好交流感情。

要不然，咱们为什么还要吃饭呢？还不如直接把餐馆、食堂、厨房都省掉，直接在固定的时间拿给你一份配好营养素的糊糊，把吃饭的时间都省了，让你有更多的时间玩手机。反正你也吃不出什么差别来……

把住厨房里的安全关

//@ 狐之糖：刷碗我一直是戴手套用热水＋碱面。刷锅的话，最方便的办法就是炒完菜立刻刷，锅还热着，加冷水进去，刷锅水就是热乎乎的，而且比放着等吃完饭再刷好刷多了。

范老师：没错，我也是炒完菜立刻刷锅。千万不能等到凉了。有时候余热会让锅底结垢，放一阵就不好刷了。

// @ 火热太阳心：我是一个多月清理一次冰箱，家中有高度白酒，我图省事先擦洗干净，再用小盆加水兑点白酒，或提前用白醋泡橘子皮的水擦冰箱，可清香了，也可快了。

范老师：白酒、白醋和橘子皮有助于去掉异味。先把冰箱里的食物尽量减量，然后把隔板、抽屉取出洗净，内壁擦干净，门和门的软垫也擦净。

// @ 沈小鸢：不喜欢把食物放进冰箱是怕冰箱有味道，有时候密封盒也封不住味道。

范老师：食物放入冰箱要装盒，冰箱要定期清洁，否则不仅串味，食物残渣还会带来细菌滋生。多数人家厨房和冰箱都无法达到食品企业的基本安全标准。但很多人认为家里做的都安全，卫生非常严格的正规食品厂的产品反而不安全。

// @ 林盘菜：老师……我喝了两天的水才发现，这两天的水里有沙子似的东西，是我早上看了昨晚倒的水才发现的。底下有一层沙子样的沉淀物。请问这东西能排出去吗？这水还能喝吗？

范老师：别担心，沉淀物通常是不能被身体吸收的。一般来说，供水质量是受到严格监督的，但是输水管道可能需要清理。

smilescans：范老师，用微波炉来加热剩菜是不是不能消灭肉毒菌？微波炉很难保证加热的温度。

范老师：微波炉加热，中心温度容易升高。杀菌效果不逊色于普通加热，甚至更好。不过，用微波炉加热香肠容易爆裂和脂肪喷溅。

//@ **营养医师王兴国**：家庭发酵大豆制品（未经加热消毒）是导致肉毒素中毒（病死率很高）的最常见原因，小心！

范老师：严重的肉毒素中毒，可能导致呼吸困难，肌肉麻痹，典型症状是眼睑下垂。如果不知道病因，没有专业治疗，病死率可高达 40%，远超过 H7N9。

//@ **小冰灵 88**：我一个人做菜吃饭。最近喜欢上吃日本南瓜，但一个南瓜的可食部分至少有 1.5kg，我一个人每顿吃 200g 的话也要吃七八次，我肯定不想每天顿顿吃南瓜，所以肯定一周吃不完。我目前是切下来剩下的生南瓜用保鲜袋装上，放入冷藏室，争取两周左右吃完。不知道这一做法是否可取？

范老师：冷藏时间长了也容易长霉。您自己试验一下看看切开的生南瓜能存几天。如果超过三天的量，冷藏就放不住了，蒸熟趁热装盒，然后凉下来不烫了再冷冻。

//@ **糖小唐 _**：范老师，想请问一下您，比如我头一天晚上分装放好了，第二天早上上班的时候从冰箱里取出来，然后带到单位，从早上到中午的这段时间都没有冰箱。这样菜会变质很多吗？是不是如果放到晚饭再吃就更不行了呢？

范老师：可以买一个保温袋，把冷藏的饭盒装进去，自己再放进去一些冰袋。网上都有卖的，就是总重量沉重一些。

//@ **姜成音**：前段时间男朋友吃了日式轻食的外卖便当，第二天直接住院了。白细胞指数 23 点多，治了好几天才好。

范老师：我也是不太敢买超市的紫菜饭卷、切好的生鱼片。除非买回来加热，但那样就不好吃了。凡不是做好马上吃要放几小时、又不能加热杀菌吃的食物，细菌性食物中毒的风险都是很大的。

//@ **市民有机考察组 dudu**：其实在外就餐就腹泻都快成定律了。

范老师：人们通常认为在外就餐后拉肚子是细菌超标所致，但也可能是地沟油作祟。多次加热的油会伤害胃肠道，研究已经证实这种坏油与肠易激综合征等疾病有联系。在餐馆用餐后，如果油不好，有人胃里发堵，有人胃痛，还有人会发生腹泻。

我的

健康厨房

◇◇

范志红

谈

厨房里的

饮食安全

小心家里的食品产毒浪费。

1

到了夏季，食品变坏的速度异乎寻常地快，这也给人们带来了不大不小的烦恼：留着吧，食物已经放了这么久，甚至已经有点变味了；扔了吧，好大的一包，浪费东西实在可惜。据英国的一项调查表明，家庭中的食品浪费比例高达 30% 左右。这里就包括了过期、腐败、变味、长虫、长霉等各种情况。料想我国城市家庭中的情况，恐怕也好不到哪里去。

防止食物在家中变质的最要紧的预防措施，就是不要贪便宜购买大包装，不要让吃不了的食物占据你的厨房空间。

现在家庭人口越来越少，三口之家是主导，还有两人世界，单身贵族。即便家里有三四口人，也可能经常有老公出差，孩子住校，或者经常在外就餐。所以，做饭做菜的各种原料，使用速度都非常慢。

可是，现在商场的食物包装，却都没有"与时俱进"地减小。大包装的食品仍然占据主导。商场也经常搞"加量不加价""买一送一""买 10 赠 2"之类的优惠活动，让消费者怦然心动，从而大量购买。

如果家庭人口不多，千万不要被商场的大份经济装所诱惑。大桶油、大包米买回家，不仅占地方，而且短期内吃不完会变成鸡肋。不是长霉变质，就是氧化劣变，至少是用新鲜食物的价格吃不新鲜的食物。无论当初觉得多便宜，质量下降之后，甚至扔掉一部分之后，价格就会比小包装更贵！

可是，如果实在已经买进家门，应当如何让它们安全度夏呢？这里就和大家讨论一下夏季保存食物的可靠方法。

油脂的保存

油脂以购买小包装为宜。如果是大桶，打开包装之后，应定期将一部分倒入干净干燥的油瓶或油壶当中，而把大桶盖子重新拧紧，储藏在不见光的柜子里。倒进油壶的油，尽量要在一周内吃完；大桶内的油，尽量在 3 个月内吃完。否则，过氧化值的指标就容易超标。氧化的油脂对身体不仅无益，还可能加速衰老。

油壶平日不要放在窗台或灶台上，要放在橱柜里，做菜的时候拿出来用，做完了再盖好盖子，放回去。紫外线、光、热、潮气都会促进油脂的氧化变质。油壶要定期清洗、干燥之后再用，不能成年累月不清洁。

粮食和豆子的保存

粮食、豆类夏天怕坏，有些人就直接装入布袋，放在冰箱的冷藏室中，以为这样可以延长保质期。殊不知，它在冷藏室仍然是会吸潮的。这是因为各种食物的水分会趋于平衡，从冰箱中的水果蔬菜、剩饭剩菜当中，转移到比较干的粮食豆类当中。而且，霉菌能够耐受冷藏室的低温，时间久了也有长霉的危险。如果冷藏室确实有空间可以放，也必须先把粮食、豆子装进不透水的袋子当中，密封之后再放入冰箱。

即便是冷冻室，也有吸潮问题，因为在冷冻状态下，冰可以直接升华为水蒸气，水蒸气还是会接触食品。这也是为什么冷冻食物的时候经常看到表面有白霜的原因。从冻箱或冰箱取出食物，表面都要产生水珠，如果不是密闭状态，反而吸潮很快。

建议在购买粮食、豆子的时候，优先购买抽真空的小包装。玉米和大米等都是黄曲霉喜欢的食物，但真空条件下，霉菌很难活动。要在晴朗干燥的天气打开真空包装的粮食袋。趁着干爽，赶紧分装成短时间可以吃完的小袋。一袋在一两周内吃完，其他袋子都赶紧赶出空气，再夹紧袋子，放在阴凉处储藏，或者放在冰箱里。

很多家庭喜欢用饮料瓶子保存粮食和豆子。这是个不错的方法，省地方也漂亮整齐。只是，要先保证粮食是干燥的，并在干燥的天气装瓶，然后赶紧拧紧盖子。如果还不太放心，可以加入几粒花椒，它的香味有驱虫的作用，前提是你不在意煮饭的时候有微微的花椒香气。

水果干和坚果的保存

水果干在夏天很容易受潮，还容易生虫。最好找个好天气，把水果干摊开晒几小时，或者用微波炉的最低挡，把其中的水汽除掉，然后再把彻底干燥的水果干分放入密封盒中。

放入冷冻室两周，然后再取出来，就不容易生虫了。记得从冰箱取出来之后，一定要在室温平衡温度之后再打开包装，以免表面产生水汽。

坚果的主要问题是受潮和氧化。只要在阴雨天打开坚果口袋，就会发现它在几小时之内变软，变"皮"，这就是吸水了。一旦水分上升，霉菌就会找上门来，容易产生黄曲霉毒素。所以，必须注意先趁干燥时分装，或者烤干之后分装。把每个袋子口封严，至少用一个很紧的夹子夹住。如果天气潮湿，最好在开袋后 1 小时之内吃完。如果发现已经有轻微的霉味，或者有不新鲜的气味，就要坚决丢弃。有害健康的食物是不值得吃的！

剩饭剩菜的保存

夏天的剩食物要特别小心，在小暑大暑季节，高水分的食物只需 4 小时左右，就可能因细菌繁殖让食物发生变质。特别是那些富含淀粉和蛋白质的食物，深受细菌喜爱，坏起来就更快。比如绿豆汤、大米饭、牛奶、豆浆、肉汤、豆腐等。

所以，如果感觉可能吃不完，应当在起锅的时候马上把一份食物分装在干净的盒子里，凉到室温就马上放到冰箱里，这样可以安全储藏到第二天。用餐时吃不完，舍不得把剩下的部分扔掉，也应在饭后马上放入冰箱。这样并不能保证 24 小时以上的安全，但是下一餐热一下吃是可以的。

馒头和面包吃不完，应当分成一次能吃完的包装，先放在冷藏室降温，然后封严，放到冷冻室中冻起来。以后每次取一包，在微波炉中用"化冻"挡化冻 1 ~ 2 分钟，就可以啦。需要记得的是，千万不要用"高火""中火"之类的挡来加热馒头、面包或其他面食，那样面食就会变"皮"，韧性很强，很不好吃。

哪些食品不用放进冰箱?

2

　　和电视台的编导一起进入居民家中,打开他们的冰箱,发现内容物非常丰富。凡是食品,都有可能被放入冰箱,比如馒头面包、鱼肉蛋奶、蔬菜水果、饮料点心、零食糖果、蜂蜜茶叶……看了几家之后,我实在有话要说。

　　其实,并不是每一种食品都该放入冰箱。有些食品在冰箱中反而会缩短保质期;也有些食品不放在冰箱里,已经足以长期保存。为了节约冰箱的空间,减少用电的浪费,同时保证食品的品质,看来有必要好好讨论一下哪些食品不需要放入冰箱。

　　具体来说,饼干、糖果、蜂蜜、咸菜、黄酱、果脯、粉状食品、干制食品等,都是无须放入冰箱的。它们或者是水分含量极低,微生物无法繁殖;或者是糖和盐浓度过高,渗透压很大,自由水分很少,微生物也无法繁殖。既然如此,放在冰箱里有什么意义呢?岂不是白白浪费电,占据空间么。

　　比如说,蜂蜜放入冰箱,会促使它结晶析出葡萄糖。这个变化并不影响蜂蜜的安全性,也不影响它的营养价值,只是会影响口感的均匀程度。一些家庭看到蜂蜜发生沉淀,就以为蜂蜜已经败坏,甚至把一瓶蜂蜜整个扔掉。浪费电之后又浪费食物,实在让人大呼可惜!

　　又比如说,茶叶、奶粉、咖啡之类的干制品放入冰箱,如果密封不严,反而会使冰箱中的味道和潮气进入食品当中,既影响风味,又容易生霉。

　　巧克力放入冷藏室,短期还是无妨的,但时间长了之后,容易发生脂肪结晶的晶型变化,虽然不会变质,口感却会逐渐变得粗糙,表面长霜,不再细腻均匀。放在冷冻室当中则更为糟糕。实际上,巧克力适合放在十几到二十几摄氏度的室温下。

还有一些水果不能放入冰箱，比如芒果、香蕉等热带水果，适合在 12℃ 左右保存，通常放在室温阴凉处即可。如果放入冰箱，反而会让它们受到冷害，提前变质。

馒头、花卷、面包等淀粉类食品如果一两餐吃不完，放在室温下即可。直接放在冷藏室里，反而会加快这些食品变干变硬的速度，因为 4℃ 正是淀粉食物老化回生的最适宜温度。如果要储藏 3 天以上，最好把它们分装成一次能吃完的小包，严密包好后放入冷冻室，可以存放 1 个月以上。吃的时候取出来微波化冻 1 ~ 2 分钟即可，口感新鲜如初。

也有一些食品可以暂时放入冰箱，比如各种饮料、啤酒等。但它们实际上并非必须用冰箱保存，放入冰箱只是为了降低温度，喝的时候口感更为凉爽。不妨平日储藏在室温下，饮用前几小时再放入冰箱。如此可以节约不少电力和空间。

总的来说，买来食品的时候，一定要认真看一下包装上所要求的"保质条件"，也就是说，要想达到说明上的储藏期，应当放在什么温度下储藏。如果买的时候是从室温下取的货品，而包装上也没有写明需要储藏在低温下，那么就没有必要一直放在冰箱里。

哪些食品必须放进冰箱?

3

上一篇说明了什么食品不需要放入冰箱,那么哪些食品又必须放进冰箱呢? 要说清楚什么东西需要放在冰箱里,首先要从冰箱的作用说起。

冰箱能够让食品的保藏时间延长,归根到底就是一个"冷"字。按照化学的基本原则,如果温度降低,化学反应速率就会减慢。比如说,维生素的降解、脂肪的氧化、风味物质的分解等,都会在低温下进行得比较慢,那么就有利于保存食品的品质。

同样,微生物的生长也会因为寒冷而受到抑制。一般来说,大部分细菌喜欢从室温到体温之间的温度,在 4℃时,大部分细菌生长速度受到抑制,所以食品就不像在室温下那样容易腐败。不过,细菌在冷藏室里并不会死掉,只是繁殖得慢些而已。这时候仍然有一些耐寒的细菌能够缓慢生长,而且霉菌在冷藏室的温度下也能活动,所以放在冰箱里仍然会看到馒头、面包长霉。同时,这也是为什么放在冰箱里,吃之前仍然需要充分加热的原因。

有些东西必须放入冰箱,哪怕不考虑腐败的问题。除了剩饭剩菜和生鱼生肉之外,还有大部分蔬菜,特别是绿叶蔬菜;还比如酸奶和消毒牛奶,以及各种熟肉制品和豆制品。

蔬菜,特别是绿叶蔬菜在室温下存放时,其中的营养成分会逐渐损失,而且亚硝酸盐快速增加(可惜超市通常都把蔬菜放在室温下销售),购买后应当立刻用保鲜膜或塑料袋包好,分包放在冷藏室内。有些人先用报纸包上再放入塑料袋,保湿效果更好些。

酸奶在室温下存放,其中的乳酸菌会很快死亡(遗憾啊! 很多超市都把酸奶产品放在室温下卖,特别是打折销售的那些),失去部分保健价值,而且容易让口感过酸。

消毒奶(巴氏奶)在室温下存放会很快细菌超标,在冰箱中存放也要在 48 小时之内喝完,开封之后更是以几小时内饮完为好。

熟肉制品当中可能滋生细菌，甚至是多种危险的致病菌；豆制品比肉制品更加容易发生微生物大量繁殖的情况，它们最好能放在冰箱深处靠内壁的地方，或者放入保鲜盒中。

有些食品本来是不需要放在冰柜里卖的，比如说各种罐头、铝箔包装的熟食、番茄酱、利乐方盒装牛奶、纯果汁、饮料等。它们是经过杀菌或灭菌的产品，而且杀菌的同时又是完全密封的，没有细菌可以钻进去，也没有氧气可以跑进去，故而可以在室温下保存。

然而，如果你打开包装，事情就完全不同了。一旦打开，细菌重新有了进入的路径，氧气也会毫不客气地长驱直入。如果你没有及时吃完，那么剩下的部分一定要放入冰箱。当然，最好你打开之后倒出来一部分食用，余下的盖上盖子或者用夹子夹好，立刻放入冰箱中。

另外一些东西，如果短时间内吃完，并不需要放入冰箱；但如果希望长期保存，也需要放入冰箱。

比如虾仁等海鲜干品，非常容易在室温下吸潮而品质劣变（有些产品原本水分含量就不达标），不仅因为蛋白质的分解而产生刺鼻的氨味，而且会产生致癌的亚硝胺。

又比如各种酱类调味品，它们在室温下虽然能够临时存放，但是却会缓慢地发生脂肪氧化和风味变化的问题。如果的确在两个星期内都吃不完，还是放在冰箱里比较放心。沙拉酱和番茄沙司等不太咸的调味酱，开封之后是必须放在冰箱里的。

理论上来说，如果不谈安全性，也不考虑节约资源的问题，仅仅就产品的品质而言，绝大多数食品其实在低温下长期存放都有更好的保存效果。比如说，茶叶密封之后在冰箱中保存能够减少香气的损失，密封后放在冻箱里一两年后仍然能保持新鲜风味。又比如说，家里的油脂、花生酱、芝麻酱开封后放在冰箱里，能存放更久的时间而不氧化。哪怕是咖喱粉、五香粉之类的香辛料，放几个月之后，低温下也会比室温下品质更好一些，只是包装必须密封，因为它们极易吸潮变质。有研究证明，对于保质期为 2 年的肉罐头来说，放在冰箱里存一年之后，B 族维生素的损失也比在室温下保存时要少。

多数产品在 0 ～ 1℃下保存比 4 ～ 6℃效果更好，比如大部分蔬菜和北方的水果。但考虑到能耗问题，通常只有冷藏肉类放在 -1 ～ 1℃之间。

购买食品的时候，一定要看清楚，保质期条件是什么。如果一种产品在 4 ～ 6℃下能保质 7 天，绝不意味着在室温下也能放 7 天。有些产品在 4 ～ 6℃下保存快要过期还吃不完，就可以考虑转移到冷冻室里保存。比如说，盒装豆腐易腐，如果快到保质期了，自己却要出差，没法按时吃完，就不如把它打开，切成丁或片，然后套上保鲜袋扎紧，放入冷冻室中。等回家之后，再享用冻豆腐。切成小块之后不仅容易速冻，解冻也比一大块豆腐方便许多。

问题是，我们要不要因为有了冰箱就肆意地延长食品的储藏时间？市场上每天都有新鲜而丰富的食物，我们有必要花费大量电力把食物保存几个月甚至几年，再吃那些已经变得不新鲜的食物吗？尽量吃新鲜的食物，不要一次买太多的食物长期存放，无论对于健康，还是对于环境，都是最佳的选择。

小心炒菜油在家里提前过期。

4

在超市购买烹调油，很少有人买小瓶装，都喜欢买那种 5kg 装的大桶，觉得价钱更划算。每到过年过节的时候，很多单位更是会发油作为慰问品，一发就是两大桶。对于有些不常做菜的家庭来说，一桶油打开之后放三四个月的事情经常有。即便是经常做菜的家庭，一桶油往往也要一个多月才能吃完。

很多人以为，油和牛奶、蔬菜不一样，是一种耐储存的食品，事实却并非如此。油脂虽不会滋生细菌，却非常害怕氧化。油脂氧化是一个自由基反应，不仅会降低油脂的营养价值，毁掉不饱和脂肪酸，还会因为产生大量自由基而促进人体的衰老。人们热衷于摄入各种抗氧化的食物和保健品，主要目的就是消除自由基，避免人体发生衰老；而长期食用不新鲜的油脂，岂不是与这个目标背道而驰？甚至会增加慢性疾病的风险。

所以，对于各种油脂，国家都有明确的标准，要求把氧化程度控制在很低的水平上。所以，对于超市销售的油脂品质，基本上是可以放心的。

问题是，把大批的油买回去，会不会在家里过期呢？怎样保存油脂，才能让它保持新鲜呢？

我曾经多次告诉大家，买油的时候，要看看出厂日期，尽量买新鲜的油，因为油脂在存放的过程中是会缓慢氧化的。不过，只要油脂处于密闭状态，没有氧气进入油桶，这种氧化速度是比较缓慢的。但是，一旦把油提回家，开了瓶盖，失去密封，油脂和氧气的接触就会大大使氧化加速。

有试验证明，如果开盖之后不再密封，仅仅是每次用完之后拧上盖子，并不能完全隔绝氧气。在这种情况下，特别是夏秋气温较高时，储藏 3 个月之后，富含多不饱和脂肪酸油脂的过氧化值就会超过国家标准。如果把油放在与外界空气能够自由接触的油壶里面，甚至是一些开口容器当中，那么只需 1 周时间，过氧化值就会明显上升。即便还没有超过国家标准，也已经和新鲜油脂相去甚远。

不过，这还是油脂不见阳光的情况下。油脂氧化反应非常喜欢光照，所以如果把油脂放在光照条件下，它的氧化反应速率就会上升 20 ～ 30 倍，也就是说，它过期变质的速度会大大加快。事实上，很多家庭就把油壶、油桶放在厨房里、窗台边，这可是非常不明智的做法。同时，和所有化学反应一样，油脂的氧化反应也会随着温度的升高而加快，也就是说，温度越高，油能存放的时间就越短。

试验还发现了一个有趣的现象：越是等级高的烹调油，遇到氧气之后发生氧化的速度越快。这是因为，等级高的油脂精炼程度比较高，种子中天然存在的抗氧化成分，比如维生素 E 和各种多酚类物质，也在精炼当中被除去大半，这样它们的氧化"抵抗力"自然就下降了。目前都市人主要吃一级烹调油，所以也是最容易氧化的油。

为了让我们的炒菜油不会提前过期，避免产生致人衰老的自由基，只需做到以下几条。

①买来大桶烹调油之后，把它们倒进油壶当中，然后马上把盖子拧严实，重新收起来。千万不要每次做菜时直接用桶来放油，这意味着每天都有大批新的氧气进入油桶当中。

②油壶中存油的量应当是一周内吃完的量。最好买那种能够拧上盖子的油壶，或者有盖的油瓶，千万不要把油放在敞开口的容器当中。

③无论是油桶还是油壶，都必须放在避光、阴凉的地方。千万不要放在阳台上、灶台边。不要让它们受到阳光和热气的影响。

④新油和旧油尽量不要混在一起，因为油脂的氧化是会"传染"的。

不妨建议那些喜欢给员工发烹调油作为慰问品的单位，最好能发小包装油的礼盒套装，而不是一大桶低档油。如果自己不常做菜，3 个月内不能把油吃完，最好送给亲朋好友，总比浪费东西或者自己吃过期的油脂要强得多。

小心红色肉菜中的亚硝酸钠。

5

　　几年前曾在电视上看到一起案例：一位丈夫在网上购买亚硝酸盐给妻子下毒，每次的剂量是 100mg，导致妻子昏倒。在这个案例当中，这位丈夫知道亚硝酸盐是一种毒药，在小剂量服下之后还会转变成亚硝胺，具有强烈的致癌性，想要造成妻子自然癌变的假象。

　　这个案例固然令人恐怖，但另一个问题更令人恐怖——这位丈夫只花了 15 元，就从网上买到了一瓶工业用的亚硝酸盐，没有任何手续和证件要求。还有很多亚硝酸钠中毒事件，被轻飘飘地说成是"误食"，其实这个词汇掩盖了一个事实：在很多地方，对这种有毒物质的管理相当松懈。

　　随便在网上一翻，有关亚硝酸盐中毒的案例数不胜数，很多都是摊贩、餐馆中所制作的肉类熟食和肉类菜肴中毒的案例。这是因为，亚硝酸钠早已用于各种肉制品的烹调当中，从仅用于猪、牛、羊肉当中，逐步发展到所有动物性食品都添加，有些熟肉摊贩甚至连鸡鸭肉、水产品也不放过。应用亚硝酸盐或含有亚硝酸盐的嫩肉粉、肉类保水剂、香肠改良剂来制作肉制品，让肉制品色泽粉红，口感变嫩，不易腐败，这已经成为很多厨师的公开秘诀。

　　一日在某个"驴肉火烧"小店里，看到驴肉颜色呈深粉红色，便问厨师说，有没有不加硝（亚硝酸钠）的驴肉？有没有颜色不发红的酱驴肉？厨师摇摇头说没有。他表示，做熟食哪有不加硝的？消费者都喜欢红色的肉，遇到像我这样想要褐色酱驴肉的人还是头一次。我问：你到底加了多少硝？他说，我就是凭经验随手加的，大概 50kg 肉加 100g 吧……按照 GB 2760—2014 的规定，亚硝酸钠的用量不能超过 0.15g/kg，硝酸钠的用量不能超过 0.5g/kg，而他的用法是 50kg 肉中加 100g 亚硝酸钠，也就是 2g/kg，这比国家标准使用限量的 10 倍还多！

这些用来处理肉的亚硝酸盐是从哪里来的呢？主要有两个来源。一个就是餐饮业者直接购买亚硝酸盐。很多亚硝酸盐中毒案例中的当事人都表示，在批发市场就能轻而易举地买到亚硝酸盐，难度比买白糖也大不了多少。另一个来源就是添加亚硝酸盐的各种嫩肉粉产品。如果没有对腌肉料、肉馅调料、香肠调料、嫩肉粉等肉类调味品中的亚硝酸盐含量和标注进行规范，它们也会成为亚硝酸盐滥用的一个重要途径。几年前曾经有测定表明，少数产品超过国家标准数十倍，而标签上甚至没有注明添加了亚硝酸盐。如果还有第三个可能，就是购买劣质散装盐或工业盐带来的亚硝酸钠污染，但前两种情况在腌肉料中占据主导。

不要多吃，小心过多的亚硝酸钠！

肉类制品加工企业使用亚硝酸盐并不违法，但按理说，这样的有毒物质，应当有严格的管理规定，放在专门的地方，而不能和其他调味品放在一起。应当派专人保管，使用均需记录。但是各级餐饮企业中都没有亚硝酸盐和相关产品的特殊管理规定。在若干餐馆中，吃到粉红色的熟肉之后，我问该店亚硝酸盐、嫩肉粉之类配料有无特殊管理规定，使用有无记录，厨师均表示没有这样的规定，而且对我的问题表示很奇怪。

很多人知道，腌制蔬菜、腐烂蔬菜都不能吃，因为其中亚硝酸盐含量很高。还有很多人不仅不敢吃腌菜，就连放过夜的剩蔬菜都不敢吃，不就是害怕亚硝酸盐吗？为什么在吃肉的时候就如此勇敢，明知餐馆和摊贩们在肉里添加亚硝酸盐的做法既没有检测抽查，也没有定量设备，为什么吃这些腌肉和肉菜的时候还那么津津有味毫无怨言呢？

有些食品行业人士嘲笑我，说我呼吁控制亚硝酸盐的使用是不懂专业，因为亚硝酸钠用于肉类防腐和发色，已经有了上千年的历史，国内外肉制品企业都在使用。

的确，在合理使用时，它可以减少肉毒梭菌所带来的安全风险。但我所忧虑的，并不是正规肉制品企业使用亚硝酸盐，也从未提议把亚硝酸盐从肉制品配料和食品添加剂当中彻底剔除出去。然而不能不防的是，餐饮业使用亚硝酸盐时缺乏数量控制，特别容易发生超标甚至中毒的情况。在发生中毒事件之后，各界都用"误食"二字搪塞过去，而不是检讨餐饮业对亚硝酸钠使用的管理有什么漏洞，这种情况难道不需要改变吗？

在 10 年前，了解这种危险的人实在太少了，不仅是消费者，甚至很多相关管理人士、医生和保健专家都不知道……他们会害怕饮料中的色素，却不害怕餐馆里那些粉红色的肉！

于是，从 2006 年开始，我写了大批科普文章，做电视节目，向人们宣传亚硝酸盐滥用的危害，告诉人们红色的熟肉中可能存在的风险。因为越是无知，我们距离危险就越近。亚硝酸盐也是这样。

在社会各界的呼吁下，一些地方的相关管理部门和行业协会已经制定了有关亚硝酸盐的管理规定。北京市规定，餐饮企业不能直接使用亚硝酸钠来加工食品，农贸市场也不能出售亚硝酸钠，并提倡餐饮企业公开自己所使用的各种食品添加剂。目前北京超市中所销售的嫩肉粉类产品受到了更严格的监督，餐馆中原色的熟肉逐渐回归餐桌，我也不再对餐馆的红色肉类菜肴感觉恐惧。

然而，在广大农村、小城镇和中小城市当中，因为餐饮业滥用所导致亚硝酸盐中毒的事件还有零散发生。就在两年前，我去一个三线城市做健康讲座，饭桌上就有颜色过于红艳的血肠和酱牛肉。我提出疑问之后，陪我吃饭的疾控系统领导坦承，他们刚刚查出若干家店的熟肉食品中亚硝酸钠残留过量，而且超标好几倍。

希望所有人都能掌握相关食品安全知识，所有地区都能对滥用亚硝酸盐的情况进行严格监管，不要让中毒事件用"误食"两字蒙混过关，或吃了残留超标食物之后还懵懂无知。

相关知识：

亚硝酸盐是一种有毒物质，半致死量为 22mg/kg，对于体重 60kg 的人来说是 1.32g。亚硝酸盐与蛋白质分解产物在酸性条件下发生反应，易产生亚硝胺类致癌物。胃中的酸碱度适宜亚硝胺的形成。亚硝胺类化合物在腌肉、香肠、熏肉、鱼干、虾皮、鱿鱼丝等动物性食品中含量较高，有强烈的致胃癌作用。在胃酸不足的情况下，胃中细菌繁殖使食物中原本无毒的硝酸盐还原成亚硝酸盐，更会加大患胃癌的危险。

亚硝酸盐（常用亚硝酸钠，也可以用亚硝酸钾）是各国许可使用的食品添加剂，主要用在肉制品当中，起到发色、防腐和改善风味的作用。西式肉制品几乎 100% 添加亚硝酸钠，但它的使用限量和残留量都有国家标准的限制，分别是 0.15g/kg 和 30mg/kg（西式火腿和肉罐头的残留限量分别是 70mg/kg 和 50mg/kg）。肉制品企业会严格管理添加量，而政府对此也有严格的监测，保证肉制品成品中的亚硝酸盐残留量低于许可限量。

亚硝酸钠本身是白色结晶，近似食盐，但加入肉类之后，可以与肉中的血红素结合形成粉红色的亚硝基血红素，从而让肉制品在煮熟之后具有好看的粉红色。这就是亚硝酸盐的发色作用。未经亚硝酸盐发色的肉类在煮熟之后是白色、淡褐色或褐色的。肉越红，煮熟后的褐色越重。

肉类制品也常用一些食用红色素来染色，比如添加红曲色素，就能让肉类变红。不过这种染色和添加亚硝酸盐的发色有所区别。染色是从外向内染，肉的外表颜色鲜红，而中心部分颜色比较浅。亚硝酸盐发色则是由内而外，呈现十分均匀的粉红色。同时，还会带来一种特殊的腌肉鲜味。红曲色素没有明显的防腐作用，而亚硝酸钠能够抑制厌氧细菌繁殖，延长肉类的保质期。

生蔬菜里也会含亚硝酸盐吗？

6

我国居民的胃癌发病率较高，而在胃癌的风险因素当中，既有新鲜蔬菜水果吃得少、多种维生素摄入量不足这个因素，也有吃腌腊制品的因素，还有盐吃得过多的因素，等等。

相比于其他几个因素，"腌菜致癌"的说法最为广泛流传。由于过度施用氮肥，蔬菜中的硝酸盐含量可能偏高，转化成亚硝酸盐之后，和蛋白质分解产物合成一种叫作亚硝胺的致癌物，属于诱发胃癌等癌症的隐患。调查发现，我国膳食中 80% 左右的亚硝酸盐来自蔬菜，其中绿叶蔬菜占大头。因为害怕亚硝酸盐，很多人选择少吃绿叶菜。这果真明智吗？

答案是否定的。深绿色的叶菜虽然硝酸盐水平较高，但它们也同时富含维生素 B_2、叶酸、维生素 K、类胡萝卜素、类黄酮、钙、镁、钾等多种有益成分，它们对于预防心脑血管疾病、预防骨质疏松、预防老年痴呆、预防癌症都十分重要，而其中的叶绿素也有利于帮助身体提高抗污染能力。我们需要做的，只是避免绿叶菜中的硝酸盐转变成亚硝酸盐而已。

但是，怎样才能远离蔬菜中的亚硝酸盐呢？看看下面这些研究结果吧。

很多人买回蔬菜之后，因为担心其表面的农药，都喜欢放在水中或盐水中浸泡 20 ~ 30 分钟。这个方法果真有利于食品安全吗？一项国内研究给我们解释了答案：和漂洗蔬菜相比，泡蔬菜会增加蔬菜中的亚硝酸盐，从而不利于食品安全。我校一位毕业生的研究也发现，用盐水长时间浸泡，并不比加少量洗洁精然后用自来水漂洗去除农药的效果更好。

研究证明，用几滴洗洁精洗过，然后再漂洗干净，蔬菜中的亚硝酸盐含量低于用清水浸泡 20 分钟的样品。研究认为，可能是因为浸泡是一种无氧状态，有利于提高硝酸还原酶的活性，降低亚硝酸盐还原酶的活性，从而提高亚硝酸盐在蔬菜中的含量。长时间的浸泡还可能使叶片破损，加大营养成分的损失。

刚刚采收的新鲜蔬菜当中，亚硝酸盐的含量微乎其微。而蔬菜在室温下储藏 1 ~ 3 天后，其中的亚硝酸盐含量达到高峰；冷藏条件下，3 ~ 5 天达到高峰。对于菠菜、小白菜等绿叶蔬菜来说，亚硝酸盐的产生量特别大，冰箱储藏的效果要远远好于室温储藏，而对于黄瓜和土豆来说，差异并没有那么明显。冷冻储藏的变化很小，各种蔬菜的差异也不大。

所以说，如果买来绿叶蔬菜又没有马上吃，而是放了两三天再吃，其中的亚硝酸盐很有可能升高，特别是绿叶蔬菜。不过，对于长期储藏的大白菜来说，储藏多日之后，其中的硝酸盐和亚硝酸盐含量反而有所下降，可能是因为储藏过程中营养损耗和转化为其他含氮化合物的原因。故而不必担心冬储大白菜的亚硝酸盐问题。

如果操作不当，凉拌蔬菜也是一个可能增加亚硝酸盐的烹调方式。因为很多人喜欢把蔬菜用少量盐腌一两天再吃，觉得这样特别脆口好吃。这样的菜叫作暴腌菜，它是"腌菜致癌说"的重要事实依据。其实，蔬菜切开之后就会有细菌进入，两三天的腌制过程中，亚硝酸盐的含量就会快速上升。此前在胃癌高发地区所做的研究发现，有些家庭制作的暴腌菜中，亚硝酸盐含量可高达 100mg/100g 以上（按 GB 2762—2012 的规定，腌渍蔬菜中的亚硝酸盐含量应低于 20mg/kg）。别以为是自己家里做的菜，安全性就一定可靠，微生物可不认识你是谁。

在这种短时间的腌制过程中，亚硝酸盐的产量受到很多因素的影响。比如说，温度低会使亚硝酸盐的增加速度延缓一些，因为温度低时细菌的繁殖速度会变慢。又比如说，腌制时加入蒜泥和柠檬汁都有助于提高安全性，因为大蒜能降低亚硝酸盐的含量，而蒜汁中的有机硫化物，柠檬汁中的维生素 C 和其他还原性物质都能够阻断亚硝酸盐合成亚硝胺致癌物。同样，韩式泡菜腌制时，放入葱、姜、蒜、辣椒汁和梨汁等，都有利于降低亚硝酸盐的含量。

如果在腌制之前把蔬菜先在沸水中焯一下，通常可以除去 70% 以上的硝酸盐和亚硝酸盐。既然硝酸盐的量已经大幅度下降，产生亚硝酸盐的"原料"就会大大减少。在冰箱里低温存放到第二天，亚硝酸盐的含量增加微乎其微。我本人也经常这样做，先焯熟绿叶蔬菜，捞出后放入冰过的大盘中，平摊，快速凉到室温，然后分装成两三个盒子，放入冰箱中，每餐吃一份。这样存放 24 小时是完全无须担心的。

安全处理剩菜的方法。

7

家家都难免剩菜，食之心惊，弃之肉痛。孩子不肯吃，父母收盘子也很纠结。

首先的问题是，剩菜还能吃吗？很多人听到传说，剩菜不能隔夜，会有毒；还有人听说剩菜营养素会严重损失，吃也无益。事实上，剩菜是否能吃，要看剩的是什么，剩了多久，在什么条件下储藏，重新加热是什么条件，实在没法用一句话来概括是否能吃的问题。

先要把剩菜分成两类：蔬菜，以及鱼、肉和豆制品。

其中说隔夜可能产生有害物质的，是蔬菜。因为蔬菜中含有较高水平的亚硝酸盐，在存放过程中因细菌活动可能逐渐转变成有毒的亚硝酸盐。不过，如果仅仅是在冰箱中放一夜，这种亚硝酸盐的上升还远远到不了引起食品安全事故的程度。但无论如何，蔬菜是不建议剩 24 小时以上的，凉拌菜就更要小心。

鱼、肉和豆制品只有微生物繁殖的问题，亚硝酸盐的问题基本上无须考虑。鱼、肉和豆制品相比，豆制品更容易腐败。它们的共同麻烦是可能繁殖危险致病菌，比如恐怖的肉毒梭菌。这种菌能产生世上第一毒"肉毒素"，毒性比氰化钾还要大得多。毒素在 100℃以上加热几分钟能够被破坏，但如果没有热透，是非常危险的。

还要注意的是，无论是哪一类食品，在室温下放的时间越长，放入冰箱中的时间越晚，微生物的"基数"就越大，存放之后就越不安全。进入冰箱之中后，降温的速度也很重要。如果冰箱里东西太满，制冷效果不足，或者菜肴的块太大，冷气传入速度慢，放入的菜很久都难以把温度降下来，那么也会带来安全隐患。

了解这些基础知识之后，就能想出保存剩菜的对策了。

首先就是提前分装。明知道这一餐吃不完，就应当在出锅时分装到不同的盘子里，其中一份稍微凉下来之后就放入冰箱，这样菜中细菌的"基数"很低，第二天甚至第三天，热透了再吃，都没有问题。

如果已经在外面放了两三个小时，大家又用筷子踊跃翻动过了，保质期就会缩短。这时候要注意，把它铺平一点，放在冰箱下层的最里面，让它尽快地冷却到冷藏室的温度。放到第二餐是可以的，但一定要彻底加热。所谓彻底加热，就是把菜整体加热到100℃，保持沸腾3分钟以上。如果肉块比较大，一定要煮、蒸时间长一些，或者把肉块切碎，再重新加热。

用微波炉加热剩食物是个不错的方法，它可以令食物内部得到充分加热。但家庭中，往往控制不好微波加热的时间，还容易发生食物飞溅到微波炉内部的麻烦。可以考虑先用微波炉加热一两分钟，令食物内部温度上升，然后再用锅加热，或者再放入蒸锅蒸，就比较容易热透。对于不希望有太多汤水的剩菜，可以用蒸或水煮的方法来加热。

一、分开保存

二、加热时要煮透

相比于肉类来说，豆制品更容易腐败，因此加热时也要更加在意。多煮几分钟并不用可惜，因为豆腐中的维生素含量甚低，而它所富含的蛋白质和钙、镁等是不怕热的，加热不会明显降低营养价值。蔬菜则不适合长时间的加热，可以考虑用蒸锅来蒸，传热效果比用锅直接加热更好，且营养素损失较少。

需要高度注意的是，菜千万不要反复多次地加热。如果知道鱼肉第二餐还吃不完，就只加热一半，剩下的部分仍然放回冰箱深处。甚至有些熟食、豆制品可以直接分小盒冻到冷冻室里面。

吃新菜的时候，人们都很踊跃，但一次一次吃同样的菜，显然令人不愉快。很多家庭当中，主妇就是因为吃剩菜剩饭而体重上升，失去苗条的体态，因为老公和孩子对剩菜不屑一顾。其实，除了蔬菜之外，鱼肉类食品剩菜翻新并不难，无非就是改刀、加配料、改调味这三大技术。

比如说，剩了一些大块的肉类，单做一道菜嫌少，就可以把它切成小片，配上一些香味的蔬菜，做成蔬菜炒肉片。比如加香菜、洋葱、芹菜之类，可以让炒肉片变得香喷喷的，诱人食欲，家人肯定会当新菜一样表示欢迎。又比如说，原来是红烧味道的肉，现在可以考虑加点咖喱粉，配点土豆胡萝卜，改造成咖喱风味。还可以把剩菜改造成汤，比如剩排骨加蔬菜和挂面，做成蔬菜排骨汤面；剩番茄炒蛋加番茄、木耳和面疙瘩，改造成番茄味疙瘩汤之类。

这样，剩菜不会浪费，重新加热时煮得足够"透"，安全得到保障，家人吃起来也很愉快。

总之，虽然不剩菜是我们的理想目标，但对于动物性食品，特别是肉类来说，煮一次吃两三顿是常见情况。只要烹饪之后立刻分装保存，第二餐再合理加热利用，就能安全地与剩菜和平相处。

隔夜的银耳和木耳能吃吗？

8

　　秋季天气干燥，冬季雾霾频频。很多人听了别人的忠告，说银耳和木耳能"润肺"就开始煲银耳羹，做菜的时候也会多放点木耳。不过，做这样的健康美食，还是有很多人会担心安全性——我多次听到网友问这样一个问题：隔夜的木耳和银耳不能吃吗？

　　凡是"隔夜不能吃"的说法，除了担心微生物繁殖之外，其禁忌原因几乎都是来自亚硝酸盐的增加。菌类不能利用硝酸盐或亚硝酸盐，但可以部分利用尿素等无机氮源。也就是说，养蘑菇的时候，培养基里面所加的营养物质可能包括尿素，尿素本身无毒，但菌类可能把它代谢成硝酸盐。硝酸盐本身也是无毒的。但是，在发泡、烹煮和储藏过程中，有人担心一部分硝酸盐可能在细菌的作用下变成亚硝酸盐，而亚硝酸盐是增加胃癌风险的一个因素。

　　不过，不要一听亚硝酸盐就开始惊恐，先按照逻辑思考以下几个问题。

　　首先，木耳和银耳中含硝酸盐多吗？泡发之后会增加吗？其次，如果在室温和冰箱里分别放 24 小时，亚硝酸盐到底会增加多少？第三，它们的食用量有多大？亚硝酸盐的摄入量达到了会引起危险的程度吗？

　　先回答第一个问题。木耳和银耳中的确含氮较多，包括硝酸盐，但那是干品中的含量。我们取木耳样品进行泡发之后，再进行称重，发现 500g 干木耳在水发后可以变成 4 ~ 6.5kg。也就是说，在泡发之后，干木耳中的硝酸盐含量已经变成了原来的 1/10。鲜木耳的硝酸盐含量不过是 120mg/kg 左右，远远低于很多叶类蔬菜中的含量（FAO 标准：一级新鲜蔬菜硝酸盐含量不超过 432mg/kg）。鲜木耳中的亚硝酸盐含量约为 2.5mg/kg，比新鲜蔬菜的标准还要低（GB 2762—2012 中蔬菜和蔬菜制品的亚硝酸盐标准为低于

20mg/kg，有机蔬菜标准为低于 4mg/kg）。而且，硝酸盐和亚硝酸盐都是高度可溶的物质，在泡发、清洗的过程中，还要再溶进浸泡的水中，因此多洗几次含量还会进一步下降。

某电视节目在权威检测机构做了新鲜水发银耳和隔夜银耳的测定，数据结果显示两者含量都不到 1mg/kg，几乎低于检测限。这是因为新鲜银耳中的硝酸盐含量本来就很低，再加上泡发时溶于水中，再经过反复洗涤，含量更加微乎其微。即便过一夜，能够转化为亚硝酸盐的量也非常非常少，几乎可以忽略不计。这里还没有考虑到煮银耳汤的时候要加入大量的水，还有稀释作用，所以喝一碗飘着几朵银耳的银耳羹，更加用不着担心亚硝酸盐超标的问题。

有关隔夜木耳，也有相关研究论文提供了数据。这篇文章测定了鲜木耳在室温和冷藏室中存放 24 小时之后的含量，发现无论在什么温度下储存，变化都非常小。文章还测定了水煮对木耳亚硝酸盐的影响，水煮后的木耳室温存放 24 小时之后，亚硝酸盐含量仅从 2.19mg/kg 上升到 2.59mg/kg，这么小的变化，对人体健康的影响几乎可以忽略不计。

最后一个问题是，人们每天能吃多少木耳或银耳呢？通常的食用量不超过干品 5g，也就是相当于鲜品 50g 左右。如果用银耳来煲汤，数量更少，每天吃的量不过是一两朵。即便再多说一些，按银耳鲜重 100g（大约可以装两碗），鲜银耳中含量 1mg/kg 来计算，每日摄入的亚硝酸盐含量只有 0.1mg。而亚硝酸盐引起人体中毒的剂量是 200mg 以上，差着上千倍呢。相比而言，人们吃腌菜、不新鲜蔬菜和粉红色的肉菜、火腿、香肠、酱肉等，所吃进的亚硝酸盐数量会比这个量高几十倍甚至上百倍。

因此，所谓吃隔夜木耳和银耳会引起中毒的说法，纯属不实传言。目前我还不曾见到因为吃隔夜银耳或木耳发生中毒的报道。除非有人故意在银耳中非法添加亚硝酸盐或硝酸盐，才有这种可能性。

夏天吃外食？小心细菌性食物中毒!

9

每到夏天，我出去吃饭的时候都很纠结。餐馆和食堂里的食物是不是已经变质？加热的菜肴还好说，凉拌菜实在让人担心。不是豆腐馊掉，就是蔬菜变味，有时米饭也有发酵的风味。冷藏出售，而且买来之后不经加热马上入口的各种小吃、三明治、紫菜饭卷、生鱼寿司之类，以及各种放在室温下几小时慢慢出售的自助餐，夏天都要格外小心。

前几天在某食堂吃饭，居然蒸红薯、蒸紫薯吃出馊味……估计是头天剩下了一些，师傅不知道已经细菌发酵，把它蒸了蒸又卖给我们了。

在食堂里，蒸红薯上午 11 点就已经做好，一直卖到中午 1 点才撤下，室温条件下存放 2 小时，而且是在热水温着的条件下，简直就是细菌繁殖的最佳保温箱。然后，辛苦很

久的师傅们要坐下来吃饭，恐怕也没有及时把它收到冰箱里。然后晚餐时继续出售，当然细菌超标风险很大。

这里有两种可能性。第一个：师傅们在晚餐出售前没有重新蒸一下杀菌，而是直接把中午的蒸红薯放在热水盘上温着。这样的食物中毒风险最大。第二个：虽然已经微生物繁殖超标，味道变馊，但晚上出售之前，重新蒸过 10 分钟，将其中的细菌们全部杀死。这样，馊味虽然没法去掉，但食物中毒的风险就大大下降了。尽管"金黄色葡萄球菌毒素 A"要 100℃加热 30 分钟才能灭掉，但大部分细菌和细菌毒素都扛不住蒸 10 分钟的加热处理。

估计食堂是第二种处理方法，所以我幸免于上吐下泻的麻烦。但我还是在走之前给食堂提了意见，请求他们高度重视夏天细菌繁殖造成变质的问题。

在保障市售食品安全方面，食品企业要承担主要责任；在保证餐饮食品安全方面，餐饮企业和单位食堂要负起责任。但是，食物买回家之后也有安全问题，而这方面往往被消费者所忽视，因为没有人监管，也没有相关规范，所以更加危险啊！

一方面，食物在储藏过程中，品质会逐渐下降，维生素会逐渐损失，营养成分逐渐氧化；另一方面，无孔不入的微生物也会造成致病菌繁殖，食物发霉或腐败，产生有毒致癌的霉菌毒素，或者导致细菌性食物中毒。这些微生物是"纯天然"的，但它们并不会因为住在我们家里，而对我们网开一面。

在炎热的夏天，我们汗流浃背，感到难熬，但很多微生物却最喜欢这个季节——这时候温度高，湿度也大，它们会疯狂繁殖，给食品安全带来巨大隐患。要想防止因为吃了败坏的食物而引起麻烦，最主要的措施是以下几项：

①不贪便宜购买大包装。水果、蔬菜、肉制品、奶制品等容易坏的食物最好随买随吃，最多买 2 ~ 3 天的量。

②大部分蔬菜和鸡蛋买来之后要及时放在冰箱里，几小时之内不吃的鲜鱼肉要及时冻藏。

③购买之后赶紧烹调食用，及时吃完。一次吃不完的，最好提前分拨出来，分装冷藏。

④如果确实吃不完，剩饭菜要及时放进冰箱冷藏，不要在室温下放 2 小时以上。

⑤剩的食物从冰箱里拿出来之后，要再次加热杀菌，然后再吃。

⑥经常检查冰箱，生熟分开存放，并把放得过久已经不新鲜、不安全的食物及时处理掉。

蒸锅水、千滚水、隔夜茶危险吗?

10

　　隔夜菜、隔夜银耳的事情,前面的文章中都解释过了。但是不少朋友还关心,蒸锅水、千滚水等久沸的水,还有隔夜茶,也会对健康有害吗? 会含有大量的亚硝酸盐吗?

　　先来说说蒸锅水和千沸水,还包括隔夜水,以及久放的开水。

　　答案是: 不一定含有那么多亚硝酸盐。为什么呢?

　　水里的亚硝酸盐是从哪儿来的? 通常是来自于硝酸盐。如果水中含有高水平的硝酸盐,那么在煮沸加热条件下,可能部分转变成亚硝酸盐。也就是说,只有水中硝酸盐浓度原来就比较高的时候,才会发生久沸后亚硝酸盐增加这种情况。

　　同时,水经过长时间的加热,发生浓缩,于是水中的亚硝酸盐含量也就会明显上升。不过,这要看水里的硝酸盐基础有多高了。如果水质本来就合格,硝酸盐含量很少,那么它煮沸之后所能产生的亚硝酸盐也就会很少,即便上升两三倍,也不至于达到有毒的程度。

　　亚硝酸盐含氮,氮元素不会凭空产生——化学元素不会凭空产生,也不会因为加热而增加或减少,这个基本原理可不能忘记啊!

　　问题是,我们所喝的水里,到底有没有那么多硝酸盐呢? 在农村地区,这是个大问题。饮用水源被含氮化肥、畜禽养殖场的粪便或者含氮工业污水所污染,在农村和小城镇是很容易发生的事情。不仅地面水源,连地下水有时都难以幸免。城市的垃圾填埋也可能造成这类地下水污染问题。因为水源被硝酸盐污染,然后被微生物转变为亚硝酸盐,造成人畜中毒的事件在乡村和小城镇地区时有发生。自来水厂处理很难有效去除硝酸盐,因而保证水源质量是非常关键的问题。

　　说到这里，很想再说一句：保护环境就是保障我们自己的食品安全啊……包括饮用水安全。有多少人能够意识到这个问题呢？

　　蒸锅水是否有那么多亚硝酸盐，要看蒸了什么东西。如果多次蒸食物，食物中的硝酸盐和亚硝酸盐可能随着蒸菜水流入锅中，再经过加热和浓缩，的确是会升高亚硝酸盐含量的。如果是微火隔水蒸，食材中的成分不能进入蒸锅水中，水分蒸发也少，那么蒸锅水中的亚硝酸盐含量并不至于升高到有毒的程度。

　　久存的开水是否适合饮用，要看水里有没有过多的有机物和含氮物。如果有机物和含氮物污染比较高，那么细菌就容易在其中繁殖，带来食品安全风险。如果水的质量很好，没有这些东西，细菌就繁殖不起来——没有营养来供应它的繁殖，细菌也会因"饥饿"而难以生长繁殖。

　　相比而言，茶水是含有一些营养成分的，因为叶子中的成分溶出到水中，给细菌的繁殖创造了条件。所以在室温久放之后，就可以出现细菌超标的情况。无论亚硝酸盐含量是否超标，都不建议饮用。这件事情和是否过夜关系不大，而与存放时间关系比较大。夏日的白天，茶水在桌上放五六个小时，其安全性也是令人担心的。

　　茶叶中含有一些不太耐热的茶多糖，具有一定的保健功效。如果用温水来浸泡茶叶，然后把它盖上盖子放在冰箱里，就可以长时间地提取茶多糖，储存过夜也没关系。第二天早上取出来，和刚刚泡好的热茶混在一起，使其最终温度不超过60℃，然后就可以饮用了。这样既能避免多糖类物质受热降解，又能避免室温久放引起食品安全问题。

家庭保存汤汤水水的妙法。

11

　　日常生活中常有这样一些烦恼：煮的鸡汤、肉汤、银耳汤太多了，一餐吃不完怎么办？煮的粥吃不完怎么办？打的豆浆喝不完怎么办？放冰箱里吧，太占地方；放室温下吧，很快就会变质发臭了。但是，家里就两三口人，每次只煮一两碗，也太不方便了。如果一次又一次地加热杀菌，又担心损失营养物质，不仅麻烦，也浪费能源啊。

　　这里就以豆浆为例，讲讲在家庭当中怎样把它保存 1 周。

　　①准备 2 个密闭又耐热的瓶子，比如太空瓶，或者特别严实的保温杯。每个瓶子的容量大约与一次喝的数量相当。把它们彻底洗干净，再晾干。

　　豆浆机制作出来的豆浆，都是刚刚沸腾的滚烫豆浆。所以要想保存它，必须用耐热的器皿。同时，要想让杀过菌的食物长期保存，就要保证不会再有细菌和氧气钻进去，因此器皿盖严之后必须不透气、不透水。优质的太空瓶（务必是没有味道的那种产品，如果有气味说明是劣质品，受热可能放出有毒物质）能够拧紧，很合适用来保存汤水类食品。

　　②把泡好的豆子放入豆浆机，同时烧一些沸水。在制作豆浆的程序快要完成的时候，把太空瓶等器皿用沸水烫一下，让它里面热起来，同时起到杀菌作用。

　　③在制作豆浆程序完成之时，倒掉太空瓶中的热水，马上倒入滚烫的豆浆，但不要倒得太满，留下大约相当于太空瓶容量 1/5 的空隙。

　　④把盖子松松地盖上，但不要拧紧，停留大约十几秒钟，再把盖子拧到最紧。

　　⑤在室温下等待豆浆自然冷却，冷到室温之后，再把它放进冰箱里。它可以在 4℃下保存 1 周。

⑥把保存的豆浆取出来，重新热一下，就可以随时喝啦！

这个方法的基本思路是：

把容器用沸水烫过，杀掉大部分细菌——包装杀菌；

豆浆也煮沸，而沸腾的时候是没有活细菌的——内容物杀菌；

把没有细菌的东西倒进杀菌的容器里，然后密闭起来，里面的残存细菌继续被余热杀灭，而密闭之后外面的细菌也进不去——无菌灌装并密闭。

这样就可以较长时间地保存食品，而不至于发生腐败。至于储藏时间如何，取决于你的操作细节是否规范，以及容器的密闭程度。因为家里的操作毕竟不够仔细，瓶子密闭程度也远不如罐头那么严，所以不可能像罐头那样常温存两年。

在实验室里，利用这种方法，我曾经把红豆汤放在密闭的试管里，在室温下保存了1年3个月之久。取出来的时候一点也没有坏。当然，要比在家的时候操作严格多了。但即便是我介绍的这种普通家庭操作，把豆浆保存一两个星期也不是难事！

除了豆浆之外，各种煲汤、各种粥、各种羹，凡是大量含水的食品，都可以如法炮制。如此，我们就省了很多顾虑，可以煲一次汤，煮一次粥，喝上两三天了。

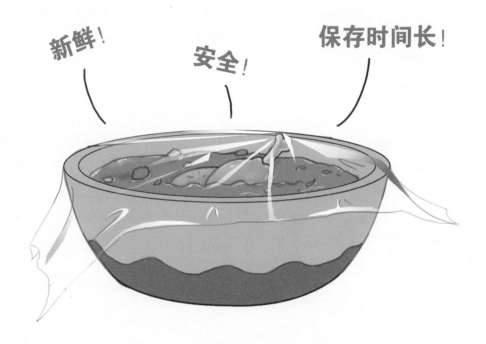

食品储藏的安全学问

// @___礼：请问磨好的芝麻、核桃这种食品要怎么保存？需要放进冰箱吗？

范老师：芝麻、核桃磨粉／制酱后如果没有加水，也不会受潮，那么室温下放1周是可以的。如果想放得再久一些，建议用隔水包装包上放入冷藏室，延缓氧化变质速度。但只是延缓，不能完全避免，气味会逐渐变得不新鲜，所以建议1个月内吃完。

// @4小米：茶叶不宜放入冰箱？难道茶叶（如绿茶等）就等着它内含的茶多酚氧化？

范老师：在干燥状态下，茶多酚不会在几天或十几天中严重氧化。放入冰箱当然可以，但必须严格密封。我文中所说，是在没有密封的情况下，放入冰箱会吸潮变质变味。

// @垚垚POT回圈：米饭如果中午做得比较多，室温下放到晚上吃可以吗？

范老师：天凉的时候可以。夏天不可。

// @宅五十：昨天自己做的汤菜，做好就放入了保鲜盒，感觉在空调房中就没放入冰箱，下午吃也没有用微波炉加热，吃了之后就发生了轻微腹泻，里面有豆腐估计影响很大，自己做的尚且如此，食品真的不能大意。

范老师：是这样的，自家做的也要小心，细菌们可不认识我们是谁哦。夏天所有剩菜剩饭都必须加热杀菌后再食用。

// @wwmmjjj：请问范老师，头一天晚上做好饭不动，放到冰箱里，第二天中午再吃会影响健康吗？担心亚硝酸盐产生和维生素流失的问题。

范老师：没有关系的，做好不动，马上放入冰箱冷藏，不会带来亚硝酸盐过量的问题。至于维生素损失不可避免，毕竟是加热了两次。不过，毕竟还能保留一部分，如果食材能丰富些，也能补回来。或者直接加一粒复合维生素片就好啦，不必太担心。

//@ING 野蛮生长 ING：刚炒出来的菜是直接趁热装入保鲜盒放入冰箱，还是凉透后再放？

范老师：前者最好，只是对保鲜盒质量要求高。因为会产生负压，盒盖凹下，难以打开，杂菌难以进入，安全性高。开盖时需要在缝隙处撬一下，或者加温消除负压，不要用蛮力。当然，后者也不会出什么安全事故，只是保质期短点。

// @ 非常小项：老师我想问一下，吃完饭上厕所就有大便，消化得是不是太快了……

范老师：进餐后容易产生便意，这种效果叫作胃 - 结肠反射，是进食刺激了结肠的运动，促进你前两天吃的东西从直肠中排出来，不是你用餐时刚吃进去的食物已经到了大肠里，哪儿有这么快……即便细菌性食物中毒腹泻也没这个速度。

//@ 许书生的婧婧夫人有宝气：范老师，我看到有个微博说因为吃了冰箱里的剩鱼，就得了急性肠胃炎，然后细菌转移，多脏器衰竭，这有个可能吗？

范老师：如果原本身体不好，或属于年老体弱者，完全有可能。

//@HCY 在云端：不知西瓜到底能不能在冰箱里用保鲜膜包好放 48 小时？现在的西瓜太大了，每次只买半个，但家里就三口人，孩子不爱吃西瓜，就我特别爱吃。总是剩到第二天甚至于第三天才能吃完。到底行不行呢？

范老师：存放时整个放进去比较好。每次切一块下来，赶紧把余下的放回去。切下来要吃的部分也要注意，把保鲜膜覆盖的表面切一层下去。然后在室温下放一会儿，不太冰了再慢慢吃。

//@ 高楠 Gexon：范老师，若热透后直接留在锅中自然放凉，第二天可以喝吗，尤其是夏天？

范老师：如果锅能盖严，煮沸后直接留在锅里可以放到次日早上。

厨房里的安全烹调

· ·

我的

健康厨房

范志红

谈

厨房里的

饮食安全

吃溏心鸡蛋安全么?

1

很多朋友问:我很爱吃溏心蛋,无论是煎的还是煮的,我都特别喜欢流动起来的蛋黄的口感,但是现在禽流感经常流行,听说致死率很高,非常吓人,不知道吃蛋黄没有完全凝固的鸡蛋是否安全呢? 一定要煮到很老才能吃么?

鸡蛋煮熟吃,有两个方面的意义:一是保证营养素的吸收;二是杀灭各种致病菌。

先说第一个方面,鸡蛋只有熟吃才能充分吸收其中的营养成分。

鸡蛋妨碍消化吸收的因素主要存在于蛋清当中,如生物素结合蛋白、蛋白酶抑制剂等。其中生物素结合蛋白会牢牢地"绑住"鸡蛋中的一种 B 族维生素——生物素,让它不能被人体吸收利用。很多人会狐疑地问:这种维生素我怎么没有听说过? 这是因为它不太容易缺乏。如果想缺乏生物素,办法很简单:天天吃生鸡蛋清,吃上 1 个月试试,就知道缺乏生物素是什么感觉了。先提醒一句,缺乏这种维生素会掉头发哦。

蛋白酶抑制剂会妨碍人体消化蛋白质,让鸡蛋中的优质蛋白质无法充分被人体利用。比如鸡蛋清中的卵黏蛋白就有这种作用。

比较幸运的是,这些捣乱的蛋白质都在蛋清里,而且比较怕热,在蛋清加热凝固之后,这些成分就会失活,鸡蛋就可以被人体消化吸收。蛋清在 60℃的温度下就可以缓慢地凝固,凝固速度慢的时候,它的质地比较软嫩。如果加热温度比较高、时间比较长,蛋清就会凝固得更紧密,口感比较老硬。

蛋黄中妨碍消化吸收的因素非常少,所以理论上来说,只要蛋清凝固,蛋黄不完全凝固也不妨碍鸡蛋的营养价值。蛋黄比蛋清的凝固温度高,要到 70℃以上才能缓慢凝固,所以在加热过程中才会出现蛋清凝固、蛋黄还没有凝固的阶段，也就是溏心蛋了。

第二个方面，鸡蛋烹调过程中，必须把细菌和病毒杀死。

溏心蛋被人们担心的主要问题是怕加热温度不够，不能杀灭沙门菌等治病微生物和禽流感病毒。这是因为在 70℃以下的时候，虽然蛋清凝固了，但细菌还不一定已被充分杀灭，除非时间比较长。鸡蛋壳上常常会污染沙门菌，在禽流感病毒流行的季节，也有可能沾上病毒。

我们都知道巴氏杀菌的原理，就是让细菌和病毒的蛋白质发生变性，从而把它们杀死。加热温度越高，细菌和病毒死得越快。如果在 70℃以下加热，沙门菌需要 20 ~ 30 分钟才能被杀灭。假如是 100℃的高温，它就会在几秒钟之内死掉。禽流感病毒在 60℃下也要加热 30 分钟才能保证彻底杀灭，而 100℃下 1 分钟就能被杀死。

如果溏心蛋的加热温度到不了中心温度 72℃（食品工业对"烹熟"的定义），时间又不到半小时，还是有可能让沙门菌和禽流感病毒漏网的。所以吃溏心蛋要格外注意卫生，经过表面杀菌的蛋比较放心一些。

还有人问：那么，蛋壳和蛋清都彻底杀菌了，中间的蛋黄还刚刚凝固，有点嫩嫩的，有危险么？可以吃么？电视上有营养师教我们把鸡蛋煮 8 分钟，然后放入冷水中冷却，蛋黄就是嫩嫩的刚凝固，一点都不噎人。还有营养师提示，可以让鸡蛋在沸水中先大火煮 3 分钟，然后关火，盖上锅盖，让鸡蛋在里面闷十几分钟，这种鸡蛋食用起来安全么？

实际上，如果没有人为操作给蛋黄带来污染，细菌和病毒是很难进入蛋黄的。这是因为生的蛋清中有多种抗菌物质，比如溶菌酶和卵黏蛋白，还有蛋黄膜的保护，没有散黄的蛋黄本身是不至于带来安全风险的。事实上也几乎不曾听说因为吃蛋黄不够老的整煮鸡蛋而发生细菌性食物中毒和病毒感染的例子。

既然鸡蛋已经煮沸了 8 分钟，蛋壳表面和外层蛋白的污染细菌便足够被充分杀灭了，只是传热到蛋黄的速度比较慢。把这样的鸡蛋放在冷水中降温，使蛋黄刚达到 70℃的温度，但得不到足够的热量来凝聚变老，这样就能兼顾外层的杀菌和蛋黄的柔嫩效果。

同样，在煮沸 3 分钟之后，蛋壳表面已经彻底杀菌了。关火后继续闷十几分钟的过程中，水温逐渐下降，但只要能一直保持在 60 ~ 100℃之间，都是细菌无法繁殖的阶段，等于是十几分钟的巴氏杀菌，能够把蛋清中的抗营养物质和病菌充分灭活，所以这种做法也是

一定要充分杀菌！

让人比较放心的。

　　相比于整煮蛋而言，那些没有蒸透的蛋羹，没有煮熟的水泼蛋，蛋黄没有凝固的煎蛋，倒是更加需要注意。因为在打开蛋壳的过程当中，蛋壳表面的细菌有可能污染到蛋液。

　　总之，在蛋壳和蛋清有充分杀菌的前提下，蛋黄嫩嫩地凝固就足够了。这时蛋黄中的营养素几乎没有损失，胆固醇也没有氧化，不妨碍消化吸收率。我个人喜欢刚刚凝固，但还没有变硬变色的蛋黄，吃起来一点都不干，很滋润很鲜美，有蟹黄的口感哦。

　　最后需要提示的是：除了鸡蛋本身，接触鸡蛋本身就是污染来源！

　　蛋壳有很大可能污染致病菌和病毒，所以接触过鸡蛋壳要马上洗手，不能接触餐具和食物。

　　打开的蛋壳不能乱放在案板、台面上，要马上扔进垃圾桶。

　　盛装生鸡蛋的碗要及时洗净，避免生蛋液污染其他食物。

　　鸡蛋煮、煎时尽量不要把蛋黄膜弄破，避免细菌进入。

　　如果可能，购买表面经过杀菌处理的品牌鸡蛋，这样的话吃加热时间短的鸡蛋时更放心一些。

微波烹调，有害还是有利？

2

关于微波炉烹饪对食品营养价值与食品安全的影响，多年来一直谣传不断。虽然科学松鼠会、云无心博士和我已经多次解释，但相信很多朋友仍然相信外面的各种传言。这里就把媒体采访时的各种问题和我的回答贴出来，供尚有疑问的朋友参考。

① 2013 年 4 月，中国家电研究院联合国家食品质量监督检验中心召开了关于"微波炉烹饪对食品安全和营养的影响"的研究成果发布会。在研究报告中，国家食品质检中心提到，微波炉烹饪时间较短，能更多地保留食物中的维生素和矿物质。但报告中显示除维生素 C 和维生素 B_6 保存率方面，微波烹调有优势之外，其他项目上和明火烹饪的差距似乎并不大，果真如此吗？

答：相关研究中所涉及的食物种类比较有限，检测的营养成分也不够全面，不能说明微波烹调比其他烹调方式在保存营养素方面有很大优势，但它能够在一定程度上证明"微波烹调会令营养素损失殆尽"的说法并不成立。无论国内还是国外，几十年来，关于微波加工应用于食品加工和保健成分提取的研究，数不胜数，内容也非常广泛。可以这么说，即便在家里不用微波炉，只要购买加工食品，甚至购买各种保健品，就非常可能吃到经过微波处理的食物。

有关微波烹调对营养素的影响和微波烹调安全性的综述，国内外专家都曾发表过相关论文，可以在专业文献网站上找到。这里就不同营养素的烹调保存率简单解释如下。

——有关矿物质：由于元素不灭定律，除非丢弃一部分食物，或者把溶有矿物质的汤汁弃去，否则矿物质根本不会因为烹调而发生损失，微波烹调也一样不会造成损失。

——有关维生素：有研究比较了肉类经微波烹调后的维生素含量，发现维生素 B_2、烟酸（维生素 PP）和维生素 B_6 的保留率较高；还有研究表明，在达到同样加热效果的情况下，微波烹调对维生素 C 所造成的损失低于煮、炖等加工方法。

——有关蛋白质：微波烹调和其他加热方法一样，都会致使蛋白质变性。但变性和有毒有害、不能消化完全不是一回事。烹"熟"就必须发生蛋白质变性，适度的蛋白质变性有利于消化吸收。不变性的蛋白质基本上是生食物的状态，而且细菌蛋白质不变性就无法杀灭微生物。有报道说含有 8.7% 大豆水溶性提取物的豆奶，经微波处理 4 分钟后，能得到更高的蛋白质化学评分和蛋白质功效评价。但如果不控制好加热功率和时间，长时间的微波加热也可能带来敏感氨基酸的降解、氧化、聚合等情况。其他烹调方法也一样，过度加热都是有害蛋白质营养价值的。关键不是用什么加热，而是加热中蛋白质到底处于多高的温度。

——有关脂肪：经微波处理，脂肪总含量没有明显变化。相比于煮制、清蒸等方法，较高温度的微波处理可引起不饱和脂肪酸的氧化损失，但这种程度并不比油炸油煎更严重。需要提示的是，微波炉不适合加热高脂肪、低水分的食物，因为温度上升得过快容易导致过热。特别是纯的油脂，微波加热甚至可能带来自燃危险。

——有关抗营养因子：蛋白酶抑制剂、淀粉酶抑制剂、凝集素等抗营养因子属于蛋白质类物质，它们在水溶性体系中的灭活情况主要与加热温度相关。如果把含抗营养因素的食材浸泡或分散在足够数量的水中，由于微波加热效率高，与其他加热方法相比，可以在更短的时间内使这些抗营养因子灭活。对于植酸和单宁，微波加热对它们的去除效果也比较好。

——有关抗氧化成分：微波处理后的类黄酮的保存率较高，甚至有报道说经微波灭菌之后的抗氧化活性保留率比其他烹调方法略高一些。研究者还发现，相比于其他加热方法而言，微波处理的芦笋颜色更绿。两项对野菜进行烹调加工的研究都发现，微波烹调时叶绿素损失较其他烹调方式小。例如，苦菜经过微波烹调之后，叶绿素的损失只有 8.2%，而焯烫之后叶绿素的损失达 46.9%。

我的实验室也曾做过关于微波烹调对蔬菜营养尤其植物化学物质，如黄酮类物质、硫苷物质、花青素、辣椒素等的研究，发现微波加热对硫苷类物质和黄酮类物质的保存率非常高，明显高于焯煮方法，和蒸的方法接近；但花青素的保存率略低于蒸的方法。值得一提的是，各个研究中往往因采取的具体烹调条件（如食物量、切割方式、加热时间、温度等）存在差异，食物最后所达到的烹调程度不尽相同，结论之间也就不完全统一。

这里特别需要注意的是，如何去比较营养素在不同烹调方法中的损失。如果同样加热10分钟，那么微波烹调比传统烹调损失大。因为它的加热效率高，升温非常快。但是，如果按照加热到同样温度去比较，由于微波加热用时短，引起的维生素损失就会比较小。同时，传统烹调方法的温度控制较为困难，很难迅速停止加热。比如牛奶沸腾之后，即便立即关火，灶台和锅体余热仍然会继续给食物加热一段时间。然而，用微波炉加热，可以较为迅速地停止加热过程。食品的杀菌工艺中，减少维生素的损失，用的是"高温短时"这个原则。也就是说，缩短加热时间是保存营养成分的关键所在。在这个方面，微波加热有一定优势。

然而，这并不是说微波烹调就十全十美。它不太适合用于水分少而脂肪含量高的食物，以及富含不饱和脂肪酸的食物。我们的测定表明，微波加热之后，鱼类中多不饱和脂肪酸含量的保存率低于蒸煮方法，特别是 ω-3 脂肪酸含量会有下降。国内其他相关研究也证实，微波加热肉类也能引起不饱和脂肪酸含量的降低。但是，微波加热并不是最严重的破坏 ω-3 脂肪酸的烹调方法，因为油炸和油煎方法损失更大。

现有数据总体上表明：在食品加工当中，恰当地用微波来替代传统加热方法，做到烹调时间有效缩短，烹调温度控制严格，那么维生素 C、多种 B 族维生素、类黄酮、叶绿素、硫苷等植物化学物质的损失影响并不会比其他烹调大。事实上，微波处理经常被用在食品中活性成分的工业提取工艺当中。所谓微波加热后就会破坏大量营养成分的说法，从国内外文献来看都缺乏数据支持。即便不能说它比传统烹调方法优越，至少可以说，比煎炸、熏烤的加工方法有利于营养素的保存和食品安全。

② 微波炉加热会有加热不均匀的问题，这是否会导致食物的营养流失？

答：只要是烹调就会有一定的营养损失，但如果微波烹调时间合理，并不会因此造成更大的营养损失。这是因为，微波加热的原理是通过电场的高速变化，让极性分子迅速旋转、运动而产生热量。对于高水分食物如牛奶、豆浆、粥、米饭、面条、水果、蔬菜等来说，食物中最大量的极性分子就是水分子，所以在水分并未蒸干的情况下，微波后食物温度不容易超过 100℃。在家庭当中，微波加热的目标温度通常不超过 100℃，甚至只是把从冰箱里取出来的食物热一下，到 50 ~ 60℃而已。如果达到温度便立刻停止加热，加热的时间既不比传统烹调长，加热的温度也不比传统烹调高，因此谈不上营养素损失的加剧。

在加热和化冻食物的时候，由于食物形状不规则，容易出现加热不均匀的情况，但这并不是微波炉的错误。因为一只整鸡就算放在普通煮锅或蒸锅里，也不可能在短时间内使其加热均匀。人们都知道，用普通锅加热烹调食物时，应当把食物的块切得小一些才能受热均匀；而用微波炉加热的时候，把食物铺成一个扁平的平面最有利于加热均匀。

③ 关于微波烹饪是否会让食物产生致癌物质，有多家媒体提到 2004 年发表的一篇科学综述，介绍了这类致癌物的产生以及致癌性，最后指出：用微波炉加热可以有效降低这类致癌物的产生。请问您是否阅读过相关论文？其中的原理是什么？

答：我没有找到这篇谈致癌物生成的文章（很多专家都试图找到它，但没有成功），但食物在烹调加工中所产生的致癌物，早就有科学定论。传统烹调方法中，烧、烤、炸的烹调温度在 180 ~ 300℃之间。在 200℃以上的烹调温度下，蛋白质类易产生杂环胺类致癌物，脂肪类会产生多环芳烃类致癌物，特别是在 300℃以上时致癌物的产生量很高。富含碳水化合物，同时含少量蛋白质的食物，在 120 ~ 200℃之间会产生丙烯酰胺这种疑似致癌物。

总之，这些致癌物的产生均需要较高的温度，所以严格控制烹调中产生致癌物的关键是降低烹调温度。微波烹调时由于主要以水分子作为导热介质，在含有大量水分的情况下，加热温度不会超过 100℃，更不会达到 180℃以上，而这个温度不产生杂环胺和多环芳烃类致癌物。同时，由于微波加热的高效性，需要达到 70℃的中心温度所需的烹调用时会缩短（按国际惯例，肉的中心温度达到 70℃以上就叫作烹熟）。所以，只要加热不过度，中心温度恰当，反而可能减少致癌物产生的机会。国内外研究也证明了这一点。

唯一的一个例外，就是大米饭烹调时产生丙烯酰胺的数量。有研究发现微波烹调大米饭，其丙烯酰胺产生量是普通饭锅烹调量的数倍。尽管这个数量仍然远低于煎炸食品中的量，也引起了研究者的注意。推测其原因可能是因为大米淀粉粒受热糊化时，由于淀粉粒外包裹物和米粒本身的限制，其热量不能及时传出，从而使局部温度升高，出现"过热"现象。由于我国居民很少用微波炉烹调大米饭，而主要用其加热冷饭冷粥，而这时加热温度低于100℃，且不属于糊化过程，并不会引起过热问题及丙烯酰胺的产生，故无须忧虑。

④ 类似微波炉致癌的谣言年年辟谣，又年年传起，这种谣言会被广为传播的原因是什么？这是否反映了目前国内民众对食品安全的恐慌？

答：个人分析，这种情况，可能表现出以下几个方面的问题。

首先，说明消费者不擅长使用新的烹调工具，往往在使用时出现过热、爆沸等情况，造成不必要的危险和麻烦，比如微波炉内被喷出的食物污染，比如烫伤，比如加热不当使食物口感变差等，从而对微波炉产生反感。实际上，人们热衷于使用各种最新的电器，比如手机更换速度频繁，并不觉得学习一个新系统麻烦。但是，对于烹调工具，人们就没有耐心去学习它的用法，不知道加热时应当注意什么问题，也不去好好阅读说明书。很多人有"君子远庖厨"的思想，认为烹调不重要，不值得花时间学习。同时也说明，生产企业的消费者指导工作做得还很不足，对消费者的合理使用没有尽到指导义务。

其次，这些恐慌体现出大众对新技术存在疑虑，特别是涉及饮食的方面。由于大众的物理、化学、生物学等基础知识不足，中学里学的那点常识基本上都还给了老师，对涉及科技方面的名词，特别是化学名词，往往抱有恐惧心理，对各种谣言"宁可信其有"，缺乏必要的判断鉴别能力。

同时，大部分居民对国外的情况不了解，只要听到有人说"发达国家都不用"，就会产生严重的抵触心理。实际上，微波炉是各国都广泛使用的加热器具，无论是在各种保健品的生产中、学校食堂、餐馆酒店还是家庭生活当中，都是如此。只要出国的时候去当地居民家里和学校餐厅里看看就知道了。

⑤ 一些微波炉生产厂家在推出新产品时，特别注明某些型号的微波炉"辐射更低""对孕妇和小孩更安全"，言下之意，就是其他型号的微波炉有较高的辐射，在您看来，这是否在某种程度上助长了谣言的传播？

答：我不赞成这些说法。在某种程度上这是厂家在谣言压力之下努力扩大销售的一种做法，但是它客观上迎合了谣言，甚至会助长谣言。厂家真正需要做的事情是提供经费支持，联合全国的科普工作者一起破除谣言。很遗憾的是，民间科普人士们一直在尽力辟谣，而微波炉生产企业们自身却对这些公益活动毫无支持，甚至在某种程度上还起到反作用。

我在"健康因素对消费者选择的影响"方面做了几年的粗浅研究，非常遗憾地发现，我国大大小小的企业，包括上市公司和国企，在应对谣言危机方面能力都极为低下，严重

PART4 | 厨房里的安全烹调

191

缺乏联合研究机构对消费选择障碍进行系统研究的意识，也没有耐心进行广泛的消费者指导，甚至有的企业在商战中互相造谣，不惜毁掉行业共同的市场。如果这方面的意识和觉悟不提高，没有相关研究支持和各种预案，没有行业自律精神，那么"一个谣言打击一个行业，一个谣言毁掉一个企业"的情况，还将一再发生。

⑥ 有报道说婴儿食品是禁止用微波炉加热的，血浆也是不能用微波炉化冻的，所以微波炉加热食品有害健康，是吗？

答：的确，婴儿奶粉、婴儿辅食之类不适合用微波炉加热，但这些产品能够用其他方式加热吗？也不行。婴儿配方食品不能随便用烤箱烤，也不能用炒锅炒。它只能用热水隔水加热。这是为了避免加热不均匀带来的营养素损失，避免高温产生任何有害物质，因为婴儿对营养素的需求是非常严格的，身体的解毒能力也远未发育完全。

因为婴儿食品不能用微波炉加热，就判定成年人也不能用微波炉烹调，就好比因为婴儿不能吃烤肉，就判定成年人不能吃烤肉一样，是不合逻辑的。

血浆不能用微波炉化冻，当然也不能成为微波炉有害的理由——难道要给人输入体内的血浆，能够用普通的锅来煮着化冻吗？能够用烤箱烤着化冻吗？既然这并不能证明锅和烤箱有害，为何就能证明微波炉有害呢？

⑦ 微波炉到底适合用来加热什么样的食品呢？

答：微波炉最适合加热水分含量很高而没有固定形状的食物，如豆浆、牛奶、粥、汤等，此时加热不均匀的问题不明显。只要水分够多，最终的温度不过高，就不会产生致癌物。

不过，即便是高水分食品，微波加热时间也不能过长。加热过度，一则浪费能源；二则加热之后很长时间不能吃，要等它凉下来，浪费时间；三则可能带来一些意外伤害，比如取出加热食品时发生烫伤；四则可能因为加热食物溢出，把微波炉里面弄得很脏，比如粥、汤之类容易发生这种情况。买来微波炉之后，要多试试，看看一碗粥、一杯奶到底用某个火力加热多长时间才正好温度合适，大概加热到稍高于 60℃（手碰着觉得烫，但立刻缩回去就不会烫坏）就可以了。

有些不会出泡沫、不会溢出、水分又特别多没有蒸干危险的食品，可以用微波炉来煮，比如煮苹果汤、蔬菜汤、姜汤等。烤土豆、烤甘薯等时间过长则可能中心变干，最好选择程序中的烤制功能，用微波加热几分钟，把中心部分温度升高，然后自动切换为红外烤制，让外皮变干并发出香气。煮米饭、煮面条之类一般也有固定程序，如果没有，则自己需要反复试验几次，找到合适的时间和火力组合。

微波炉用来蒸食物是个非常好的选择。只要把食物放在有盖的容器中，或者用耐热保鲜膜包好，最好再加一点点水，它就可以用微波炉来蒸。不仅可以用来蒸甘薯、土豆、南瓜等，蒸蛋羹、蒸鱼也很方便。现在很多新式微波炉都有蒸制食物的功能，只要按动相关按键就可以搞定了。

⑧ **什么食品肯定不适合用微波炉加热？**

答：有膜（如鸡蛋黄）或有外壳的食物不宜微波加热，容易爆出。很多人曾经把鸡蛋放入微波炉，结果是把微波炉内壁全部污染，惨不忍睹。如果急忙打开炉门，结果可能是鸡蛋在眼前爆开……那种恐怖场景真是不敢想象。

为什么鸡蛋即便打开蛋壳之后还是不能用微波炉加热呢？因为鸡蛋的蛋黄是有一层膜的。蛋黄水分含量较低，在受到微波加热之后，温度飞快上升，产生大量蒸汽。但是这些蒸汽却被蛋黄膜所包裹无法散开，蒸汽积累的结果，就是把蛋黄膜冲破，蛋黄到处迸溅。如果再有蛋壳的包裹，那蛋黄和蛋清中所产生的蒸汽就又要冲开障碍，结果是让微波炉受到严重污染。微波煎鸡蛋并非不可，只是需要把蛋打在平盘上，再用牙签在蛋黄膜上多扎几个孔，大概微波加热 40 秒钟左右就可以了（因每个微波炉功率不同，合适的加热时间需要自己摸索）。

凡是脂肪含量高而水分含量低的食物，用微波炉加热时也要非常小心。比如说，奶酪、坚果、五花肉等，都属于高脂肪、低水分食品。因为水分少，同样能量的微波加热后，温度就上升得特别快，很容易焦煳或炸开。此外，鱼干、肉干等水分含量太低，微波加热时非常容易焦煳，产生致癌物。所以这些食品用微波炉加热时要非常小心，严控时间，最好换成其他加热方式。

⑨ **微波炉适合用什么容器加热？我带饭通常用塑料盒，长期用微波炉加热塑料盒，其中的有毒物质会不会释放出来？**

答：微波炉可以使用的容器包括陶瓷、玻璃和塑料三类。日常吃饭使用的瓷制碗盘，以及用来煲汤的陶瓷锅，都可以用微波炉加热。至于塑料，一定要能够耐受 100℃温度的无毒塑料才好，最好是专用的微波炉塑料餐具。外面买来的普通食品塑料袋不要放在微波

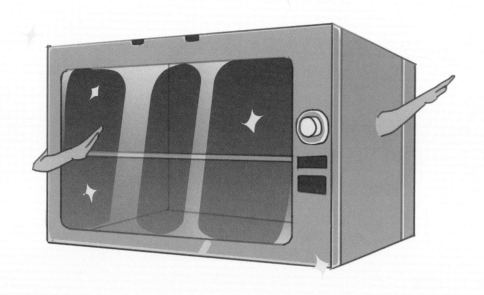

炉中加热。餐馆中用来打包的塑料盒也要仔细看看，上面写着能够用于微波炉加热的才能放进去，否则就不能。

如果对自己用的塑料饭盒的耐热性不太自信，也不必担心。只需带一两个瓷质的或玻璃的饭碗，然后把从家里带来的食物从塑料盒转移到瓷碗或玻璃碗里，再放进微波炉加热就可以了。

需要记住的安全要点是，微波炉里绝对不能放入任何含金属材料的器皿或餐具。有些瓷杯子或磁盘上面有描金花纹，这些也是不能放入微波炉的。否则你会看到微波炉中火光闪闪，然后这些美丽的花纹就全部毁掉了。另外需要注意的是，纸质的盒子也不能用于微波加热，否则有可能过热，甚至着火。

总之，微波炉虽然是个好东西，但一定要使用得法，才能给我们带来方便和健康。微波炉、冰箱、燃气灶、抽油烟机、电压力锅等正确使用的知识，都是现代家庭厨房必须了解的生活常识。如果自己不看说明，应用不当，出了问题甚至发生烫伤，可不能怪到机器头上哦。

麻辣烫的十大危险再分析。

3

在街边吃麻辣烫的危险有多大？不妨看看这些传言是否真的那么可怕，在其他餐饮摊中是否也同时存在。

传言 1：食品原料不新鲜，或者经过处理，如甲醛处理可以改善水产品、动物血、豆腐等食品的质地。

无论加甲醛、加明矾还是加硼砂，这些"改善质地"的做法都是违法的。不吃麻辣烫，这种危险就不存在了么？吃涮锅或其他餐馆食物的时候一样有这种风险。消费者需要做的是了解天然食物的口感特性，而不要一味追求"弹牙"和"筋道"的质地。

传言 2：油脂不新鲜，使用反复加热后的油，或者检验指标不达标的油。

吃餐馆中的炒菜，吃油炸食品，其中的油经过反复加热，是餐饮废油的源头。相比之下，麻辣烫不需要油炒，它本身的加热过程不超过水的沸点，只要严格控制烹调油的来源，就可以避免这些问题。特别提醒一点，吃各种面点和小吃，如果不能监管到位，其中所用的油也同样可能有质量隐患。

传言 3：调味品不合格，如使用化学水解酱油、配制醋等。

这种问题，各种小餐馆和大排档都不同程度地存在，不仅限于麻辣烫摊位。由于这些摊点的价格较低，为了扩大利润空间，选用廉价低质量调味品在所难免。

传言 4：烫菜水反复使用，其中可能积累有害物质。

这个问题客观存在，随着烫菜时间的延长，亚硝酸盐和草酸的含量会不断上升，还可能积累亚硝胺类致癌物。因此餐饮摊点的涮菜水应当定期更换。家庭制作麻辣烫时烫菜水只用一次，因此没有这种隐患。

细菌的完美聚集地！

传言 5：盐味过重，味精过多，肉类香精的味道过重。
不适合需要控制盐分的高血压、心脏病、肾病患者。

调料的多少可以控制。生产者通常倾向于添加较重的
味道，以便吸引消费者，并掩盖原料不够优质带来的鲜味
不足的问题。但是消费者完全可以自己控制，要求少加一
些。这个问题也不是麻辣烫所独有的，是各档次餐饮业的
普遍问题。

传言 6：辣味过重，则不适合呼吸道疾病、消化道疾病和各种慢性疾病患者。

这方面不是麻辣烫的错。如果吃水煮鱼、香辣蟹、红油火锅之类，辣味都很重。烫菜
水中应当少加点盐和辣椒，调料的咸淡程度和辣味程度应当由消费者做主。

传言 7：如果喜欢在温度很高的时候食用，则对消化道黏膜有伤害。

消费者可以自己选择凉一下再吃。因为麻辣烫的调料本身是凉的，盘子散热也快，烫
伤黏膜的事情完全可以避免。相比之下过桥米线、水煮肉片之类用油保温的菜肴更危险。

传言 8：加热时间不足，可能存在病菌存活的隐患。

这不是麻辣烫的主要缺点。吃凉拌菜也一样有病菌和寄生虫的隐患。关键在于，一定
要洗干净，加热充分。这个问题在室外大排档吃凉拌菜时最需要小心，因为按卫生要求凉
菜做好后必须放在冷藏室中，不能放在室温下。

传言 9：食物容器不够清洁，未充分消毒；一次性筷子、餐巾纸的卫生不合格。

这个问题在路边饮食摊点中普遍存在，不只是麻辣烫。此外，大多数食客似乎也没有
洗手之后再取餐具吃饭的习惯。有关部门应当经常抽查，做好餐饮卫生管理；食客们也应
当自己搞好个人卫生。

传言 10：有可能在调味料里面加入其他成分，比如抗腹泻药物……

媒体曾经报道，有些经营者对自己的食物原料不够自信，或者对操作中的卫生品质管
理不严，为了避免食客腹泻，居然在汤里放入药物。其实，这些问题不仅在麻辣烫当中可
能存在，在其他餐饮食品中一样可能存在，全凭经营者的良心了。那么，又何必经常照顾
那些无照摊贩的生意呢？如果真是担心，就老老实实地在家吃饭吧！

烤制鱼肉会产生致癌物吗？

4

常有网友提问说：我家烤鸡翅、烤鱼都要用到烤箱，温度 180 ~ 200℃。空气炸锅和电饼铛也都很热。用这些高温烹调方式来烹调肉类，会不会产生致癌物？

如果你把烤箱的温度调到 180℃，那么其中热空气的温度就是 180℃。但是，热空气只接触到食物的表面，并不能深入到内部。所以实际上食物的内部温度要低得多。

蛋白质变性的温度通常是 60 ~ 70℃，这个温度已经可以使肉类食物不再有红色。因为肌红蛋白变性，红色的血红素变成褐色的高铁血红素，红色的牛羊肉类变成淡褐色，颜色较浅的鸡肉变成白色。这时候，就是俗话说的"熟了"。

按照食品加工的标准，能达到食物中心部位 72℃的时候，食物就算是熟了，不需要更高的温度。按照食品安全的要求，加热剩饭剩菜时，能保证食物中心部位 72℃的时候，食物就算是得到充分加热了。

天然鱼肉食物富含水分，本身热容量大，升温比较慢。而烤制肉类的时候，表面的蛋白质受到高温的作用，会首先变性凝固。这是一个吸热的过程。当鱼肉表面达到 100℃时，表面的水分就会蒸发，也会带走热量，避免内部进一步升温。

随着表面水分的蒸发，食物的外层水分少，中心部分水分多，形成了一个水分梯度，那么食物中心的水分就会向外移动。但是，因为食物表面已经凝固、变干，会形成一个硬壳结构，就像面包皮，或者烤肉表面的较硬部分。这个硬壳会减慢传热速度，同时封住了里面的水分，让中心部分不容易变干。

所以，当表面温度达到 100℃时，中心温度还远达不到 72℃。等到中间部分达到差不多 72℃的时候，赶紧把烤肉取出来，看到的就是外焦里嫩的效果了。

有些朋友可能会问：我怎么知道食物中心的温度不会过高呢？别忘记，水的沸点是 100℃。如果食物中心温度真的达到 180℃，哪里还会剩下水分？早就蒸发了。水分都没了，鸡肉的中心部分也就是硬邦邦的了。

不过，外焦里嫩的效果，只能说明中心部分不产生致癌物，而无法保证表层部分的安全。只要温度超过 120℃，就会产生丙烯酰胺类物质（一种疑似致癌物，但毒性不高）；到了 200℃，含蛋白质的食物就会产生杂环胺类致癌物。对含有脂肪的食物来说，继续升高温度，还会产生苯并芘等多环芳烃类致癌物。

由于烤箱是控温加热的，只要你调节温度不超过 200℃，表面也没有焦煳，那么产生的杂环胺类和多环芳烃类致癌物微乎其微。几十年前就有测定发现，烤箱烤制羊肉串的苯并芘含量，只有炭火烤制羊肉串的十几分之一到几十分之一。

比明火好哦！

　　对没有经验的烹调者来说，最好是用能够定时控温的程序来烤制食物。中高档的小烤箱、空气炸锅和电饼铛都有烤鸡翅的程序或方案，只要按说明书操作，合理设置参数，在烤制的时候就能保证不会过热，自然也就没有杂环胺和多环芳烃类致癌物的麻烦。关键是这些小家电能够自动断电，也不会因为你没有在厨房守着它而发生焦煳。这一点特别重要。

　　不过，丙烯酰胺这种物质，比较难以避免。它是美拉德反应的副产物，在 120℃以上就会产生，而且和色泽、香气等有密切关系。如果你觉得鸡翅香气扑鼻，颜色红褐，那么表面部分肯定会有比较强的美拉德反应。幸好这种物质毒性不高，许可摄入量非常大，吃几片烤肉或几个烤鸡翅，是不至于超标的。相比而言，薯条薯片和带面包屑的煎炸食品之类更需要担心（对这个问题感兴趣的朋友，可以查询本书中有关丙烯酰胺的文章）。

　　在烤箱烤制时，常常推荐用锡箔纸包裹肉类。锡箔纸和肉之间会形成少量空隙，烤制过程中，由于表面水分蒸发，空隙中会充满热蒸汽，而这些蒸汽由于锡箔纸的包裹，散发速度较慢，这就保护了肉的外表面水分不会过度散失。所以，有锡箔纸包裹的烤制，实际上是连蒸带烤，温度不容易过度上升，也能减少有害物质的产生。

　　在使用电饼铛或空气炸锅烤制时，假如你按照产品说明书上建议的程序和时间来操作，那么烤出的颜色是恰到好处的黄色，味道香浓，内部柔嫩，表面不会达到深褐色的程度，内部也不会发黄发褐。这样至少能够保证丙烯酰胺的含量不会过高。

　　相比于烤箱和电饼铛之类控温烤制电器而言，我们更需要担心的是明火、炭火烤制的肉类。这些方法无法控制温度，更无法避免局部过热，所以不可避免地会产生多种致癌物。

美味烹调制造出来的健康隐患。

5

媒体上曾有这样一条信息：某些国际大牌食品被指有害物质超标，甚至包括婴幼儿食品和早餐麦片食品。这条消息让很多孩子妈妈十分紧张，因为这里所说的致癌物丙烯酰胺虽然不属于高毒物质，但它属于人类的可能致癌物，人们担心长期大量摄入有可能增加一些癌症（如肠癌等）的患病风险，因为它能够和人体的 DNA 成分发生反应。还有一些喝咖啡的朋友感觉不爽，因为咖啡和饼干这些上下午茶和加餐中的常规食品，也都被证实具有相当高的丙烯酰胺含量。

其实这个丙烯酰胺并不是什么罕见的东西，它几乎在所有高温烹调的含淀粉食物当中都存在，存在了千万年了。丙烯酰胺这种东西在工业中也有广泛的应用，在化学实验室也常见踪迹。做生物化学实验的丙烯酰胺凝胶电泳时，老师还忠告说，丙烯酰胺具有神经毒性。

很多年以来，人们一直坚信，淀粉类食物高温加热不会有任何不良物质产生，甚至焦煳之后还有利于消化。比如说，人们吃烤煳的馒头片来治疗胃病，吃烤焦的麦芽来治疗消化不良。不过，就在 2003 年，瑞典科学家发现，高温加热的淀粉类食物会产生丙烯酰胺，而且数量还不少。

这个发现相当轰动，在短短的十多年中，国际上已经有了几千个食品中丙烯酰胺的测定数据，而且大致弄明白了这个东西到底是从哪里来的——它是含蛋白质食品和含淀粉类食品中的某些氨基酸和糖类在高温下发生复杂反应的结果，和美拉德反应密切相关。在食品加工之前，根本没有这种东西存在；只有在加热之后，才会产生大量的丙烯酰胺。

毒物是怎么来的？

按研究的结果，丙烯酰胺有几个主要来源途径（对化学了解得不多的朋友可以忽略这一部分）。

首先是直接从氨基酸生成丙烯酰胺。比如，天冬酰胺（Asn）在受热之后，脱掉一个 CO_2 和一个 NH_3，即可转化为丙烯酰胺。凡是富含天冬酰胺的食物，都非常容易产生丙烯酰胺。比如土豆、麦类、玉米等都是富含天冬酰胺的食材。

第二个途径，是氨基酸和淀粉类食物中的微量小分子糖在加热条件下发生美拉德反应，生成丙烯酰胺。在食品中，只要是含淀粉的食品，一般都会同时含有一些蛋白质，比如所有的主食、所有的薯类、所有的淀粉豆类。不过，各种氨基酸合成丙烯酰胺的能力有所不同。其中还是以天冬酰胺独占鳌头，其次是谷氨酰胺（Gln），再次是蛋氨酸（Met）和丙氨酸（Ala）等。淀粉倒是不产生丙烯酰胺，但是淀粉分解产生的糖会产生丙烯酰胺，葡萄糖最有效，后面依次是果糖、乳糖和蔗糖。

第三个途径，是脂肪和糖降解形成丙烯醛，然后和氨基酸分解产生的氨结合，形成丙烯酰胺。凡是油炸食品，都会发生油脂热氧化反应，而反应产物之一就是丙烯醛，它是一种挥发性小分子物质，和油烟的味道有密切关系。油炸食品特别容易产生丙烯酰胺，这是理由之一。此外，蛋白质氨基酸分解也能产生少量的醛类，其中包括丙烯醛。

食物越香颜色越重，毒物含量越高？

一般来说，丙烯酰胺的产量，和食物中美拉德反应的程度呈现正相关。同一种含淀粉食物，经过热烹调之后颜色越深重，香味越浓郁，丙烯酰胺的产量也会越高。

而且人们发现，丙烯酰胺产生的最佳条件，和美拉德反应几乎完全一致。比如说，这个反应在 130 ~ 180℃ 之间最容易发生，120℃ 以下丙烯酰胺产量非常少，160℃ 以上产量快速增加，而 160℃ 正好是人们日常炒菜和油炸的起点温度。

美拉德反应是烹调中最受人们喜爱的一种反应。它让食物产生美妙的香气和诱人的颜色。人们把白色的面包坯和蛋糕坯放入烤箱，烤成时就有了红褐色的颜色和浓浓的香气，而这颜色和味道全赖美拉德反应所赐。烤千层饼、炸油条、炸麻花、烤饼干、炸薯片等食品，如果没有了这个反应，就不会有表皮颜色的改变，也没有了香味，那还会有谁想吃它呢？虽然这个反应会减少食品里的必需氨基酸含量，特别是消耗掉不少赖氨酸，但为了美味，人们也毫不可惜。不过，减少点氨基酸人们能承受，一听说能生成疑似致癌物丙烯酰胺，人们还是会有点担心。

在问题食品当中，速溶咖啡含高量丙烯酰胺的消息并没有引起很大关注。其实经过烤制的咖啡本来就不是个绝对安全的食品，其中不仅有丙烯酰胺，还有微量的苯并芘，而苯并芘的毒性高于丙烯酰胺。鉴于人们实在喜欢喝咖啡，而且咖啡不可能论千克进食，每天也就几克的量，它实际带来的丙烯酰胺摄入量并不算高。

相比之下，饼干的数据引起了更大的关注。英国食物标准局的检测证明，某知名品牌儿童手指饼干中的丙烯酰胺含量达到 598 μg/kg，而某种姜汁饼干甚至达到 1573 μg/kg。妈妈们非常关心，幼小的孩子，解毒能力远不如成年人，宝宝的身体能处理得了这么多有害物质吗？

少吃这种毒物的对策

那么，到底哪些食品中丙烯酰胺含量最高，怎么吃才能减少和它接触的机会呢？

先说说哪些食品中的丙烯酰胺含量最高。国内外测定表明，最容易发生丙烯酰胺超标的食品是各种油炸的薯类食品，如炸薯片、炸薯条、炸土豆丝、炸甘薯片等，还有油炸面食品，如油条、油饼、薄脆、排叉、馓子等，以及焙烤食品，如饼干、曲奇、薄脆饼、小点心等。

不过，即便不是这些专门制作的油炸、焙烤食品，淀粉食物在日常烹调中也有机会产生丙烯酰胺。比如说，如果把馒头做成油炸馒头片和油煎馒头片，摄入的丙烯酰胺就会大大增加；又比如说，把米饭底做成锅巴，就比米饭的丙烯酰胺含量高；吃烤得很香的油酥烧饼，也会比普通发面饼或大饼的丙烯酰胺含量高。

还有研究发现，用微波炉来烹调米饭（烹调时间较长），会大大增加其中的丙烯酰胺含量，尽管含量仍然不算高，和煎炸食品还有很大差距，但也引起

丙烯酰胺

了不少人对微波炉的担心。其中的可能原因是，米粒是一个"包裹"得很严实的颗粒，和蛋黄的情况类似。微波加热的时候，米粒内部的热难以散出，可能造成米粒中心部分出现过热情况，超过 120℃，从而增加丙烯酰胺的生成量。有研究表明，微波加热时，只要把功率调低一些，在加热达到目标的时候，产生的丙烯酰胺数量并不多，甚至因为加热时间缩短，微波炉烹调爆米花所产生的丙烯酰胺量还略低于普通锅处理时。不过日常使用微波炉无须担心，因为热剩饭剩菜时，只需一两分钟的短时间微波加热，而且最终温度只有60 ~ 80℃（热剩饭剩菜到这种程度就可以了），不会带来丙烯酰胺大量增加的问题。

总的来说，要想远离这种物质，只要遵循以下一些饮食原则就行了。

①主食烹调中尽量采取蒸、煮、炖的方法，少用煎、炸、烤的方法。

②尽量少吃各种油炸食品，比如油条、油饼、馓子、麻花、排叉、炸糕、麻团等，炸蔬菜丸子、炸肉味淀粉丸子、裹面糊的炸鱼、炸虾等也要少吃，因为淀粉和油脂再加上蛋白质，在油炸温度下非常容易产生大量的丙烯酰胺。

③尽量少吃烤制、煎炸、膨化的薯类制品，如炸薯片、炸薯条、炸土豆丝、烤马铃薯片、炸甘薯片等。

④如果要进行煎、炸、烤，尽量把块儿切大点，片儿切厚点，不要太薄。

⑤烤馒头片、面包片不要烤到焦黄的程度，淡黄色就要拿出来吃掉。

⑥ 对于饼干等用面粉制作的零食来说，颜色越深，丙烯酰胺含量越高，宜少吃。

⑦少吃颜色变深的香脆膨化食品，哪怕是非油炸加工品。

⑧不要给幼儿过早吃各种饼干，早餐谷物脆片也要小心，更不要吃薯片和任何煎炸食品，包括炸虾、炸排骨、炸肉块、炸蔬菜、炸面食等。购买婴儿用焙烤食品的时候，尽量选择颜色浅的产品。

⑨微波炉加热淀粉类食物时，注意把火力调低一点，在保证食物达到可食状态的前提下，时间尽量缩短。这样不仅丙烯酰胺产生量少，对保存营养也是最理想的。

其实，食物会带来丙烯酰胺，只是人们值得注意的一个问题，并不是饮食中健康隐患的全部。油炸所产生的麻烦，以及精制糖和大量盐所带来的健康害处，要比微量的丙烯酰胺更让人担心。丙烯酰胺的发现，只是给了我们更多的理由坚持不吃煎炸主食，少吃各种甜点饼干，不要过度追求口感。坚持这样的原则，能保护我们的身体少受伤害。

黑糖中的毒物：越暗黑，越危险？

6

2015 年，我国台湾地区爆出一个大新闻——说到美容界特别推崇的"黑糖"（就是颜色比较深一些的红糖）中含有大量致癌物。一时这个消息闹得沸沸扬扬，很多热爱黑糖水、黑糖饼干、黑糖曲奇、黑糖蛋糕，以为这样就能美容养颜的女性们，都一时没了主意。

这黑糖当中，到底有什么致癌物呢？我一听就明白了，肯定是丙烯酰胺。这东西的一个特点，就是与食品在烹调加工之后颜色变深有密切关系。

果然，打开相关信息一看，说到台湾某杂志测试了 19 个黑糖相关产品，发现所有样品中均含有丙烯酰胺，其中 7 个样品超过了 $1000\mu g/kg$，最高的一个号称"传统制作"的黑糖样品达到令人咋舌的 $2740\mu g/kg$。为什么说这个含量令人震惊？因为以往的食品测定中，很少有样品会超过炸薯片中的丙烯酰胺含量（按香港的测定数值，约为 $680\mu g/kg$），而这个台湾黑糖样品居然达到薯片含量的 4 倍多！

动物试验表明，丙烯酰胺具有潜在的神经毒性、遗传毒性和致癌性。不过，目前对人类的研究中尚未确认丙烯酰胺的摄入量、相关生化标志物水平与多种癌症风险之间的关联，因此，还不能说只要摄入丙烯酰胺，就一定会增加人类的致癌危险。但是，毕竟这种物质属于疑似致癌物，比较明智的态度，是在日常生活中注意控制丙烯酰胺的摄入量。

很多人不理解，为什么农家按传统方式制作的黑糖，却含有那么高水平的丙烯酰胺呢？这就要从这种物质的来源说起了。上一篇文章中说到，这种有毒物质是食物发生美拉德反应时的一个副产物，而这个美拉德反应是食物加工烹调产生香气和深浓颜色的关键所在。

只要食物中同时含有碳水化合物（淀粉、糖）或脂肪，以及蛋白质（氨基酸或氨基酸降解产生的胺类），那么无论是煎、烤、红烧、油炸等烹调操作，还是食品加工时的加温处理，都可能会发生这个美拉德反应。绝大多数食品都或多或少地含有这些成分，所以只要加温到一定程度，都容易发生这个反应，肉眼所见的效果，就是食物的颜色会变深。反过来说，食物在加热中颜色变得越深，通常美拉德反应就越厉害，那么产生的丙烯酰胺也会越多。

　　在传统民间的手工制糖工艺中，会把甘蔗碾碎取汁，然后长时间地熬煮糖汁。这个熬煮过程，会不断让糖汁浓缩，糖汁的颜色逐渐变红，乃至变黑，而且散发出浓浓的香气。很多地方传统特产的"土糖"都有颜色重、味道香的特点，而这种令人陶醉的特殊香气，这种很深的颜色，正是美拉德反应强烈发生的结果。

　　（说到这里很想再唠叨一句，古人没有食品安全风险评估机制，也没有有害物质测定方法。很多自古传承的传统工艺做出来的食品，并不如想象中那么安全。）

酌量食用啊！

　　相比而言，机械化生产制作白糖的过程中，在加热糖汁的时候会加入澄清剂，主要是钙盐，还要加用来漂白的二氧化硫，它们都会抑制美拉德反应的发生。而且，在制作白糖的过程中，要尽可能除去甘蔗汁中的蛋白质等蔗糖以外的成分，而去掉了这些成分就会减少参与美拉德反应的反应物，因此制糖过程中就不会有那么多丙烯酰胺产生。不过，去掉了包括蛋白质在内的"杂质"，糖的营养价值就更差了；减轻了美拉德反应，就没有美妙的香气和深重的颜色产生了。

　　和含有少量钙、铁及其他微量元素的红糖相比，白糖（包括绵白糖、白砂糖、冰糖等）的微量营养成分少到可以忽略不计，甚至被列入"垃圾食品"的范畴当中。它固然没有高水平丙烯酰胺的问题，但却是世界上较令人担心的饮食健康隐患之一。大量研究肯定了摄入过多白糖有害健康，所以，它肯定不是黑糖、红糖之类食物的替代选择。

　　世界卫生组织也在 2015 年发出忠告，劝人们每天把膳食中的糖添加量最好限制在 25g 以下，最多不能超过 50g。这个限制当中，不仅包括白糖，也包括了红糖。按照世界卫生组织（WHO）的食物污染物工作报告（WHO technique report series 959）中确认的丙烯酰胺摄入量界限值，是 180μg/kg（体重）。按这个数值，一个体重 50kg 的女性，每天丙烯酰胺的安全摄入量是 9000μg。显而易见，如果喝一杯 200g 的黑糖水，按 10% 的糖计算，黑糖的量为 20g，摄入的丙烯酰胺数量为 548μg，距离 9000μg 的限量还有很大的距离，无须恐慌。

　　不过，考虑到食物中还有那么多丙烯酰胺的摄入来源，人们也绝对不能因此舒一口气，认为红糖可以无限量地享用。常见的丙烯酰胺食物来源，包括焙烤食品、油炸食品、煎烤食品、膨化食品等，也包括日常炒菜红烧等烹调方法。新鲜蔬菜水果本来含丙烯酰胺的量微乎其微，但经过煎炒油炸，含量就明显上升了。比如说，土豆泥的烹调方法产生丙烯酰胺很少，但油炸成薯片之后就上升到原来的 47 倍。某些蔬菜和坚果在加热烤香后所产生的丙烯酰胺也不可忽视。

　　总之，红糖水尽管没有那么神奇的保健效果，但也并不是毒药，仅仅一杯红糖水也不会造成丙烯酰胺摄入过量。如果想吃点加红糖的甜食，那就更有理由提醒自己要远离煎炸食物、饼干蛋糕、锅巴薯片之类的零食，烹调温度适当降低。如果能够做到这些，不仅不会带来害处，也许还更有利于营养平衡。

炒蔬菜和炸薯片一样有害吗？

7

在 2013 年，很多媒体上惊现"炒蔬菜产生致癌物"的报道，而新闻消息的来源，就是香港食物安全中心发表的《首个总膳食研究报告》。很多人问：炒蔬菜真的那么危险吗？

2013 年香港食物安全中心的相关报告提示，香港人每日膳食中平均摄入丙烯酰胺为 0.21 ~ 0.54μg/kg（体重），暴露限值在 334 ~ 1459μg 之间；而内地居民平均每日丙烯酰胺平均摄入为 0.286 ~ 0.49μg/kg（体重），暴露限值在 367~ 1069 μg 之间。这个数值已经超过了世界卫生组织所提出的 0.18μg/kg（体重）。这是因为国人喜欢吃炒菜，也喜欢吃各种油煎、油炸、炭烤、焙烤的食物，烹调中所产生的丙烯酰胺数量较大。

报告称，该中心于 2010 ~ 2011 年间，共收集了 133 种食物样本，包括肉类、蔬菜、豆类及麦制品等。结果发现 47% 的食物含有疑似致癌的丙烯酰胺，其中零食类含量最高，平均达到 680μg/kg，其次是蔬菜及其制品，平均为 53μg/kg。

该中心又将 22 种蔬菜样本送到实验室，将它们分别用 1200W 和 1600W 的电磁炉不加食油干炒，时间为 3 分钟和 6 分钟。发现无论干烤还是油炒，炒菜时间越长、温度越高，蔬菜释放出的丙烯酰胺就越多。其中西葫芦高温加热后释放出的丙烯酰胺最多，平均为 360μg/kg，仅低于零食类的薯片 (680μg/kg) 和炸薯条 (390μg/kg)。大蒜、洋葱以 200μg/kg 和 150μg/kg 位列第二名和第三名。此外，空心菜 (140μg/kg)、灯笼椒 (140μg/kg)、茄子 (77μg/kg)、芥蓝 (61μg/kg)、丝瓜 (60μg/kg)、西芹 (54μg/kg)、芥菜 (52μg/kg) 均进入前 10 名。生菜、菠菜、苋菜在炒制后，释放出的丙烯酰胺较少，平均为低于 10μg/kg。

烹调后颜色越深，丙烯酰胺越多

其实，蔬菜致癌的说法并不是第一次出现在公众场合。20 世纪 90 年代初看了一些日本科普书，说到日本研究者曾做过不同蔬菜烹调方式的比较实验和动物实验。发现蔬菜生吃、蒸、煮等烹调方式可以发挥其抑制癌症发生的作用，但是过热焦煳的蔬菜反而有促癌作用。道理就是这样，虽然新鲜蔬菜富含有利于防癌的成分，包括多种维生素、多酚类物质，但无论是鱼肉还是蔬菜，过高温度烹调必然产生致癌物质。

在香港这项研究中，蔬菜经过了干烤或油炒，直到颜色发黄。此时，蔬菜已经受到 120℃以上的高温，发生了美拉德反应。

前面已经说到，所谓"美拉德反应"，是烹调中与美味和美色形成有关的一个重要反应。简单来说，含有碳水化合物和氨基酸的食物，经过 120℃以上高温烹制后很容易发生此反应，温度升高到 170℃时这个反应最强。这个反应能让食物颜色发黄发褐，同时释放出诱人的香气。比如说红烧肉、烤鸭、烤面包、烙饼……各种烹调后颜色变深发褐的处理，几乎都促进美拉德反应。

丙烯酰胺是这个反应的一个副产物，它本身和香气并无关系，也没有颜色，但一般来说，食物加热后的颜色如果变深，那么丙烯酰胺的产生量也随之上升。比如说，对于饼干、面包、油炸食品来说，成品的颜色越深，其中的丙烯酰胺含量也会越高，如褐色面包皮中丙烯酰胺的含量就远远超过其在白色面包芯中的含量。所以很多人为了口腹之欲，专门选择吃深黄色的焙烤食品和油炸食品，而不在乎丙烯酰胺的风险。

食物成分不同，丙烯酰胺"潜力"不同

因为食物中的成分不一样，烹调条件不一样，不同的食物产生丙烯酰胺的"潜力"也不一样。虽然各种氨基酸都能发生美拉德反应，但是不同的氨基酸反应后所产生的丙烯酰胺含量却有所不同。比如说，天冬酰胺是最容易产生丙烯酰胺的氨基酸，谷氨酰胺等也是重要材料，而赖氨酸、半胱氨酸和甘氨酸数量较大的时候，有消除丙烯酰胺的效果。同时，小分子糖类和油脂在高温下发生分解产生的丙烯醛或丙烯酸，也能和氨基酸分解产生的氨反应形成丙烯酰胺。

一般来说，同时含有较多淀粉或小分子糖，以及蛋白质氨基酸的食品，特别是天冬氨酸含量丰富的食品，比如土豆、面粉、玉米等，产生丙烯酰胺的风险较大。土豆的成分本身就特别合适，再加上油炸的温度正好是 160 ～ 170℃，所以薯片是经典的高丙烯酰胺食品。即便是非油炸的薯片，因为烤制温度通常在 160 ～ 200℃，也覆盖了产生丙烯酰胺的最佳温度范围，所以照样会产生大量的丙烯酰胺。

烹调条件和丙烯酰胺

说到这里，我们就明白了，在不改变蔬菜成分的前提下，要想控制丙烯酰胺的产量，关键是要控制烹调温度。

在实际炒菜的过程中，如果用少量油去炒大量的蔬菜，虽然油温高达 160 ～ 180℃，但因为蔬菜本身含有大量的水分，放入菜之后会使锅中的温度迅速下降，实际上蔬菜的受热温度很难超过 100℃（除非炒到焦黄、焦煳），不会产生大量致癌物质。油炸就不一样了，是大量的热油（通常是 160 ～ 200℃）放进去少量的菜，所以烹调温度会比普通的炒菜明显升高，产生的丙烯酰胺当然就多。在烤肉店里，我们亲眼看着蔬菜在烤盘上颜色变得焦黄，说明蔬菜表面的局部温度也已经过高，难免会产生丙烯酰胺。

同时，美拉德反应和水分也有关系。水分较少的情况下，这个反应发生得很快，水分大的时候就比较慢。人们是不是还记得，在做红烧肉的时候，前面都不觉得很香，上色也很慢，而最后快收干汤汁的那几分钟内，突然会变得特别香浓，颜色也会快速变深——这就是美拉德反应加速的结果。所以，如果蔬菜没有烤干，锅里还明显有汤汁，这种反应很慢，产生的丙烯酰胺也就比较少。如果做炖、煮、蒸的蔬菜呢？因为温度不超过 100℃，而且水分又大，几乎不需要考虑产生丙烯酰胺的问题。

即便同样是炒或炖，美拉德反应是不是容易发生，还和食物的酸碱度有很大关系。美拉德反应喜欢中性到弱碱性的环境，不喜欢酸性环境。所以，那些酸性的蔬菜，比如番茄，或者加醋、加番茄酱、加柠檬汁炒的菜，一般不用担心丙烯酰胺过多的问题。

在香港的这个实验中，西葫芦产生丙烯酰胺的量最大，很可能是它的氨基酸中天冬氨酸含量比较高，小分子糖和游离氨基酸的比例配合合理，同时它的酸性又非常小，水分也偏少。这些条件都有利于在加热到高温之后产生丙烯酰胺。我突然想起来，西方人喜欢烤西葫芦吃，韩国人喜欢煎西葫芦，而老北京喜欢用西葫芦和鸡蛋、面粉做糊塌子，难道都源于西葫芦容易发生美拉德反应的特性？美拉德反应所带来的香气是无敌诱人的……

健康烹调，对于防癌很重要

丙烯酰胺是疑似致癌物，即还没有完全确认但很可能对人有致癌性的一种物质。它通常存在于一些煎炸、焙烤食物中，常见的有各种油炸食品、薯片、薯条、饼干、加糖腌制后烤香的动物皮等。食物里有丙烯酰胺很正常，正常烹调并不用担心，但如果长期大量食用过度加热、变黄变黑的食物，则有可能增加致癌风险。除了丙烯酰胺，还有杂环胺、苯并芘等，也是高温烹调中经常产生的致癌物质。

所以，香港这项研究报告，正好是个契机，帮助我们认识到健康烹调的重要性。无论蔬菜、面食还是鱼肉，要尽量多采用蒸、煮、炖的方式烹调。炒蔬菜的时候，不妨放少量油炒香葱、姜、蒜等香辛料，然后倒入蔬菜焖两三分钟，让蒸汽把菜焖熟，再开盖翻炒，加盐调味，即可出锅。尽量不要选择放大量油，长时间猛火煸炒，炒到蔬菜都已经变成焦黄色的方式。即便不考虑丙烯酰胺，也要考虑破坏维生素和保健成分的问题啊！

我在此前的博文中多次提醒，炒菜一定要注意控制油温，油尽量不要冒油烟。明显冒油烟意味着油的温度已经超过 200℃，这是一个令食物中蛋白质产生致癌物的温度。油温过高不仅会破坏蔬菜本身的维生素，而且不利于厨房卫生，而油烟本身就属于 PM2.5，其中含有多种致癌物质，增加肺癌发生风险。

最后还要再提示一次，炒菜不要用太多的油！油多菜少，效果几乎相当于油炸或油煎。少量的菜在大量高温的油当中水分会很快蒸发，产生丙烯酰胺的速度就会加快。菜千万不要炒到发黄甚至焦糊，糊掉的菜不仅含丙烯酰胺，更含有氨基酸分解和油脂过热产生的多种有毒物质，它们会增加患癌风险。

炒菜一定少放油！

我们应当消灭炒菜吗？

8

前面反复说到，炒菜不应把油烧得过热，加热油会产生多种氧化聚合有害物质，产生丙烯酰胺，还会损失较多的维生素和类胡萝卜素。到底炒菜用油的方法是否要改呢？这事却不是一两句话能说清楚的。

目前市场销售的烹调油，已经是经过精炼的油脂，去掉了卵磷脂以及其他杂质，烟点大大提升，从 120 ~ 130℃，升高到 200℃左右。所以说，如今炒菜的时候，不需要等到冒出油烟，就应当向里面放菜。如果不知道如何把握油温，只需要扔一片葱皮。如果葱皮四周冒出大量泡泡，却不会很快变色，就是合适的炒菜温度。假如葱皮很快变黄，说明温度过高。

从这个角度来说，还像过去那样满锅油烟地炒菜，实在是一件非常不明智的事情。油烟本身致癌，污染环境，弄脏厨房，让菜味道不再清爽；过高温度的油会损失必需脂肪酸，产生反式脂肪酸，破坏维生素，氧化聚合的油脂本身就会损害胃和肝。特别是那种经过反复加热的油，已经过火的油，往往质地变黏、颜色变深，难以消化吸收，吸收后更容易损伤血管，还含有多种有毒物质，对人体健康有害无益。

那么，如果干脆不放油炒菜，而是煮菜之后再加点油，是否更好一些呢？从理论上来说，人体并不是必须吃热油炒出来的菜。一辈子吃凉拌菜、白灼菜，以及最后加点油的煮菜，对健康毫无损害，也不会妨碍脂溶性维生素的吸收。从某种意义上来说，炒菜是美食的要求，并非健康的必需。

然而，炒菜的烹调方法，是中餐烹调的特色之一，也是中餐菜肴独特香气的重要来源。

葱、姜、蒜不经过热油煸炒，没法散发出浓郁的香气；料酒不在高温下烹饪，也很难和脂肪酸形成香气来源的酯类物质。总之，没有了180℃下炒菜锅中迅速发生的各种化学变化，"鼎中之变"的神奇美感也就少了一半。

人毕竟不是吃饲料的动物，除了营养和健康，也需要满足口腹的享受。在没有完全消灭油炸食品之前，似乎我们也没有理由彻底消灭炒菜，使中华饮食失去这一悠久传统。再说，有多项研究证实，在合理的油温下炒菜，其营养素损失率比西方人的某些煮菜和烤菜还要低。

所以，炒菜是不必扔进垃圾堆的，但不等到冒油烟就放菜，的确是值得提倡的做法。既有利于环境，又有利于健康。

我也赞成这样一种做法，不要每个菜都用炒的方法来烹调，而是更多地用蒸、煮、炖、凉拌等方法。既能减少油脂摄入量，又能减少空气污染，利人利己，何乐而不为呢。比如说，一餐中有3个菜，不妨做一个炖煮菜，一个凉拌菜，再加一个炒菜即可。油脂不过量，口感各有千秋，味道也足够丰富。

配食之道，正如文武之道，多些清淡食物的衬托，吃炒菜的时候，更能享受香浓的幸福。

烹调的方式要多样

炒菜油反复使用所带来的危害。

9

节假日，大家都喜欢下馆子吃饭，总觉得家里的菜色香味不那么过瘾，只有馆子里才能做出特别好吃的"大菜"来。可是，为什么这些菜这么亮、这么香、口感这么好呢？

其实，在很大程度上，是因为馆子里的菜要"过油"，有些干脆就是油炸处理。比如说，做地三鲜的时候，土豆、茄子都要在油里过一下，捞起来，然后再二次炒制，所以既不会变黑，又特别明亮、香浓。又比如说，所谓的干煸豆角，其实都是在油锅里炸出来的，又快又香又好看。无论是肉丝还是虾仁，统统都要先扔进油锅里洗个滚油澡，再下锅和其他材料一起炒。

不过，麻烦也就这样产生了。过油要用至少半锅油，而炒一个菜用不了这么多。余下的油怎么办呢？当然是倒回油罐里，下次接着用。于是，油就这样被一次又一次地加热，和炸油条时长时间受热的炸锅油区别也不大。

对于这种油，食客们并没有太强烈的反感情绪。唯一的埋怨，就是它口感有点黏，有点腻，不像新油那么滑爽。但是人们不知道，这种反复加热的油对身体的伤害相当大，可怕程度毫不逊色于油炸过程中产生的丙烯酰胺，甚至有过之而无不及啊！

西班牙科学家的一项研究，对家庭中常用的炸锅油进行了测定，对 538 份样品油的氧化聚合程度和极性程度做了评价，同时调查了 1226 名家庭成员的健康状况。结果发现，油的极性程度越高，也就是说，它受热之后劣变程度越高，家庭成员患高血压的危险就越大。也就是说，反复加热的油会增加人们患高血压的危险，家里用的油加热次数比较少，尚且有这样的关系，如果是餐馆里那些加热了不知道多少次的油，岂不是更加危险！

　　研究人员还发现，用不饱和程度特别高的油作煎炸油，比如葵花籽油，对健康的危害效果要比用橄榄油作煎炸油时的效果更大。人们通常有一种误解，认为橄榄油不能加热，大豆油反而可以加热，这是一种误解。实际上，橄榄油以单不饱和脂肪酸为主，而大豆油、葵花籽油、红花油、玉米油等以多不饱和脂肪酸为主。脂肪酸的不饱和度越高，它们的耐热性越差，受热时更容易发生氧化聚合和水解、裂解、环化等反应，对人体更为有害。工业油炸食品时用棕榈油、牛油等，正是因为其中饱和脂肪酸多，油脂的热稳定性强。

　　用这些富含不饱和脂肪酸的油脂来炒肉炖鱼，其实还有另外一方面的巨大危险，那就是动物性食品中的胆固醇可能被氧化成为氧化型胆固醇。越来越多的研究证据表明，食物中的胆固醇本身并不一定引起血脂升高，与心脏病的危险也没有直接联系；但氧化型胆固醇却是伤害血管内皮和引发动脉硬化的罪魁祸首。在炒菜时，鱼肉蛋中的胆固醇有部分融入炒菜油当中，这些油如果被反复加热，胆固醇就会和不饱和脂肪酸一起被氧化，从而给人们带来心血管疾病的危险。

　　说到这里，大家都能想到，为什么常下馆子的人当中，患高血压、冠心病、糖尿病等慢性病的人那么多。除了饮食内容本身不合理之外，反复使用的炒菜油也是一个重要的危险因素。在下馆子的时候，建议更多地点那些炖煮菜、清蒸菜、凉拌菜，降低炒菜、煎炸菜的比例，可以尽量减少这种风险。

　　很多人都难以接受油脂加热之后会产生有害物质这样的说法。有人说，油脂不能反复用的说法是提倡浪费、不懂国情；也有人说，中国人自古以来就吃油炒菜、油炸菜，我这么说是不懂装懂，夸大其词。油炸几次能怎样？油脂怎么会水解呢？180℃的家庭烹调，怎么会让油变质呢？

　　说实话，看到这些话，真有点"秀才见到兵，有理讲不清"的感觉。我痛切地感觉到，中国了解烹饪科学研究的人太少了，哪怕是学科学的人，对厨房里、菜锅里发生的事情也了解甚少。我下定决心，一定要把中国人厨房里的事情多弄清楚一点，这辈子有生之年就主要研究这方面了。

　　这里就好好说说油炸使油脂变坏的科学原理，以及为什么不能吃长时间高温加热的油。科学词汇太多，只怕大家看起来很累。

　　日常烹调油的化学结构是三酰甘油，是 1 个甘油分子和 3 个脂肪酸分子酯化形成的物质。在没有催化剂存在、没有水、没有酸碱的室温条件下，它当然不会随便水解。可是，在高温下煎炸就不一样了。比如说，炸薯条。为何进锅的土豆条水分很多很滋润，出来就变得表面干干了？是因为薯条中的水分进入了油脂当中。油脂在水和热的作用下就会发生水解。水分会在油的高温下蒸发，同时油脂也在高温条件下发生各种各样的化学变化，变得逐渐不适合人类食用。

翻开任何一本《食品化学》教材或《油脂化学》专著，都有油脂高温劣变方面的内容，其中还专门有章节讲油炸中的油脂品质变化，有化学基础的人不妨看看。

"在油炸过程中，食物在约180℃下接触热油，同时食物和油脂也部分暴露于氧气当中。因此，油炸与其他标准化的食品加工处理方法相比，引起油脂化学变化的潜力最大……"

这些变化带来什么呢？主要是以下5个方面的产物。

①挥发性物质。油炸过程中发生氧化反应，即便是饱和脂肪酸也可能发生氧化，不饱和脂肪酸更不必说。形成的氢过氧化物在高温作用下快速分解，产生挥发性物质，包括饱和与不饱和醛酮类、烃类、醇类、内酯、酸和酯类。其中很多挥发性物质都有毒，例如丙烯醛，已被确认是油烟中提高肺癌风险的因素之一。因为不饱和脂肪酸在加热时更容易氧化，所以产生挥发性物质的同时也伴随着不饱和脂肪酸的减少，必需脂肪酸含量下降，维生素E损失极大。油在空气中180℃下加热30分钟以上，就能测出这些挥发性产物。

②未聚合的极性物质，如羟基酸和环氧酸类。它们是氢过氧化物断裂形成的烷氧自由基，再经过复杂途径形成的产物。这个过程会让油脂的"酸价"升高。

尽量不要反复用炒菜油！

③脂肪和脂肪酸的二聚物及多聚物。这些物质是通过自由基的氧化聚合而产生的。同时伴随着不饱和脂肪酸的减少。因为聚合作用，分子量显著上升，使油脂的黏度显著增大。用坏油炒菜会觉得口感发腻，油用热水涮不掉，也就是这个原因！要知道没有聚合的油脂，哪怕就是猪油牛油，在热水中也是能够涮掉的。新鲜液体植物油用温水就能涮掉。

④游离脂肪酸。在热和水的共同作用下，三酰甘油被水解成二酰甘油和脂肪酸，甚至单酰甘油和脂肪酸。这个过程也会让酸价升高。进入油脂的水分不断蒸发，同时又会把挥发性物质带出油脂，就像水蒸气蒸馏一样。由于水分蒸发，油脂冒泡剧烈，又起到了搅拌作用，让水解反应速率更快。

⑤反式脂肪酸。在高温下，顺式双键可能反式异构化。有研究证实，油脂加热时间越长，产物中反式脂肪酸比例越高，从百分之零点几，最多可升高到百分之十几。反式脂肪酸的害处，如今大众都已经知晓了。

再说说油脂的颜色。煎炸过程中，食物中的蛋白质和碳水化合物在高温、中水分活度下发生美拉德反应，迅速产生褐色物质。同时，自然也会产生一部分丙烯酰胺。油脂氧化所产生的含羰基物质也会促进美拉德反应。产生的褐色物质溶在油脂里，油脂的颜色就变深了。

说到油脂的质量，其实有很多指标。长时间油炸之后，油脂的酸价上升，碘价下降，黏度加大，烟点降低，起泡多，含羰基物质多，极性大，等等。碘价下降，意味着维生素E少了，不饱和脂肪酸少了，饱和脂肪酸多了，反式脂肪酸多了，氧化聚合产物多了，挥发性毒物多了。这样的油脂，果真值得吃么？

不过，颜色和味道一起，都可以用白陶土等吸附剂脱色的方法来去掉。所谓滤油粉，其实就是用来给煎炸油"美容"的东西。滤掉渣子，滤掉颜色，滤掉味道，煎炸了很久的油脂就显得"返老还童"了。经常做滤油处理，看似糊弄人，其实是有意义的。因为油脂中的渣子往往是含蛋白质物质或含淀粉物质，它们经长期高温处理可能产生致癌物，及时滤去有利于提高油脂的安全性。

如果这些加热过的油再用来炒菜，而且是冒油烟的炒菜，会怎样？这种油的烟点会大大降低，烹调时油烟的产生量急剧增加，而油烟是一种致癌物，研究证据确凿，绝对不容忽视！

剩下的煎炸油，不扔还能怎么用？

10

虽然煎炸食品不健康，但毕竟过年过节，招待客人，在自己家里也难免有些煎炸油会剩下。您是怎样利用这些剩油的呢？是把它扔掉？还是用来做菜赶紧用掉？或者把它留着下次再用来煎炸食物呢？

直接扔掉，很多人肯定会非常心疼，特别是年龄大一点的叔叔阿姨们，更舍不得这么浪费。毕竟半锅油呢，不是一点半点。

实际上，家庭一次煎炸之后的油，和餐馆中反复利用几十次的煎炸、过油用的剩油相比，毕竟质量还没有那么糟糕，有害物质还没有那么多，只要还没有发黏、变黑，是可以继续利用的。

　　不过，用过的油中杂质、水分大大增加，烟点会大大降低，氧化程度也会快速上升。此时再用密封、避光、添加维生素 E 等方法来保存，已经不行了，拦不住氧化变质的速度。

　　但是，如果直接用来炒菜，旧油会非常快地大量冒烟，既污染厨房环境，又影响下厨人的健康。同时，因为温度低时过早冒烟，还会影响菜品的品质。旧油的味道也会进入新菜当中，影响菜的清爽口感。加热冒烟的过程中，油脂氧化和有害物质的生成也会增加。

　　还有一些家庭，炸完后把剩下的油倒回容器中，等过几天或者过一两个星期之后，下次接着用于油炸。还有的人甚至把好几次煎炒烹炸的油混合在一起，留着下次再用。这是最糟糕的做法。这样的油，既有高温加热带来的氧化聚合物质，如多环芳烃类致癌物，又有脂肪氧化产生的各种分解产物，与地沟油的危害相比只是小巫见大巫。因为家里的油不会经过精炼和过滤，油中还含有很多食物残渣，比洋快餐店里那些每天过滤的煎炸油，会更快地产生致癌物或疑似致癌物。

　　所以，对于这类油，有以下几个利用建议。

　　①一周之内赶紧吃完，最好是两三天之内就用掉。

　　②专门储藏在一个罐子里，不要和新油混在一起。

　　③下一次使用一定不能加热，只能用于温度较低、不冒油烟的烹调。

　　具体来说，所谓不冒油烟的烹调，有这样几个操作方法。

　　①煎炸过鱼肉的油，在出锅之前直接放点花椒、八角、小茴香等香辛料，做成凉拌油。然后，把它装在瓶罐中，放在冰箱里，每顿取一汤匙用来凉拌菜。因为凉拌菜不用加热，而且煎过肉炸过香辛料的油还能带出特有的"肉味儿"和香气，增添美味。

　　②用来焯菜或制作油煮菜。焯烫蔬菜或煮蔬菜的时候加一汤匙油，不但能使蔬菜保持鲜艳的颜色、柔软的质地，还能促进类胡萝卜素等脂溶性维生素的吸收。

　　③用来炖菜。炖煮的时候，温度不会超过 100℃，因此也比较健康。

　　④用来制作面点，比如烙饼、花卷、葱油饼等。和面的时候，加一些带"荤"的油，味道更香。

　　⑤用来拌入饺子馅、包子馅。

　　⑥煎炸过的油还是可以用来炒菜的，但在炒菜的时候，要先放一些新油炝锅，待加入主料后，温度已经降下来了，再沿着锅边放入旧油，让这些油被菜吸入，带来美味。

炒菜时怎样能减少油烟的危害？

11

　　很多女性不肯下厨的原因，都来自于厨房里那恼人的油烟。大学时代流行看琼瑶小说，记得其中某男主人公的日记中有这样一个情节：太太下厨之后，无比担心地问，油烟有没有污了我的清纯？于是，爱她的老公不再让她下厨……

　　油烟会让女人的皮肤沾上油腻，身上沾染油烟的污浊味道，的确与清纯和清香的少女情调格格不入。不过，油烟的害处远远不止于此。上篇文章中已经说到，油脂在高温下会发生多种化学变化，而油烟又是这种变化的坏产物之一。

　　每一种油脂产品都有"烟点"，也就是开始明显冒烟的温度。过去那种颜色暗淡的粗油，往往从 130℃ 就开始冒烟，而对于大部分如今的纯净透明油脂产品来说，这个温度通常在 200℃ 左右，有的甚至更高。日常炒菜的合适温度是 180℃，实际上是无须冒烟之后才下菜的。换句话说，冒油烟之后再放菜，是粗油时代的习惯，用如今的纯净油脂烹调，冒油烟时的温度已经太高了，不仅对油有害，对维生素有破坏，而且油烟本身就是一种严重的空气污染。

　　我在多个场合询问过几百人后发现，大部分家庭都习惯于等到油脂明显冒烟后才放菜，也就是说，炒菜温度在 200～300℃ 之间。这个温度产生的油烟中含有多种有害物质，包括丙烯醛、苯、甲醛、巴豆醛等，均为有毒物质和疑似致癌物质。目前国内外研究均已经确认，油烟是患肺癌的风险因素。在华人烹调圈中，无论是内地、我国台湾及香港地区，还是新加坡的研究，都验证了油烟与烹调者健康损害之间的密切关系。

　　除了让肺癌风险增大之外，油烟与糖尿病、心脏病、肥胖等的患病危险也可能有关。有研究证明，经常炒菜的女性体内丙烯醛代谢物、苯和巴豆醛的含量与对照相比显著升高，也有研究证明烹调工作者体内的 1- 羟基芘含量和丙二醛含量大大高于非烹调工作者。这 1- 羟基芘就是多环芳烃类致癌物中的一种，而丙二醛是血液中的氧化产物，与心脏病等慢性病有密切关系。

不过，要想减少炒菜时的油烟，也并非不可能。只要遵循以下忠告，油烟的数量就能大大减少。

①用新油炒菜，不要用煎炸过或加热过的油脂炒菜。煎炸过的油脂，或者使用过一次已经混有杂质的油脂，烟点会明显下降，这就意味着炒菜油烟更多，对操作者的健康造成更大损害。

②不要选择爆炒、煎炸、过油、过火的菜式。各种烹调所需要的油温有区别。如爆炒需要将近 300℃ 的温度，这个温度必然已经让锅中的油大量冒烟。那些锅里着火的操作，更会超过 300℃ 的油温。这时已经达到了产生大量苯并芘致癌物的温度，殊不可取！煎炸、过油就会不可避免地带来油脂的重复利用，从而增加油烟的产生。

③炒菜时，在油烟还没有明显产生的时候，就把菜扔进去。室温的菜会让烹调油迅速降温，从而避免温度过高的问题。只要用一条葱丝扔进锅里，看周围欢快冒泡但颜色不变，就说明油温适合炒菜了。

④不要每餐每个菜都是炒、炸、煎，多用炖煮、蒸、烤箱烤、凉拌等烹调方式，不仅能减少油烟产生，而且还能减少一日中油脂的摄入量，有利于控制体重。同时，这样的一餐在口感上更加丰富，还有助于培养清淡口味的饮食习惯。

⑤买一个非常有效的抽油烟机，最好是那种安装得距离烹调火源很近的抽油烟机。不要买那种欧式产品，它们中看不中用，根本不能适应中国人的烹调状况。有效抽油烟的标准是，距离灶台 1m 远就闻不到炒菜的味道。

⑥在开火的同时开抽油烟机，等炒菜完成后继续开 5 分钟再关上。燃气燃烧时本身就会产生多种废气，就该及时抽走。很多家庭等到油烟大量产生才开抽油烟机，实在太晚了。这样屋子的清洁无法保障，而且油烟会大量进入主厨人的肺里。省那么一点电是毫无意义的，万一为此得了肺癌，花钱受罪不值得！

⑦用底厚一点的炒菜锅。底太薄的炒菜锅因为温度上升得过快，非常容易冒大量油烟。用厚体的炒锅就会延长温度上升的时间，故可以减少油烟。不过无论如何号称"无油烟"的锅，只要烧的时间够长，温度够高，还是会产生油烟的。所以关键还是主厨人的意识哦！

　　虽然抽油烟机能帮不少忙，但千万不要因为买了个有效的抽油烟机就放心大吃煎炸食品和爆炒食品！因为除了油烟有害之外，过度受热的食品中也会产生致癌物，蔬菜也将因此失去帮助预防癌症的效用！

　　如果把以上措施做好，再装备几套漂亮的围裙，带花边软帽那种，把少数漏网的油烟遮挡在秀发之外，估计美丽的女孩子们，也该对下厨少了很多抗拒吧？毕竟做美食是一件多么温馨多么快乐的事情啊！

提前泡杂粮豆子，会泡出致癌物吗？

12

经常有朋友问，我家现在经常吃杂粮了，为了节省时间，我们晚上就把豆子、杂粮泡在电压力锅里，然后预约 8 小时，早上起来就能喝上杂粮粥了。可是，听说泡过的杂粮豆子不安全，浸泡过程中会繁殖过多细菌，甚至产生致癌物黄曲霉毒素，是这样吗？

听到这样的说法，我觉得十分诧异。黄曲霉毒素的确是一种非常恐怖的致癌物，它的毒性数十倍于氰化钾，哪怕只是微量摄入，日积月累之后也可能导致肝癌等恶性肿瘤的发生。假如泡杂粮豆子会产生黄曲霉毒素，那么麻烦可就大了，因为我们日常所吃的各种豆腐制品，都是需要先泡豆子再打浆、点卤制成的。这样一来，岂不是豆浆不能喝，豆腐也不能吃了吗？

不过，先不要过分恐慌。一个理性的人，在听到某种耸人听闻的说法时，至少要先判断一下，这种说法到底是否站得住脚。

首先要搞清楚几个问题：黄曲霉的生长条件是什么？它容易在哪些食品里面滋生？在什么情况下会产生黄曲霉毒素？

黄曲霉是一种容易在种子类食物中滋生的霉菌。在 25 ~ 30℃ 的温度、80% ~ 100% 的相对湿度、17% ~ 18% 的种子水分含量条件下，粮食、坚果、油籽等产品最容易滋生黄曲霉。幸好，各种豆类，包括大豆，并不是黄曲霉最喜欢繁殖的材料，它更喜欢花生、玉米和大米等食品。

从这里可以看出，黄曲霉是粮食、豆类、油籽等种子类食品受潮时滋生的，种子总体而言仍然处在水分很少的状态，而不是已经充分吸水的状态。人们都有一个经验：水汪汪的大米粥、绿豆汤，从来不会长霉，而是很快变味坏掉——因为水多的时候细菌繁殖得非常快，根本轮不到霉菌繁殖。霉菌们所热爱的培养基质，大多是一些相对"干"一点，但又干得不够的食品，比如馒头、面包、糕点、受潮的种子之类。所以，面包放久之后会长出白色、绿色、黑色的霉斑，却不会发酸变臭，正是因为它的状态符合霉菌的胃口。

为什么呢？因为霉菌是非常喜欢氧气的，具有较强的"陆生"特性。如果把食品泡在水里，氧气不足，它们就很难繁殖起来。知道这个微生物学的基本知识，就会明白，霉菌几乎不能在淹水条件下产毒，所以泡杂粮和豆子不可能长出黄曲霉毒素来。

所以说，买大米、杂粮、豆子、花生、坚果的时候，要注意干燥程度，储藏中也要避免让它们受潮。如果担心储藏当中有表面污染，那么先洗一洗，再用水泡一泡，然后把泡豆泡米的水扔掉，实际上反而更为安全。

不过，从另一个角度来说，这个问题也令人开心，因为说明人们更加重视厨房里的食品安全了。特别是在夏秋温度比较高的时候，把杂粮豆类泡在锅里七八个小时，的确会带来细菌繁殖的危险。虽然霉菌不会在淹水条件下产生毒素，但是很多细菌可是相当喜欢这种水分充足的环境条件的。它们会疯狂繁殖，让杂粮豆子产生不新鲜的味道，或者说得好听一点，产生微生物发酵的味道。

但是，从来没有人因为这个原因，吃杂粮粥吃出细菌性食物中毒来。这是因为，无论细菌繁殖了多少，只要电压力锅开始工作——温度就会快速上升。管他什么细菌，都不可能扛得住电压力锅那超过 100℃的烹煮。也就是说，曾经繁盛一时的细菌，最后都会被煮得死光光。所以，如果不介意气味有那么一丁点的变化（因为杂粮本身香味比较浓，很多人吃不出来这点变化），预约 8 小时再煮是没有食品安全风险的。

需要注意的是，煮好开盖之后，可不要再随便放在室温下了。营养这么好的杂粮豆粥，细菌们是不会放过它的，两三个小时之后，细菌数就会超标。

如果不想要味道发生一点变化怎么办呢？夏天浸泡杂粮豆子，如果放在冰箱当中泡一夜，就没有问题了，杂粮豆粥的清香美味会完整地保留下来，只是略微麻烦一点儿。

又有几位朋友问：在冰箱里面泡，我不是还要早上拿出来再煮粥么？那时间哪里来得及啊！能不能晚上就开始煮啊？

解决方案当然还是有的。那就是先把各种杂粮豆类食材放进锅里，然后马上启动程序，让锅体加热到沸腾温度以上。等到压力开始上升，再取消程序。这时候，锅里的细菌绝大部分已经被煮灭了。这时，再重新预约 8 小时，杀过菌的食材就可以安全地存放到明天早上了。这样早起之时，就能放心地喝到味道新鲜而且软烂美味的杂粮豆粥啦。

问问题的女士们还不满足，又加了一个问题：可是，先长了一些细菌再煮死，或者先煮一次杀菌再预约，会影响营养价值么？

我向她们保证：先煮沸一次，多少会造成一点维生素损失，但即便如此，也比很多人放在电炖锅里煲上几小时的维生素损失小多了，没有很大影响。至于先让细菌繁殖几小时再把它们煮死，甚至还能增加一点维生素呢，因为很多细菌是擅长制造 B 族维生素的。

泡和焯能消除蔬菜中的不安全因素吗？

13

几乎每次去做大众讲座，都会被问同一个问题：蔬菜中的农药怎么去掉？是泡好还是焯好？后来还附加了很多内容：草酸怎么去掉？亚硝酸盐怎么去掉？重金属怎么去掉？

要回答这些问题，先要弄清楚几件事情：第一，蔬菜是最不安全的食品吗？第二，要去掉的这些成分，真的易溶于水吗？第三，要去掉的这些成分，真能从蔬菜细胞里跑出来吗？第四，要去掉这些不利于健康的成分，会不会让有益于健康的成分也跑掉呢？

第一个问题：蔬菜真的那么不安全吗？

蔬菜中多少都会有点农药残留，发达国家也不例外。它们只要不超过标准，就无须太担心太纠结。按中国食品安全信息网提供的信息，大城市的超市和市场中所卖的蔬菜农药超标率和超标程度已经比前些年有明显下降。由于国家陆续禁止了多种高毒高残留农药的使用，目前蔬菜中使用的农药毒性较小，降解性较好，在喷药后几天会快速降解，烹调中还会有明显下降，大部分在体内并不会蓄积。所以，只要用国家许可使用的农药品种，残留不超标，就没有想象中那么可怕。

有机食品是不许可使用化学合成农药的，合格的有机蔬菜农药方面的安全性会好一些，但某些环境污染物如六六六也多少有点残留。因为这类农药百年不能降解，即便已经停用了二十多年，但在土壤和水中仍有残留。对于这类农药，蔬菜中的残留量还是比较低的，鱼类、肉类等动物性食品中的含量要比蔬菜中高很多倍，这是因为难分解污染物遵守"生物放大"的规律，越是在食物链顶端的生物，其中难分解污染物的含量就越高，比如

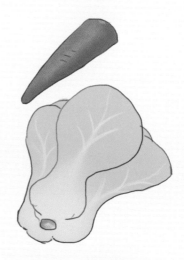

六六六等有机氯农药，二噁英、多氯联苯等典型环境污染物，还有汞、镉等重金属。

比如说，根据我国国标，DDT 的限量在蔬菜中是 0.1mg/kg，而鱼里面是 1.0mg/kg。为什么鱼的残留宽容度更大？是因为这种农药在环境中难分解，还容易在动物脂肪中蓄积。因此，它在动物产品中的浓度往往会大大高于水果蔬菜。例如某地的测定数据发现，六六六在蔬菜中的残留量是 0.80 ~ 9.30mg/kg，而在肉类样品中是 10.20 ~ 302.00mg/kg，当地人的脂肪当中含量高达 22.23 ~ 1053.50mg/kg（资料来源：谢军勤等 . 重金属及农药在孝感市食品及人体中蓄积的研究，湖北职业技术学院学报，2003）。

这些数据看起来是不是有点恐怖？其实很多污染事故都有类似规律。比如欧盟多次发生过的食品中二噁英污染，饲料中超标 40 倍时，到了鸡蛋当中，就超标 200 倍以上了，这就是"生物放大"作用的结果。这些数据告诉我们：因为农药而害怕吃蔬菜，恐怕并不能保障食品安全，因为鱼肉蛋奶中的难分解农药、重金属和其他污染物的残留量更大。多吃植物性食品，控制动物性食品，从食品安全的角度来说，要更靠谱一些。

草酸不是一种环境污染物，它存在于所有蔬菜当中，但含量差异非常大。只有菠菜、苦瓜、茭白、牛皮菜等有明显涩味的蔬菜，草酸含量才比较高。大白菜、小白菜、油菜、圆白菜之类的蔬菜，草酸含量甚微，无须引起关注。至于亚硝酸盐，它们在新鲜蔬菜中含量甚低，通常低于 4mg/kg，几乎无须担心。所以，对于亚硝酸盐而言，买新鲜菜、吃新鲜菜，比浸泡、焯水等处理更重要。

第二个问题：要去掉的这些成分易溶于水吗？

目前我国农业中常用的有机磷农药，多半易溶于水。六六六之类的有机氯农药则不溶于水。亚硝酸盐易溶于水，而重金属盐多半是难溶于水的。所以泡也好，焯也好，都很难去掉有机氯农药和重金属。而通过溶水处理去掉有机磷农药和亚硝酸盐，还是很有希望的。

第三个问题：要去掉的这些成分在哪里，能从细胞里跑出来吗？

目前能找到的数据证明，蔬菜通过浸泡，可以把大部分表面上没吸进去的农药去掉。但是，一旦已经吸入了细胞中，浸泡就不起作用了。我校戴蕴青老师指导的实验证明，用盐水泡也好，弱碱水也好，洗洁精也好，效果的差异并不是非常大，而且 20 分钟以上的浸泡不会带来更好的效果。最近我院的本科生毕业研究也证明，对于菌类食品，浸泡并不能降低重金属的含量。甚至还有研究表明，蔬菜浸泡超过 20 分钟，亚硝酸盐含量会上升，口感会变差。所以，不推荐长时间浸泡蔬菜。

用沸水焯蔬菜，对于去除有机磷农药的效果是肯定的，而且加热本身对于有机磷农药具有分解作用，因此烹调之后，有机磷农药含量会大幅度下降。同时，焯菜还能有效去除草酸和亚硝酸盐。我的学生在实验中偶然发现，焯烫时间过长的时候，某些蔬菜的亚硝酸盐的含量又会有一个上升，只不过总量仍然很低，还在安全范围之内。

焯的处理对于去除重金属似乎效果不大，可能主要是由于重金属元素常常呈现不溶解状态，或者与纤维素等大分子结合而留在细胞结构中。

第四个问题：浸泡和焯烫，会不会让有益于健康的成分也跑掉呢？

浸泡时间较短，对细胞结构尚未产生破坏之前，理论上是不会造成营养素损失的。但是焯烫则不然，它既增加细胞膜渗透性而造成细胞内容物溶出，又因为加热和氧化而导致食物成分发生变化。我这里学生的实验也发现，随着焯烫时间的延长，蔬菜中的维生素 C、维生素 B_2 等水溶性维生素含量下降，酚类物质的含量也会下降。钾是一种可溶性元素，它也随着焯烫时间的延长而逐渐溶入水中，从而使损失增大；镁元素也会有部分损失。

不过，焯烫还是可以保存一部分营养保健成分的，比如不溶于水的类胡萝卜素和维生素 K，以及不溶于水的钙、铁等元素，含量不会下降。

综上所述，可以得到以下结论。

①吃蔬菜并不比吃肉更危险。其中难分解污染物的含量大大低于动物性食品的水平。

②没吸收进去的有机磷农药可以洗掉，吸收进去的也能通过焯水去掉，但它本来就不容易蓄积中毒，加热也容易分解。而有机氯农药和重金属洗不掉，焯不掉，能蓄积中毒。

③一定要先用流水洗净蔬菜，此后可以浸泡一会儿，但时间不宜过长，以 20 分钟之内为宜。不要搓洗伤害细胞。

④焯烫虽然能有效去掉农药和草酸，但同时也会损失很多营养和保健成分。是否要这么做，看自己的选择。如果选择焯烫，请尽量缩短时间。

⑤亚硝酸盐可以通过焯烫去除，但对于新鲜蔬菜来说，这本来就不是个安全问题。新鲜的蔬菜不仅亚硝酸盐含量低，而且营养素含量高，何必要等到不新鲜了再吃呢。

无数研究证实，蔬菜摄入量与多种癌症和心脑血管疾病危险呈现负相关，说明蔬菜吃得越多，人们越能远离疾病。蔬菜里不仅有农药，还有那么多营养成分和保健成分，我们怎能无视呢？所以，完全没必要因为怕农药而大量吃肉不敢吃菜，多吃菜少吃肉才是更安全更健康的选择。

烹调带来的食品安全麻烦

//@ 清鲜时味：不敢用微波炉蒸一人份米饭、做一份看起来很健康的微波炉中餐菜，B 族维生素等营养物质因处于中心位置长时间过热完全损失。

范老师：所谓"长时间过热"，是操作不当。微波加热速度很快，为什么要那么长时间？即便用烤箱烤、炒锅炒，难道"长时间过热"不会造成焦煳吗？不会产生致癌物吗？

//@_optimus-prime_：我家买了名牌蒸箱烤箱，很贵，却没用几次，这些都是没买之前觉得必不可缺，买了就搁置的玩意儿。

范老师：有个微波炉就可以完成普通蒸菜了，蒸鱼蒸肉蒸蔬菜全能，一般家庭是不用买蒸箱的。话说就是因为微波炉谣言太多，才有电蒸箱这种高价货出现。其实蒸箱这种器具还是在餐饮店和食堂用得比较多。

//@ 扭轱辘果：痛风病人吃火锅的涮菜涮肉不喝汤，嘌呤会显著增加吗？还是也可以控制？

范老师：涮菜应当没什么问题。肉吃多了不行。

//@ 卡蜜儿是樱桃味：范老师，红糖和黑糖真的对产后月子期间恶露有影响吗？为什么现在都说产后要多喝红糖水？

范老师：没有看到研究报告，不了解对恶露排出有没有明显作用。现代社会是商业社会，商业推广是无孔不入的，比如找一些明星名人让她们做宣传。但个例是不能替代普遍规律的。

//@thisisyingying：养生食品卖家都宣传"女不可百日无糖"，指的就是红糖（黑糖），建议女性每天都喝红糖（黑糖）水，可以益气养血。

范老师：瘦弱、食欲不振、营养不良的人喝一两杯无害。但仅靠喝一两杯黑糖水，解决不了贫血、低血压、消化不良等问题，不能增肌。长痘痘的、偏胖的、血糖血脂高的，以不喝为好。

//@ 如若芸香：炒这个烹调方式大约是宋代才有的，普及也就是明清吧。而且也没到现在这种天天吃炒菜的程度。

范老师：说得极对。顿顿油炒菜，常吃油炸食品，是近几十年生活富裕之后才开始的饮食方式。以前贫困时，每天人均只有几克油，油炸食品过节才能吃到，哪儿来那么多油烟！

//@ 于涵：我爷爷12年前肺癌过世，当时77岁。他不吸烟，从30多岁开始做厨师，开餐馆几十年，早期是没有排烟设备的（后期才有）。手术时切下的肺部组织，和铅笔的铅一样，在医院的墙上可以流畅地写字……

范老师：有人问，厨师是否肺癌发病率高。小型调查有，大型调查似乎没做过。炒菜后血液中致癌物升高的研究结果较多。

//@ 菜菜的食摄空间：我几乎不油炸食物，偶尔油炸一次，炸完后把残渣捞了，浇在放了白芝麻的干辣椒面上，做油泼辣子。一点都不浪费，混了肉香味，还好吃呢。

范老师：好主意！

//@ 泰迪熊快来：您说沸水焯一下会失去一半营养，难道用油炒菜营养损失反而要少吗？我一直以为用油炒菜会比用清水清煮着吃营养损失更多呢。

范老师：油炒蔬菜的维生素损失的确没那么大，但是吃了容易发胖，而且温度高会减少蔬菜的抗癌作用。相比而言焯煮菜还是比较健康的。维生素损失了，多吃点菜就补回来了。

//@S 有多 coool：还有，因为绿叶菜农药化肥什么的残留问题也比较严重，您是怎么处理蔬菜清洁的问题呢？

范老师：绿叶菜的农药残留没有想象中那么严重。我十几年吃了这么多青菜，从来不泡蔬菜，不用特殊洗涤剂，就是用清水洗洗而已，没有发现任何农药中毒迹象。甚至一次检查中说我体内污染水平比平均水平低。别忘了叶绿素和蔬菜中的有益成分本身就能帮助清除污染。

PART5

厨房里的食物禁忌传言要不要信？

● ●

我的

健康厨房

◇◇

范志红

谈

厨房里的

饮食安全

食材相克的传言你还要相信吗？

1

有人问：范老师，记得小时候家长告诉我吃鸡蛋的时候不要吃糖精，否则会中毒！后来又有人告诉我番茄和黄瓜一起吃没营养！平常的食材之间的搭配确实有讲究，但搭配不当的后果真的有这么严重吗？为什么？我们常见的食材搭配有哪些忌讳，您能说一下吗？

大约在 2004 ~ 2006 年，各种稀奇古怪的食物相克之说，弄得人们头晕脑胀，烹调时战战兢兢，用餐时如履薄冰。当时市面上的相关书籍超过 20 本，地摊上都摆着《500种相克食物》之类的书，还有很多人把各种相克食物的表格挂在墙上，压在玻璃板下，贴在冰箱上……

当时，大厨已经没法做菜，主妇们也感觉没法下厨。食物似乎只能分着吃，一餐中多了几种食材就严重恐惧有没有"犯忌"或"相克"。

这些反科学的说法在 2006 年达到喧嚣顶峰。后来，经过中医专家、医学专家和营养专家的共同大力批驳，各种食物相克之说已经式微。但是，谣言的特点就是会反复回潮，过不了一两年，其中一些说法又会沉渣泛起。

这也不难理解，总有人刚刚开始关注饮食健康，听到过去的旧谣言，就以为是新东西。也许是因为正经的健康新闻数量太少，内容又不太惊悚，媒体实在缺乏食粮，某些编辑为了提高吸引眼球的力度，又把陈芝麻烂谷子的事翻出来耸人听闻。反正总有人没听过觉得挺新鲜……

很多人听说我用十来种食材一起煮八宝粥，就会问：放那么多种食材进去，不会发生食物相克吗？各种食材之间不会"犯冲"吗？

食物与健康的关系，绝非食物禁忌所能概括的。就算百分之百遵循各种"食物禁忌"，也不会发现自己的健康有任何进步。因为它们本就没有什么意义，既不能提升食品安全水平，又妨碍食物多样化，最终结果反而影响营养充足供应，不利于慢性疾病的预防。

绝大多数坊间有关"食物相克"的传说，都完全不值得考虑。什么鸡蛋和牛奶，豆浆和鸡蛋，黄瓜和番茄，胡萝卜和白萝卜，小葱和菠菜，西瓜和桃子，猪蹄和黄豆……忘掉它们吧。也不要问：为什么这些谣言是错的？谣言本就是没有逻辑的，何必还要问"为什么"？

有人问：古人就是这么说的。古代科学不发达，很多说法都不是实验验证的结果，以讹传讹也很常见。比如古书曾记载"芝麻和鸡肉同吃致死"，但实际上无数人都吃过，活得好好的，连肚子疼的都没有。比如怪味鸡、拌鸡丝，就是要加入芝麻酱的，味道很好啊。

还有人问：可是它们说得有鼻子有眼啊！还有很多科学词汇啊！那就更不要被蛊惑了。其中的"科学词汇"看似理性，其实让内行人一看，不仅逻辑错误，有的连专业词汇都用错了，简直是贻笑大方，也就是蒙蒙外行人罢了。

请教过中医学者，他们说：药材的确有搭配合理不合理的问题，搭配不当可能带来中毒；但食品性质温和，正常饮食数量下，并不会引起相克问题。

科学人士也认为，正常食物之间并不存在"致死"的搭配，但药物和食物之间有可能存在不良反应。比如吃一些控制血压、血脂的药物时不能吃柚子，医生和药师都会提醒患者。药物包装上经常会写明，服药期间不能吃什么食物，以免引起不良反应，或者影响药物的疗效。

应当说，吃不合体质的食物，或者营养搭配不合理，或者食用量不合适，就是损害健康的吃法。因为各人体质不同，所以饮食上的顾忌也有很大差异。绝对、统一的禁忌说法是非常不科学的！它们会误导人们偏离健康饮食的大方向，影响膳食多样化，忘记追究自己健康问题的真正来源。

比如说，一个人吃了某两种食物之后，发生腹痛腹泻的情况，或者产生其他不良反应，需要考虑什么事情呢？

一、有没有细菌性食物中毒问题？

比如说，某女上午喝了牛奶，中午又喝了豆浆，后来发生腹痛腹泻的情况。她认为自己是牛奶与豆浆相克所致。但医生告诉她，最可能的原因是早上打的豆浆在室温下放了几小时，喝之前没有加热杀菌，致病微生物导致细菌性食物中毒。

二、食物有没有受到细菌毒素、霉菌毒素或化学毒素的污染?

比如说，有人吃了小摊上的烤肉之后，恶心呕吐，头昏虚弱，嘴唇发紫。他听说过"牛肉和栗子相克"的说法，认为是烤牛肉和下午吃的炒栗子发生了相克。但真相是小摊所销售的烤肉中加入了过多的亚硝酸钠，导致急性中毒，组织缺氧。

三、对食物是否有急性或慢性过敏情况，或有遗传性代谢障碍?

比如说，有个孩子在邻居家吃了牛肉炒嫩蚕豆之后突发疾病致死，邻居怀疑是蚕豆和牛肉相克，其实原因是这家人有遗传性的蚕豆病。这种患儿只要吃了蚕豆就可能出现生命危险。又比如说，对花生过敏的人，接触花生、花生粉、花生酱都可能造成呼吸道水肿之类的严重情况，若不及时治疗可能致命，但这和花生与其他食品相克无关。如果认为是花生和其他食物相克所致，反而会耽误治疗。

四、对食物是否有不消化、不耐受情况?

即便没有急性过敏，人们对食物也可能出现不消化、不耐受、过度敏感的情况。

比如有人喝牛奶会腹泻，有人喝凉水、喝绿茶就会拉肚子，有人吃个梨就肚子胀气。在食物禁忌中，相对而言最"靠谱"的一个，就是螃蟹+柿子引起腹泻。或许是这两种食物都比较容易造成胃肠发凉、肠道运动加速的感觉，有些敏感人群仅仅吃螃蟹或者仅仅吃柿子就会拉肚子。

这并不是说，仅仅避免螃蟹和柿子两者同吃就好了。如果是这种消化能力弱、肠道敏感、菌群紊乱、容易腹泻的体质，甚至是患有肠易激综合征、慢性肠炎等疾病，那么首先螃蟹、虾贝之类食物都应当自觉少吃，柿子、西瓜、梨、甘蔗、猕猴桃等很多水果也要自觉少吃。长期而言，加强体质、改善胃肠消化能力，就能逐渐消除身体对这些食物的敏感性。

所以，螃蟹和柿子的相克并不是普遍规律。身体强壮、胃肠健康的人，即便吃了一只螃蟹再吃一个柿子，也安然无恙。

五、食物是否摄入过量?

毒理学的基本理念就是：剂量即毒性。即便对正常量的食物能够正常处理，也不能避免在食用过量时可能出现不良反应。

比如说，猕猴桃正常食用时有利于促进肠道运动，预防便秘。吃一两个猕猴桃增加营养素和膳食纤维供应，没有不良反应；但连续吃 10 个猕猴桃，就有可能因为肠道运动过度，出现腹痛腹泻的情况。

在日常生活中，经常会出现这些情况：节日里大鱼大肉食用过量造成消化不良，儿童积食；夏天贪吃水果过量，造成腹痛腹泻；冬天干燥季节过多食用各种炒货，造成咽喉、口腔干燥甚至疼痛发炎的情况。这些都和相克没什么关系，注重食物合理比例，适当食用就好了。

六、是否有不适合某些食物的疾病？

比如患痛风的人不适合吃高嘌呤的海鲜，无论是否喝啤酒都是如此。痛风患者也不适合喝酒，无论白酒、啤酒都会促进内源性尿酸生成。有些人认为海鲜和啤酒同吃会升高尿酸，于是改成海鲜配白酒。但如果是高尿酸血症患者，换成海鲜配白酒，或者烤牛肉配啤酒，远离了传说中的"相克"，但一样会增加痛风发作的风险。

顺便解释一下日常人们常常听说的一些食物相克的说法：

——吃鸡蛋的时候不要吃糖精，会中毒？

纯属谣言。它的演变很有趣。先是有人说：鸡蛋已经足够鲜美，炒鸡蛋不需要再加味精。后来演变为"鸡蛋不能加味精"，然后又变成"鸡蛋和味精相克"，最后发展为"鸡蛋和糖精一起吃中毒"……

——番茄和黄瓜一块吃会把营养损失掉？

纯属谣言。所谓相克理由，是说番茄中富含维生素 C，黄瓜中有维生素 C 氧化酶，所以两者不能一起吃，会破坏营养。但是，难道其他蔬菜水果中就没有维生素 C 吗？为什么不说猕猴桃和黄瓜不能一起吃呢？为什么不说甜椒不能和黄瓜一起吃呢？专门和番茄过不去，显然是很荒唐的。

另外，黄瓜自己就含有维生素 C，只要测一下就知道。它的维生素 C 氧化酶，怎么没有先把自己所含的维生素 C 破坏干净呢？既然自己的维生素 C 都没破坏，还去折腾其他食物中的维生素 C 干什么呢？

再说，蔬菜中的什么酶，到了健康人的胃里，早就被灭活了。黄瓜和番茄在胃里见面时，根本不用考虑什么维生素 C 氧化酶的事情。

——菠菜和豆腐一起吃会患上肾结石？

这个禁忌貌似科学，其实理论基础只有一个：菠菜中含有大量的草酸，而普通豆腐是用石膏或卤水点的，含有大量的钙，草酸与钙可结合形成不溶性的沉淀。毫无疑问，草酸和钙结合沉淀，的确会浪费一部分钙，减少膳食钙的吸收量。

然而问题的另一个方面是：如果不和豆腐一起吃，菠菜中的草酸就不被吸收了么？吸收之后，它难道不会影响钙的利用、促进结石的形成么？如果担心草酸，是不是菠菜就不能吃了？那么，膳食中还有其他很多富含草酸的蔬菜，如竹笋、空心菜、木耳菜、苋菜、牛皮菜、茭白、青蒜等，同样可能带来草酸盐增加的问题。它们是不是也不能吃了？

其实，只要通过焯水处理，将草酸除去，所有的问题也就迎刃而解了。

实际上，富含草酸的蔬菜和富含钙的食物一起吃，并不会增加患结石的危险。国内外医学界调查证明，摄入较多的钙有利于预防肾脏和尿道结石的生成。美国专家甚至建议，最好把高钙食物和草酸食物一起吃，以促进草酸在肠道中便形成沉淀，避免被人体大量吸收。

坊间的食物禁忌还有很多很多，没法一一列举解释了。

中国营养学会曾经委托兰州大学公共卫生学院进行了人体实验，对各种所谓食物相克的说法进行实验，结果所有健康成年人受试者均安然无恙，连进医院的都不曾有过。不信查一查相关新闻"实验推翻食物相克说 130 人亲身试吃无恙"。

以后如果再看到家人或朋友传播这些耸人听闻的禁忌说法，简单送他们一句话：忘掉它们吧！

食物相克，真的好多都不能吃了吗？

哪些食物绝对不能吃？

2

虽然我多次批判"食物相克"和"有毒家常菜"的说法，还是经常会有朋友提问：作为营养专家，有哪些食物是绝对不能吃的？或者哪两种食物同时吃是绝对不行的？

我回答：绝对不会吃的食物包括以下三类。

一是食品安全不可靠的食物。比如已经在室温放了一夜甚至更久的饭菜，微生物超标和滋生细菌毒素的风险极大。将近腐烂的不新鲜蔬菜、腌了几天的暴腌菜、死掉的虾蟹、发霉的坚果和粮食等，我都坚决不会吃。

二是天然含有毒素或环境污染物而没有进行安全处理的食材，比如说野生的蘑菇，不知来源的河豚，生的豆角和黄豆芽，没有处理过的苦杏仁，外面不认识的野菜野果等。

三是有急性过敏问题或严重食物不耐受的食材。比如我从小胃肠功能很弱，对食物比较敏感。曾经吃一个螃蟹、吃几只虾就会胃里难受，或者肚子疼。所以那时候只能选择不吃。有些人对坚果过敏，一粒坚果就可能造成生命危险，真的不能冒险吃。

除了这种情况之外，就是个人选择性不吃的食物。其中也分为两类。

第一类，吃了之后肯定会不舒服，身心都很不愉快的食品。所以不吃或少吃。

我选择天然食物时，主要考虑身体的反应。从小只有一种食物是绝对不吃的，那就是肥肉。无论贫富状态，无论幼年还是中年，吃了肥肉都感觉胃里非常不舒服。

我现在身体比大学时代好多了，吃一只螃蟹没问题，但我肯定不会连续吃 3 只。现在胃肠好些了，海鲜类食物吃了之后，不会有胃疼肚子疼的问题，但会感觉嗓子发黏，所以讲课之前我不吃这些东西。估计也是一种食物慢性过敏的表现。此外，我测出有小麦慢性过敏，面食吃了之后嗓子会生痰，所以不会经常吃面食。

身体的感觉会随着健康水平和消化能力而发生变化。比如说我吃大蒜、蒜薹、蒜苗等，原来没什么不舒服，但现在会觉得反胃。无论大蒜有多少健康美名，但我的身体不喜欢，我就暂时不吃它。又比如说，我胃不好的时候不想吃芹菜，吃了感觉胃里发堵；但胃的状态改善之后，我就重新接受它，觉得味道很愉快。

有些食物少量吃可以，比如韭菜，但吃多了胃里不舒服，那就只是偶尔、少量吃。我对猪肉也是同感，吃多了会觉得别扭，因此只是偶尔吃。相比之下，吃鸡肉无论多少，都没有不愉快之感，我就知道身体更喜欢它。

我对其他天然食物的喜好程度有所差别，但只要烹调得当不难吃，基本上都能够接受。小时候不爱吃的东西，比如胡萝卜，长大之后也喜欢吃了。总体而言，我的食物多样化程度是比较高的。

第二类，营养价值低的食品，吃了也没觉得有什么愉悦感，所以不吃。

对于加工食品，我的态度是看它的营养价值。营养价值高，其中对我身体有用的成分多，那就把它组合在三餐当中。比如奶酪虽然热量高，但它也含有很多钙、蛋白质和B族维生素，吃了没什么不舒服，那我就偶尔吃，换换口味还是很好的。

但是，饼干之类实在没什么让我动心的营养价值，而且吃到嘴里也并不觉得很美味，那么我就舍弃它。小时候曾经喜欢萨其马和牛油曲奇，但现在我再吃它们，却觉得完全没什么好味道。

甜饮料就更不用说了，对身体有害无益，所以多年不喝了。除非是实在没有其他液体选择，又干渴难受，才会勉强喝一点。

吃快餐和外食时，我优先选择蒸的烹调方法，远离各种油炸食物。

汉堡热狗之类的快餐，有时候在飞机上或机场没有其他选择，无奈也只能吃。但一则自己有小麦慢性过敏，不适合吃面包；二则吃了之后真的没有什么美味感，只是机械地填充饥饿而已。所以如果有其他选择，就不吃它们。炸鸡太咸，吃一次难受好几个小时，因此不会选择它们。

对于食物之间的配合，我认为只要身体健康，胃肠功能好，绝大多数东西并不存在吃一口就会出问题的"相克"之类的说法。说什么有害无害，都要看数量。正如我此前所说，

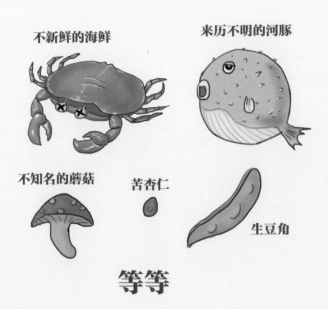

不新鲜的海鲜　　　来历不明的河豚

不知名的蘑菇　　苦杏仁　　生豆角

等等

吃一只螃蟹没关系，不等于吃3只也没事。很多东西大量吃之后可能会表现出不利影响，正所谓"剂量即毒性"。

对消化能力较差的人来说，身体会比较敏感，确实有些情况要注意。比如说，水果类的食物降低消化酶的活性（有很多测定数据），那么本来消化能力差的人再吃大量水果有可能使消化酶活力降低，消化液减少，这时候若再吃大量高蛋白的河鲜海鲜、牛羊肉等食物，有可能不堪重负，引起不适。又比如说，吃了很多坚果、栗子等，消化道已经很疲劳了，若再吃大量肉类，可能会更加辛苦，部分人可能也会感觉不舒服。

但这些情况，不能说成禁忌，因为并非人人如此，不属于放之四海而皆准的规则。只能说，每个人要了解自己，如果胃肠不好，身体虚弱，那就不要过于任性，要细细体会身体的感觉，吃什么食物都不要过量。

一定要记得，除了食品安全、食物过敏等情况要注意之外，正常的食物不是毒药，配合在一起即便不是特别妥当，也只是长期的影响，不可能到吃一两口就倒下的程度。饮食规则是因人而异的，没有什么"绝对"之说。了解自己的身体状况、营养状况、消化能力，比什么都重要。

所谓"搭配宜忌"是怎么来的?

3

只要看看报纸、杂志,或者翻翻网页网站,总会发现极多的"搭配宜忌"。它们不厌其烦地告知读者,A 食品和 B 食品是绝配,B 食品和 C 食品是相克……

事实真是那样吗?所谓的宜忌有什么理由?让我们来看一个例子。

某杂志上说,番茄和西蓝花是抗癌良配。

一看结论,便知道这说法的出处——著名的学术刊物《癌症研究》杂志上最近刊登了一项研究,研究者给大鼠移植前列腺癌细胞,然后饲喂它们不同的饲料。有的含有 10% 西蓝花粉和 10% 番茄粉,有的只有其中一种,有的吃提取出来的番茄红素。22 周之后发现,饲喂番茄粉和西蓝花粉的一组癌症抑制效果最好,癌组织的重量下降了 52%。饲喂西蓝花粉降低癌组织重量的效果是 42%,饲喂番茄粉的是 34%,而饲喂提取出来的番茄红素的,仅能使癌组织重量降低 7%。

从这个研究中,读者可以得出什么样的结论呢?

按照此杂志所说,结论是:番茄和西蓝花是抗癌绝配。经过媒体反复转载,人们将会忘记这种说法的来源和理由,只记得一个结论——番茄宜配西蓝花。

然而,如果用番茄配菠菜,番茄配芥蓝,胡萝卜配西蓝花,或者南瓜配西蓝花,效果又会怎么样呢?读者不得而知。他们只知道番茄和西蓝花。

其实,该研究结果的真正意义是:

首先,蔬菜当中的多种成分都对健康有益,吃完整的蔬菜要比吃分离出来的某种成分,比如说番茄红素,或者某种类黄酮,保健效果好得多。也就是说,吃抗氧化保健品胶囊,不能代替吃新鲜蔬菜的好处。

其次，各种健康成分共同作用，要比仅仅吃一类健康成分效果更好。很可能，不同的健康成分（比如番茄里面的番茄红素、青菜里面的类黄酮、紫色蔬菜中的花青素，还有十字花科蔬菜中的硫苷类等）通过不同的途径来抑制癌细胞，它们可能互相具有协同作用，发挥 1+1 > 2 的效果。因此，要得到蔬菜的健康好处，就应当在一天当中广泛摄取不同颜色的蔬菜，因为它们含有的主要保健成分各不相同。不仅番茄与西蓝花同吃有益，胡萝卜和油菜同吃，或者南瓜和紫甘蓝同吃，都一样是有益的。

想一想，是知道"番茄西蓝花相宜"要紧，还是知道以上这两个大的结论要紧呢？

反过来，很多禁忌说法也是一样，把大的道理变成特例，甚至由此引申出不应有的结论。

例如，媒体告知大家"豆浆不能冲鸡蛋"，甚至说"豆浆不能和鸡蛋一起吃"，却没有告诉大家，生豆浆当中含有妨碍蛋白质消化的胰蛋白酶抑制剂，以及有毒物质凝集素，必须要煮沸 8 分钟以上，方能保证营养和安全性。没有煮透的豆浆，不仅不能和鸡蛋牛奶之类一起吃，它本身就不安全！而如果已经煮透，和鸡蛋牛奶同吃没有任何问题。

在很多"宜忌"的说法当中，都表现出对研究信息和科学道理的不恰当解读。这些说法有的以偏概全，有的夸大其词，有的缩小范围，往往引导人们把目光集中在一些细枝末节的特例上，令人们在厨房里战战兢兢，如履薄冰，却漠视饮食中那些最要紧的健康原则。这种状况，徒然增加人们的精神负担，对改善大众的饮食质量益处甚少。

书上说这样搭配对身体好！

为什么媒体喜欢制造出许许多多的"宜忌"？早在十年前，曾有几家媒体向我约稿：给我们谈谈什么和什么不能一起吃吧！读者就喜欢看这种文章。我回答说：很抱歉，我反对这种绝对的宜忌提法。如今这么多年过去了，真正的营养安全原则还是少有人传播，各种饮食禁忌却频频登上台历、挂历、卡片，受到追捧和传播。面对这种不正常的现象，我们是否应当反思一下了？

5 个质问打破食物禁忌谣传。

4

翻开打着"营养健康"旗号的科普书，大多数都涉及一些饮食禁忌、食物相克方面的提法。经过无数次重复之后，这些所谓的"禁忌"渐渐深入人心。人们在敬畏地遵守这些禁忌之时，往往忘记了禁忌的来源和道理所在。其实，如果细细推敲，绝大多数的所谓禁忌是没有实际意义的，理论上站不住脚，有的甚至是十分荒谬的。

如何在众多的饮食禁忌面前心明眼亮？这里介绍一套检验饮食禁忌的"特效武器"。经过它的质问考验，许多谣传就会不攻自破，饮食生活当中也就少了不少顾虑，多了几分自由。在这个过程中，还能学会科学的思维方法，体验到独立思考的乐趣呢！

质问 1：这种禁忌的始作俑者是谁？是否为专业人士？

很多说法来自非专业人士，或者时尚、生活杂志的撰稿人。这些人可能以赚取稿费为主要目的，未必具有严格的科学态度和准确的专业知识。没有作者署名的信息，一定要打个问号，不可全信。那些说明了作者工作单位和职称的文章较为可信，但也要注意，隔行如隔山，没有哪个专家无所不知，无所不晓。一个医学专家，未必对食品方面的知识有深入了解；一个食品专家，未必对疾病方面的知识有准确把握。偶尔说错几句话，也是情理之中的事情。

最可靠的信息来源是权威的学术刊物的论点，以及学术团体的一致意见。即便如此，也要看是什么年代的文献，因为科学总会不断进步，过去的理论可能会被新的研究证据所否定，所以被行内专家一致认可的最新建议、最新指南，往往是最值得采信的信息。至于个别专家的耸人听闻之语，如果得不到同行的广泛认可，往往不值得相信。

大众媒体上的信息，包括各种生活用书上的信息，很可能是不可靠、不准确的。要记住，媒体的天性是吸引眼球。它们通常缺乏科学上的判断力，不会拒绝那些耸人听闻的说法，甚至会主动地推波助澜。

质问 2：这种禁忌的理由是什么？符合常理吗？符合逻辑吗？

每一种说法，都必须有确凿的科学数据作为基础，要有令人信服的理论依据。仅仅说"两者相克"或者"不可食用"，甚至说"产生危害"，很可能只不过是唬人而已，未必真的值得采信。

好好听一听它的理论，动脑子思考一下。如果它说得似是而非，与常理有违背之处，或者在逻辑上有明显漏洞，那么无论听起来多么"高深"，也不能立刻相信。

举例说，黄瓜和番茄不能一起吃，是为什么？理论是：黄瓜中的一种酶会破坏番茄中的维生素 C。那么这种酶有多么厉害？是否能把黄瓜本身的维生素 C 全部破坏掉？事实上，食物成分表上说明，黄瓜本身就含有维生素 C，含量是 8mg/100g，可以测定出来。既然这种酶连黄瓜本身的这点维生素 C 都不能完全破坏，又怎么能把番茄中的维生素 C 破坏掉呢？逻辑上显然站不住脚。

实际上，很多水果蔬菜中都含有"维生素 C 氧化酶"，但是这种酶只在细胞被破坏的时候释放出来，而且它们受热后会失活，在酸性很强的胃里面活性也会受到抑制。

换一个角度再问：如果黄瓜不和番茄一起吃，可以和其他蔬菜、水果一起吃吗？答案显然是否定的，因为其他蔬菜和水果毫无例外地含有维生素 C。这么说，黄瓜岂不是不能放在三餐当中吃了么？推而广之，那些含有维生素 C 氧化酶的蔬菜是否都不能在三餐中吃了呢？显然，这是个十分荒唐的结论。既然如此，还要相信这种禁忌做什么？

质问 3：这种禁忌的适用范围是什么？是否以偏概全？

每一个营养健康方面的结论，都应当是经过科学研究得来的。而科学研究没有绝对的真理，只有相对的真理，所有的结论，都有严格限定的前提；而所有结论的应用，也都有着明确的人群范围。如果把一个在部分人中得出的研究结果扩大到所有人身上，或者把某种条件下才发生的不利作用扩大到所有情况下，那么结论就变成了谬论。

比如说,豆浆是否不能和鸡蛋一起吃?

理论是: 生豆浆中含有胰蛋白酶抑制剂(请注意,不是胰蛋白酶),它是一种抗营养因素,会妨碍人体肠道中的胰蛋白酶对蛋白质的消化。这种物质不耐热,如果煮沸 8 分钟以上,它有 90% 以上会失活——所以人们都在放心地喝熟豆浆。

鸡蛋富含优质蛋白质,因而如果用没有充分煮透的豆浆来冲鸡蛋,有可能因为胰蛋白酶抑制剂的捣乱,而降低蛋白质的消化吸收率。

听了以上的理论可知,这个禁忌成立的前提是:豆浆没有煮透,胰蛋白酶抑制剂大多没有失活,因此会妨碍蛋白质的消化吸收和利用。不过,从"没有加热透的豆浆冲鸡蛋不妥",并不能推出"已经煮透了的豆浆不可以和鸡蛋一起吃"的禁忌。

可见,把"豆浆冲鸡蛋不利于蛋白质吸收"的结论,扩大为"豆浆和鸡蛋一起吃不吸收"的结论,显然在逻辑上站不住脚。

事实上,人们仅仅喝豆浆,就会对健康产生莫大好处,在蛋白质方面也得到补充。那么,既然煮熟豆浆本身的蛋白质都能很好地消化吸收,说明蛋白酶抑制剂已经被充分破坏。再吃一个鸡蛋,又有什么不能消化吸收的道理呢?

再问一句:如果豆浆不能和鸡蛋一起吃,是否也不能和其他蛋白质食品一起吃? 那么还可以继续推理——豆浆不能和肉一起吃,不能和鱼一起吃,不能和豆腐一起吃,不能和花生一起吃,不能和馒头、面包、包子、面条等一起吃……这些食品可全都含有蛋白质啊!看来,早餐如果喝豆浆,干脆什么也不能吃了,这不是非常可笑的结论么?

好了,现在这个"禁忌"还让你感觉那么敬畏么?

质问 4: 完全遵守这种禁忌,是否有可能?

的确,正如上面两个例子那样,很多禁忌不仅荒唐,而且根本无法实现,不合情理。按照它们的理论解释,人们的生活将无所适从。

例如,有禁忌说,牛肉不能和土豆一起吃。为什么呢? 说是牛肉富含蛋白质,要求酸性条件消化;土豆富含淀粉,要求碱性条件消化。两者同时食用,会损害消化系统。

按这个说法,问题可不仅局限于土豆和牛肉了。含蛋白质的食品很多,含淀粉的也不少,还有很多食物同时含有蛋白质和淀粉两种成分。看来,人们只能一餐吃牛肉,一餐吃土豆;

一餐吃鸡蛋，一餐吃米饭……主食和菜肴是没法一起吃了，连蛋炒饭、饺子、包子、馄饨、馅饼，以及面糊炸鱼虾、蛋糕、蛋卷之类食品的做法都必须取消。生活突然变得如此恐怖乏味。

有些食品更麻烦——红豆、绿豆、蚕豆、豌豆、芸豆等食品当中蛋白质含量达 20%，淀粉含量在 50% 以上，这样的食物干脆就没法吃了。其实，面粉含蛋白质 10%，米饭含蛋白质 7%，还有燕麦、玉米、小米……严格来说，它们也不能吃了。

可是，吃这些食品就会造成消化系统出问题的结果，有任何实际证据吗？如果拿不出确切证据，又为什么要相信这种让人无法遵守的"禁忌"呢？

再回过头来看看这个禁忌的理论基础。这个理论说，蛋白质在胃里面消化，胃的环境是酸性的；淀粉在小肠中消化，小肠环境是碱性的。然而，蛋白质的主体并不是主要在胃里面消化的，而是 80% 以上在小肠中消化——否则，人们也不用担心什么胰蛋白酶抑制剂了。既然淀粉和蛋白质都要在小肠里消化，消化条件又有什么不一样呢？

实际上，蛋白质在胃里的停留时间长一些，正好使得淀粉的消化速度一起变慢，降低血糖反应，对于糖尿病人、肥胖者来说，这是个优点而不是缺点。

相信学习过生理学知识的人都会觉得这个理论不够科学严谨。只不过，没有专业基础的人也一样可以批判它，因为它违背常理，而且不具备可行性。

质问 5：如果违反了这种"禁忌"，能有多大危害？

我们不妨把禁忌分为两类：一类与降低营养吸收，或造成某种营养素破坏有关；另一类与中毒、生病等有关。后者应当引起警惕，前者则几乎没有什么危害性。

举例来说：很多人相信，牛奶不能空腹喝，因为空腹时胃肠蠕动很快，而牛奶是液体，甚至可能穿肠而过，其中的营养素会被浪费。于是，他们没吃早餐、饥肠辘辘之时，手边有盒装牛奶，却不敢去喝，一直饿到中午。

且不说人体消化道并非漏斗，牛奶在胃里就会变成凝块，穿肠而过的事情完全是没常识的疯狂想象，就算果真因为肠道蠕动较快造成营养素吸收率有下降，毕竟奶中的养分大部分还是会被吸收的。婴儿都是空腹喝奶，他们难道不是靠吸收其中养分而长大的么？既然婴儿都能吸收其中的养分，想必成年人不会消化能力更差吧。就算吸收率降低 30%，毕竟还有 70% 的营养可以供身体使用，总比一直饿着要好得多吧！

可是，我们可爱的同胞们，因为没有百分之百的好，就要放弃百分之七十的好。我经常想不明白，为什么空腹喝牛奶、豆浆加鸡蛋之类对人毫无害处的事情，会被列入禁忌当中，而且亿万人民都奉为铁律，笃信不移，并身体力行？

说来也真不可思议，这么爱惜蛋白质、珍惜营养素的国人，却经常在宴席上空腹吃大鱼大肉。要知道这些东西的蛋白质含量可比牛奶高得多啊，而且一点碳水化合物也没有，空腹大量吃真是有些浪费，而且增加身体当中的"垃圾"的产生！可是大家吃得很欢，丝毫不见因为资源浪费而惋惜的意思。

这条禁忌，只有牛奶过敏和乳糖不耐受者需要考虑。前者的确不能食用任何牛奶制品，后者则不能直接喝牛奶，却可以喝酸奶，或吃加少量牛奶制作的混合食品。

如果扣除这一类禁忌，余下来的禁忌就屈指可数了，只剩下那些中医书上曾经记载的说法。然而，其中大部分情况在健康人的日常饮食中根本不可能发生，只有少数几种需要注意。

好了，让那些看似巍然屹立的禁忌们轰然倒下吧！我们的饮食生活从此变得轻松自由多了。

如果真的关注自己和家人的健康，请不要和那些无聊的禁忌们纠缠不休。首先要弄清自己的体质，知道自己吃哪些食物感觉不适，哪些食物令我们精神振作。这种效果更多地与自己的体质和身体状态有关，而与大部分"禁忌"无关。

让我们向积极的方向去努力，更多地了解自己的身体，更多地考虑如何搭配食物才能达到营养平衡，帮助预防各种慢性疾病。果真这样去做了，天长日久，健康自然与我们相伴。

菠菜的营养价值超乎想象——别委屈了它!

5

如果问欧洲人什么蔬菜营养最好,排前三名的答案当中总是少不了菠菜。在超市看看就会发现,欧洲的新鲜菠菜价格高昂,即便现在欧元贬值,按人民币计算,也往往要30 ~ 40 元 /500g,让低收入者望而却步。

对很多人来说,菠菜的营养价值好像就是似是而非的含铁多、补血、凉血之类的词汇,其实它可是名副其实的上档次的保健蔬菜。相关营养研究结果足以让它自豪——

菠菜富含钾,含量不逊色于香蕉和猕猴桃。

菠菜富含镁,在蔬菜中是最高一档,钙含量也不低。

菠菜富含叶黄素,英国研究确认它是欧洲食品超市里叶黄素含量最多的蔬菜。叶黄素和胡萝卜素一起,对眼睛的健康大有益处。

菠菜富含叶酸和维生素 K,即便和其他绿叶蔬菜相比也是佼佼者,浅色蔬菜和它相比更是差着数量级。

菠菜富含膳食纤维,对预防便秘有好处。芹菜虽然有筋,但纤维含量还是低于菠菜。

菠菜富含多种抗氧化物质,氧自由基吸收能力(ORAC)在蔬菜中是最高一档。

菠菜富含硝酸盐,趁新鲜时吃,有畅通血流和降低血压的作用,有利于心血管保健。

菠菜的其他营养素含量,包括维生素 C、胡萝卜素和维生素 B_2 等,都高于蔬菜的平均水平。

这样一种优秀的蔬菜,却经常被人鄙视,甚至是误解。说来说去,无非就是几个理由。

理由 1:菠菜含草酸!吃了牙齿涩!吃了得结石!吃了骨质疏松!孕妇不能吃!

菠菜唯一的缺点，就是草酸含量高。这事儿并不难解决，把它放到沸水中焯烫半分钟，捞出来控去水，去掉涩味就行了。涩味就是草酸带来的，焯烫可以去掉50%～70%的草酸，把菠菜的草酸含量降低到和其他蔬菜差不多的水平。其实蔬菜水果个个都含有草酸，只是含量多少的区别罢了。

就这点烹调时的麻烦而已，难道就能把菠菜的所有优点都抹杀了么？顺便说一句，韭菜、茭白、苦瓜和竹笋都富含草酸，怎么就没人说呢？马齿苋含草酸更多，很多人还专门挖来吃呢！无非是菠菜有草酸的知识比较普及，其他蔬菜草酸多的信息人们不知道罢了。

焯烫过的菠菜，既不会让人得结石，也不会让人骨质疏松。孕妇们完全可以放心吃，用它来补充叶酸和多种营养素。

理由 2：菠菜不好吃！菠菜焯过之后很"筋"很塞牙！

如果菠菜不好吃，真不知道什么绿叶菜能说得上好吃了。去掉涩味之后，菠菜叶子味道相当鲜美，这是我们的祖先爱上它、并把它培养成栽培蔬菜的重要原因，也是全世界人民都吃它的原因之一。

同时，菠菜叶子质地柔软，口感非常好。所以，焯烫去涩之后的蔬菜常常被压成泥，或者打成糊糊，作为婴幼儿的辅食，给宝宝补充营养。而且，菠菜烫熟之后体积大幅度缩小，一大盆生菠菜变成一碗熟菠菜，一顿吃掉200g熟菠菜完全没什么难度，各种营养素妥妥地大批入账。

不过，对于老一些的菠菜来说，叶柄的部分确实在焯烫之后韧性比较大，容易塞牙。在有些发达国家当中，直接把菠菜的叶柄大部分剪掉，只留下叶子和短短的叶柄，装在塑料袋里卖，这样洗起来方便，吃起来也愉快多了。

这件事情也不难解决。焯烫菠菜的时候，在沸水里加入一勺香油，然后再放菠菜进去，纤维素就会软化，菜叶也会更加柔软、油亮和鲜美。记得水里不要放很多盐，也不要在捞出菠菜之后用冷水冲，要摊放在盘子里自然晾凉，否则菜叶会变得韧性难嚼。不妨试试这个方法，没准特别讨厌菠菜的孩子以后就能接受它了。

理由 3：菠菜一年四季都能吃上，肯定是反季节的！叶子那么黑绿黑绿的，是不是化肥施多了！

这可就委屈菠菜了。菠菜是个一年四季都可以种的蔬菜，耐寒性很强，有春菠菜、夏菠菜和秋菠菜，还有冬菠菜。冬菠菜是在入冬之前播种，冬天休眠，春天收获的。为了提高它的抗冻性，菠菜在休眠之前的确要施肥补营养，但这是帮助菠菜越冬所必需的措施，其效果就是让叶绿素含量增加，叶片充分肥大，加强光合作用，以便菠菜积累营养。植物和人一样，"身体强壮"才能抵抗严寒。

对绿叶菜来说，叶子绿得发黑才是营养价值高的状态。绿叶颜色越深说明叶绿素越多，合成的养分越多，营养价值越高。大棚蔬菜、水培蔬菜的叶片颜色往往会偏浅，原因之一是光照不足，叶绿素不够多。绿叶蔬菜中的叶酸、维生素 K、叶黄素和镁的含量都是和叶绿素含量成正比的，我们怎么还能嫌人家菠菜叶子绿色太深呢……

虽然在中国，菠菜价格亲民，四季可见，算不上高档蔬菜，但这正是它的可贵之处啊！我们可不要因为种种误解，错过了这种既美味又营养的好食材！

吃水果的时间真的很重要吗？

6

每次只要一说起吃水果的事情，马上就会有一大堆问题接踵而至：饭前吃水果听说会伤胃？饭后也不能吃水果，听说水果会在胃里发酵？是不是有些水果空腹坚决不能吃，比如圣女果和橘子？有些水果特别适合饭后吃，是因为里面的酵素会帮助消化？听说晚上吃水果伤身体，早上是金水果，晚上是烂水果？水果必须饭后两小时再吃吗？

总之一句话，"吃水果得讲究时间"的说法，已经深入人心。

其实仔细看看各种说法，并没有人说饭前不能吃水果，而是说"空腹不能吃水果"。

第一个理由是，空腹时胃中酸度较高，再吃富含有机酸的水果，对胃有一定刺激。这话只对胃病患者有点道理，因为水果里那点有机酸的酸度，pH 值只有 3 ~ 5，和 pH 值可以低于 2 的胃酸（货真价实的盐酸）相比，实在是小巫见大巫了。倒不如说，水果中所含的有机酸和有机酸盐有缓冲剂的作用，不会让胃里的酸度下降，甚至可能是相反的。

第二个理由是，水果中含有大量单宁，和胃酸结合，容易生成结石。因此，对于胃酸过多的人来说，空腹吃酸度高的水果可能会产生不适；单宁过多的水果，比如柿子，空腹吃可能会与蛋白酶及黏液发生结合甚至伤害胃黏膜而导致不适。但是，如今水果味道越来越甜，酸度越来越小，涩味也日益淡薄，这种担心渐渐失去物质基础。绝大多数人在饭前食用苹果、梨、桃、西瓜、草莓等常见水果时，并没有什么不适感觉。

还有第三个理由，说水果糖分比较高，空腹吃容易产酸，并造成呃逆，等等。这个理由对胃肠健康的人来说不成立，因为糖分在胃里根本不会被消化，而是在小肠中被消化的。如果糖分较高便不能吃，那么在饭前，巧克力、饼干、蛋糕和糖果之类都不能吃了，各种甜饮料和甜汤也不能喝了，因为它们都是高糖分食品。所谓产酸，无非是细菌繁殖而把糖分分解掉，产生多种有机酸。假如胃肠功能正常，胃酸足够强大，水果里的细菌会被胃酸灭掉，细菌也就繁殖不起来，自然谈不上什么产酸问题。

真正需要注意的，倒是坊间传说中没有提及的两个理由：一是水果中含有蛋白酶，有可能伤害胃肠黏膜；二是水果中所含的多酚类物质，比如单宁、花青素、原花青素和酚酸等，会降低多种消化酶的活性。那些胃肠功能本来就很弱，或有胃肠疾病的人，其消化道黏膜本来就有炎症或伤口，更容易被水果中的蛋白酶或单宁所伤害；其消化液分泌本来就不足，消化酶的活性若再被多酚类物质降低，就会加剧消化不良问题。对他们而言，富含蛋白酶的水果包括芒果、木瓜、菠萝、猕猴桃、无花果等，的确不适合在空腹时吃得太多。

（题外话：嫩肉粉里主要用的就是这些蛋白酶。用菠萝汁泡牛肉有嫩化牛肉的效果，也是因为蛋白酶哦。吃菠萝的时候感觉刺嘴，就是因为蛋白酶消化了我们的口腔和舌头黏膜中的蛋白质。）

那么，饭后吃水果为何不好呢？传说中的理由是这样的：如果人们在饭后立即吃进水果，就会被先期到达的食物阻滞在胃内，致使水果不能正常地在胃内消化，而是在胃内发酵，从而引起腹胀、腹泻或便秘等症状，长此以往将会导致消化功能紊乱。

听起来似乎有理，但它的前提是，吃水果之前已经很饱，而且水果吃的数量比较大，导致长时间滞留中，胃酸分泌量又不足以杀死食物中的细菌，从而导致细菌在胃里繁殖发酵，产生大量气体，造成胃肠不适。那些胃酸不足、胃动力较差的人，相对容易出现这种情况，需要适当注意控制饭后吃水果的数量。胃动力强、胃酸分泌正常、饭后吃水果数量较小的人，并不用担心这种情况。

同时，胃酸不足的人，吃大量的水果会起到稀释胃酸和缓冲胃酸的作用，使胃的 pH 值升高，而达不到足够的酸度。前面说到，水果中不仅有很多水分，而且其中所含的单宁和有机酸／有机酸盐等物质可以构成缓冲体系，使胃的酸度发生变化（缓冲液的事儿好像中学就学过了）。如果酸度不足，既不能起到杀菌作用，也不能起到活化胃蛋白酶的作用，还会妨碍盐酸使矿物质充分离子化，当然会影响食物消化和营养成分的吸收。

总之，是否饭后两小时再吃水果，大可以按照个人的消化能力来决定。建议是这样的：

①如果消化能力差，或胃中感觉饱胀，就不必饭前吃水果，也不必饭后马上吃水果。同时，

一次吃水果的数量不要过多，以少量多次为宜。

②如果消化能力强，那么饭前吃水果，或饭后马上吃水果，都没关系。

在能够正常消化水果的情况下，还要考虑自己是需要增重还是减重，是否为高血压、高血脂患者。

③如果是需要增重，那么最好用餐前不要吃水果，以免影响消化酶的活性，或者影响吃正餐的胃口。

④如果是超重肥胖，或者有高血压、高血脂问题，那么餐前吃水果是件好事。先吃些水分大、热量低的水果，有利于减少用餐时的急迫感，放慢进食速度，少吃一些热量更高的饭菜，有利于控制体重。对高血压、高血脂患者来说，增加一些水果的摄入量，用它替代一小部分主食，可以大大增加钾元素和膳食纤维的摄入量，有利于控制血压和血脂。

⑤对糖尿病患者来说，水果和主食都是碳水化合物的来源，把水果当成两餐之间的加餐，更有利于平稳血糖。这样既不会使餐后血糖上升更多，也不会因为饥饿而造成第二餐之前出现低血糖情况。

至于晚上吃水果，当然是没问题的。和方便面、烤串之类相比，苹果更适合作夜宵。它热量不高，也不至于增加胃肠负担而影响睡眠。关键是，要在晚餐时少吃几口，把水果所含的热量让出来，否则就有可能增肥了。晚上吃水果的数量也要合理，假如晚上一口气吃半个大西瓜，当然不是明智之举了。

冷吃食物会伤身吗？

7

每到夏季，很多微信圈子就会传夏日养生的要点，其中之一就是要吃热食，喝热水，不要吃冷食。到秋冬就更不用说了，什么都要吃热的。

很多人问：这话真有科学道理么？食物成分没有任何改变，仅仅凉热温度不同，就会对健康有那么大的影响吗？

食物温度对健康有没有影响，这不是我们所能随口推测的，还是要看科学道理和研究结果，全面进行分析解读（没有耐心的朋友，请直接拉到这部分内容的最后，看我总结的4个建议）。

别的成分我不敢说，至少在我长期关注的淀粉类食物方面，温度对消化的影响确实是非常大的。不信，来看2004年发表在 *Nutrition Research* 上面的一项研究报告。

这项研究征集了9个年轻健康男性志愿者，早上给他们食用当天新鲜烹调的马铃薯。每天吃的马铃薯数量完全相同，唯一的区别就是一部分日子中，吃的是热乎乎的马铃薯，测定其中心温度为84℃，交给受试者去吃。另一部分日子中，吃的是彻底凉到室温的马铃薯，测定其中心温度为26℃，然后才交给受试者吃。

按理说，两种马铃薯餐，营养成分没有丝毫区别，不过是其中之一烹调后晾凉1小时而已。吃热马铃薯的受试者是用刀叉把它切成块，一边晾一边吃的，实际进口的温度虽然高于体温，但也达不到烫嘴的程度。但是，测试的结果，却让人大吃一惊——

吃热马铃薯后，餐后血糖的上升幅度显著高于吃凉马铃薯后，血糖指数分别是122和78，差了50%还多。而餐后胰岛素的上升幅度差异同样大，餐后胰岛素指数分别是117

和 82。不过，最令人惊讶的是，餐后的甘油三酯水平上升趋势也完全不同，热马铃薯带来了显著上升，而凉马铃薯不仅未引起上升，甚至还有非常显著的下降（Najjar et al，2004）！

对于淀粉类食物来说，消化难度不仅与纤维含量有关，还与淀粉的糊化程度及老化程度有关，也与食物的硬度、黏度等有关，这些早就得到了科学证明。而淀粉的糊化程度和老化程度，均受到温度的强烈影响。没有足够的温度，淀粉不能充分糊化，也就是"不熟"。而熟了之后一旦降温，淀粉分子就会重新聚拢，向生的方向回归，发生黏度下降、硬度上升等变化，这就是所谓的"老化回生"。淀粉分子回生之后，会产生更多的"抗性淀粉"，也就是不容易被人消化吸收的淀粉分子，它们和膳食纤维有点像，只有进入了大肠才能被大肠微生物发酵分解。

我国台湾地区也有学者研究发现，用测定抗性淀粉的方法来评价淀粉类食物的消化特性，与给人体实测的数据对比，会有很大的出入。例如，糙米（稻米的全谷粒）的抗性淀粉含量比较高，按理说，应当消化速度慢、血糖反应低，但是实测的血糖反应却比较高，达到 82（白米饭是 83）。研究者分析认为，这是因为抗性淀粉的提取和测定温度是室温，食物在提取抗性淀粉时，已经发生了一定程度的淀粉回生。然而实际吃饭时，受试者吃的是刚煮好的热糙米饭，淀粉糊化程度保持在比较高的水平上（Lin et al，2010）。

经过冷藏的凉米饭比热米饭消化速度较慢，快消化淀粉比例降低，抗性淀粉增加，这方面国际上的研究早已有很多，有兴趣的朋友可以自己去查资料。

我们实验室的测定也发现，由于支链淀粉的结构差异，即便是几乎不含有直链淀粉的糯米饭，冷藏之后的血糖反应也和未冷藏的不一样，其中粳糯米饭变化小，而籼糯米饭变化大（王淑颖等，2013）。对非黏性的小米饭来说，冷藏后食用会提升饱感评分，意味着食物在胃里的排空速度可能变慢（潘海坤等，文献尚未刊出）。在糊化特性测定中也证实，冷凉后容易变硬的食物有较大的回生值，籼糯米比粳糯米回生值大，非黏性的小米比黏性的小米回生值大。红豆绿豆之类在烹调之后温度下降的过程中变化更大，口感上就有明显的不同，在质构硬度测试时，时间差 10 分钟数据都会有差异，可能与它们直链淀粉的比例较高有关。

另外，从食物脂肪的角度来说，牛羊肉的脂肪，含饱和脂肪酸比例较高，其熔点超过体温。

因此，等凉后再吃，其脂肪呈现固态，消化速度也会降低。

从蔬菜的角度来说，生的蔬菜细胞壁未被破坏，故而消化吸收率较低，其中的类胡萝卜素利用率偏低。烹调加热之后，细胞壁软化，类胡萝卜素利用率明显上升。

从这些分析中可以发现，对于消化能力太好，身体又肥胖，患有高血压、高血脂、高血糖的人，给他们吃一些放凉的食物，增加抗性淀粉，增加消化较慢的生蔬菜，有利于延缓餐后血糖和血脂的上升，还能改善肠道菌群，是有益无害的。但是反过来，对于那些消化能力特别差，身体很瘦弱的人，若是烹调后不容易消化，可就是给消化系统雪上加霜了，而且也不利于充分获得食物中的营养成分。

同时，还要想到另一个问题：温热的食物有利于促进胃部的血液循环，而温度明显低于体温的食物，特别是冰镇、冷冻的食物，则会暂时性地使胃部血管收缩，抑制局部血液循环，降低消化液的分泌和胃肠蠕动的速度。对于那些身体瘦弱的人来说，本来消化液分泌就少，或者消化酶活性较低，若再用冷冻食物来冰镇自己的胃，显然不是明智的做法。

我们一定要理解，古人的各种养生提示，几乎都是在古代营养不良、体力消耗过度、环境温度变化巨大的情况下总结出来的。古代没有空调，也没有暖气，除了少数王公贵族能使用天然冰、暖房等降温升温措施调节居室温度以外，绝大多数老百姓过的是冬天瑟瑟发抖、夏天暴晒流汗的生活。那个时代贫困百姓能花钱让医生看病的，往往都是身体非常虚弱的重病状态，自然要非常注意食物温度对消化吸收的影响。

还要理解的是，在古代并没有冷藏设备，也没有食品卫生的检验。刚烹调出来的时候，食物的卫生程度最为可靠，而随着在室温下存放，微生物繁殖数量上升，发生食物中毒的风险也会上升，除非再次加热杀菌，否则是不安全的。特别是对于那些胃酸分泌少、身体比较弱的消化不良者、病人、老人等来说，被致病菌所伤害的危险更大，因为他们没有那么强的胃酸来发挥杀菌作用，也没有那么多的肠道 SlgA 来帮助对付致病菌。古人提倡夏季烹调食物之后赶紧趁热食用，也是一个保证食品安全的好建议。

所以，这里要给出的是以下 4 个建议。

第一，如果本人身体强壮，胃肠消化功能良好，则无须过分在意食物和饮水是否超过体温，只要不冰牙即可。高血压、高血脂患者不妨吃点生蔬菜，糖尿病患者可以把主食凉到室温再吃，这对提升饱腹感，降低餐后的血糖血脂反应反而可能是有好处的。在摄入添加糖的数量不超标的前提下，可以少量食用冰淇淋、雪糕等食物。

第二，如果消化功能不佳、有胃肠疾病，或是身体虚弱、处于术后疾病恢复期的人，以及消化能力下降的老年人，应当注意食物的温度适当保持温热，以略高于体温为宜。吃新鲜烹制的饭，比吃冰箱里冷藏后拿出来的饭更好消化；吃液体状的油脂，比吃降温后凝固的油脂更容易消化。吃生蔬菜感觉不适的体弱者，不妨把蔬菜烹调熟软之后再吃，能更好地获得其中的脂溶性营养成分。

第三，在炎热的夏天，微生物繁殖速度快，食物的变质速度也非常快。如果在室温下把食物放凉，到两三个小时之后再吃，很可能细菌已经超标。在冰箱中保存过的剩饭剩菜，拿出来吃的时候也要再次加热杀菌，不要因为贪凉而直接食用。

第四，即便是瘦弱消化不良者，也不建议吃滚烫的食物。热腾腾的饭菜，还是要等到40℃左右不烫嘴的时候再放进嘴里。否则，我们嘴里、食管和胃的黏膜，可就像那些烤肉一样，会被烫熟变性，还会增加患食管癌的风险。最近世界卫生组织提示，温度过高（超过65℃）的热饮会增加患食管癌的风险，正是这样的道理。

你也被这些谣言击中过？为什么人们喜欢 听信谣言？

8

要说食品与健康方面的信息，人们常常想到两个字：谣言。

看看最近十几年来的网络信息，特别是有关食品和健康方面，人们都会摇摇头说：谣言太多了。

食物禁忌谣言是最先出炉的。什么豆浆和鸡蛋不能一起吃，鸡蛋和牛奶不能一起吃，桃子和西瓜不能一起吃，黄瓜和番茄不能一起吃，胡萝卜和白萝卜不能一起吃，菠菜和豆腐不能一起吃，小葱和豆腐不能一起吃，燕麦和牛奶不能一起吃，虾和番茄不能一起吃，黄豆和猪蹄不能一起炖……

然后就是各种食物掺假谣言。什么大米是塑料做的，紫菜是塑料做的，肉松是棉花做的，包子馅是纸做的，鸡蛋是凝胶剂和色素做的，能烧着的粉条是假的，能成冻的粥是添加增稠剂的……

还有各种农产品生产相关的谣言：比如奶牛是靠打激素产奶的，肉鸡是靠打激素长肥的，转基因的鸡是长 6 对翅膀的，西瓜是打了甜蜜素针的，黑豆紫米是染色的，黄瓜是抹了避孕药的，绿叶菜都是靠大量农药生产出来的，圣女果和紫薯是转基因种子生产出来的，各种蘑菇是吸收了大量重金属的……

也有一些烹调加工方法和包装材料的谣言：比如微波炉是有害的，塑料包装都是有毒的，纸杯是有荧光剂的，不锈钢是会溶出有害金属元素的，方便面和罐头是含有防腐剂的……

一些有关食物营养的养生类谣言也相当深入人心：比如牛奶是致癌的，常温奶是和水一样没营养的，孕妇是不能吃燕麦的，女人是不能吃水果的，哺乳妈妈是不能喝牛奶的，老年人是要吃素的，喝豆浆会让男人变得女性化，酸奶加了增稠剂会让人血液黏稠，吃碘盐可以预防核辐射。

数不胜数的网络传言，总有一款曾经击中过你。

为什么谣言如此盛行？这里把我在新华社记者采访时对相关问题的回答写出来，和大家一起思考。

问题 1: 为什么人们这么容易相信谣言？为什么造谣这么容易，而辟谣这么艰难？

谣言之所以被大众喜闻乐见，是因为它符合人类的天性。

首先，谣言有出位、吓人、吸引眼球等特点。谣言无须严谨、科学，它可以披着各种光鲜外衣出现，肆意编造、夸大、扭曲事实。它可以在文风上制造阴森气氛，可以在心理上对你施加影响。

人类的天性是容易被各种与众不同的事物和信息所吸引，在互联网时代，信息过载，消息成灾，人们对信息产生关注的心理阈值越来越高，如果题目不是做得特别惊悚、诱人，就难免缺乏点击量。但是，即便是科学研究，只要多夸张一点，去掉前提条件，就会变成谬误。

其次，谣言具有一定的娱乐性、刺激性，它满足了人们求新求异、需要新鲜话题的心理需求。

比如说，讲"吃早饭有益健康"显得老生常谈，而说"不吃早饭更健康"则会吸引大量眼球，成为公众谈资。有些人还特别喜欢收集这类谈资，然后经常给别人提出各种养生忠告、安全忠告，能让别人觉得他"知识丰富"，特别关心别人。尤其是部分比较注重养生的人，互相转发健康相关微信，聊聊各种健康传言，能增加不少共同语言。

第三，谣言迎合了人们的梦想和需求。

你想不改变坏习惯就变瘦？想一边胡吃海塞熬夜抽烟一边容颜变美？想不花钱就能治好病？想不努力就能挣大钱？你有各种梦想，我编谣言迎合。就算你没有全信，至少可以赚你眼球。你那不争气的手，说什么也要点开这种消息瞧一瞧。

讲"管住嘴迈开腿"这类真理没人爱看，讲"快速减肥一个月瘦10kg"怎么也有大批点击。各种涉及减肥、美容的新理论、新方法，都会有大批拥趸愿意当小白鼠去尝试。

第四，部分谣言有经济驱动力。

部分谣言起源于商战，人们以为是涉及公共安全、营养健康，其实只是为了打击竞争对手的某些产品；部分信息夸大其词，把某种食物包装成万灵药，其实是为了推广某些产品得到暴利；还有部分谣言是为了提升点击量、吸引流量；部分谣言甚至有更叵测的目的，故意扰乱人心、制造不信任。

问题 2：既然有了辟谣平台，很多专家也都挺身而出来辟谣，为何谣言还是会反复出现和传播？

为什么同样的谣言会反复出现？比如微波炉加热食物有害，豆浆不能和鸡蛋一起吃，喝牛奶会致癌之类，这些都是辟谣十年的老谣言了。但至今仍然在传播。

这也不奇怪，因为网民是一批一批成长起来的。过去的老谣言，辟谣后已经式微，当时的谣言受众大部分已经知道真相。但总有些人，特别是刚开始关注健康话题的人，以前并未关心老谣言和辟谣信息，他们头一次看到这个老谣言，以为是新东西，于是又掀起一轮传播。所以谣言具有一波又一波不断回潮的特点。我多次在微博里说，辟谣不能嫌麻烦。要持之以恒耐心地做，改变一个算一个。

信谣不需要智力，不需要理性。辟谣则需要科学、理性。分寸把握要准确。相比于信谣而言，理解辟谣内容是一个学习思考的过程，需要时间精力，需要逻辑思维，需要一定的智力投入。一些不肯动脑的人，索性选择放弃思考，不看辟谣内容。

所以，造谣很轻松，信谣很刺激，传谣很欢乐，辟谣很疲劳。

问题 3：当前已经有一些公共辟谣平台建立起来，比如中国食品辟谣网，但谣言还是不断出现。应该如何加强辟谣机制的建设？

辟谣内容通过官方、半官方网站传播，效果不佳。很少有人习惯于去官方网站看信息，而且这些网站往往推广能力差，文字枯燥，不够生动，不够亲民。

相比而言，谣言粉碎机、食品营养信息交流中心、各相关学会之类的第三方信息来源能够吸引很多人的注意，众多自媒体科普人士能够吸引有思维能力的网友。其语言风格和个人风格明确，更容易得到受众的喜爱，比花费大量资金建立的官方网站效果更好。

个人认为不必建设很多新的官方辟谣网站，有一个官方网站，用来协调和吸纳与辟谣有关的官方信息、各方民间信息，就可以了。它的意义是给纸媒、电视编辑提供可靠的信息来源，而不一定花费那么大的力量，试图自己直接把信息推广给所有公民。

相比而言，用有效的政策投入和很小的资金投入去支持积极辟谣、积极科普的各专业学会，支持社会上自发辟谣的科普人士，建立一个倡导民间辟谣、奖励民间科普、科普人才不断涌现的社会机制，可以取得更大、更长远的效果。长此以往，就会出现一个信息很公开、科普很快乐、辟谣很高效、谣言很短命的网络信息环境。

问题 4：随着自媒体的发展，你觉得当下的一些食品安全谣言与前几年的谣言在内容、形式、传播目的等方面有没有什么异同？

健康相关谣言的内容会不断创新，但总体而言大同小异。无非是几个类型、食品安全类、健康养生类、公共安全类。

形式上肯定会逐渐翻新，从网文到微信，从文字到视频，写作风格也在变。对辟谣者来说，必须跟上形势，采用各种新出现的传播方法，以便尽可能覆盖所有网络信息的受众。

和十年前相比，从数量上来说，谣言已经有减少的趋势；从传播时间上来说，每个新谣言的寿命也有缩短趋势。因为政府、学会和行业协会都比以前重视科普，公众媒体和各方面的民间辟谣力量也逐渐整合起来，逐渐形成了快速应对机制，辟谣速度非常快。同时，随着科普能力的增强，辟谣的文章、漫画等也做得越来越好看了。

因为相关辟谣网站和科普自媒体的出现，以及政府、学会、民间各方面的科普投入，长期教育机制也在逐渐形成，部分教育水平较高的公民已经逐渐形成了理性思考能力，不再轻易相信谣言。

问题 5：公众面对花样百出的谣言，应该从哪些方面不断提高应对、辨别的能力？

人求新求异、追求刺激的天性无法改变，改变的只能是教育。最重要的就是从小学到大学的教育引导。其实，近年来所流传的大多数谣言，只要学好中学的各科知识，就足以破解。

现在我们的教育是只教授知识，不培养科学思维能力。从小既不查文献，也不看研究，不习惯于逻辑思考。学的知识考完试就还给老师，完全不具备整合知识、融会贯通、综合应用多领域知识的能力。这么教育出来的人就是仅仅在自己的工作领域有逻辑思维能力，在其他领域的分析能力和小学生无异，更谈不上质疑精神和批判性思维。

另外，在网络时代，求得免费答案太容易，又泯灭了很多人开动脑筋、花费时间、自己去寻求问题答案的内在动力。

只有从孩童时代开始改变我们的教育，真正提高逻辑思维、应用知识、质疑分析、研究探索的能力，才能从根本上消灭谣言流行的土壤。

问题 6：从法律或者规范的角度，政府以及相关部门应该如何进一步管控谣言的产生和传播？

我国有关造谣的法律不健全，目前造谣的惩罚主要在政治谣言、公共安全谣言、名人名誉谣言等方面。特别是食品、养生、健康类的谣言，虽然每年给农民和食品业造成数以亿计的经济损失，使大批民众健康受损，却缺乏有效惩罚措施。相关法律不能说完全没有，但可操作性差，法律条文说法模糊，受害方取证困难，经济损失难以界定，缺乏相关判例。

既然造谣成本太低，很难被惩罚，收获大代价小，那么造谣者当然乐此不疲。造谣者在给别人造成上亿经济损失后还能逍遥法外，不负责任。他们可能会想：既然造谣也无损自身，还有点击可赚，甚至还有钱可赚，那为什么不造谣……

所以，急需完善相关的法律制度，比如设立"食品诽谤罪"之类的罪名，让相关产品、企业、农民的经济损失，以及因为谣言而健康受损的公民，都能找到一个索赔追责的机制。我国台湾地区能把传播健康谣言的林光常送进监狱，而大陆的张悟本在造成多名信众的健康损害之后，却一直逍遥法外。

对谣言的源头和传播路径，要有一个追责机制，传谣必须负连带责任而受到各种惩罚。特别是各种媒体，包括报刊、电视、广播、网站、自媒体等，必须为造谣、传谣负法律责任。这样他们就不会因为追求点击而盲目传播谣言，遇到新信息必须各方求证，找相关部门和业内专家帮助判断信息真实性和科学性，极大地遏制谣言传播效率。

非常令人高兴的是，就在 2017 年 7 月，国务院食品安全委员会办公室等 10 个部门联合发布了《关于加强食品安全谣言防控和治理工作的通知》，严申任何组织和个人未经授权不得发布国家食品安全总体情况、食品安全风险警示信息，不得发布、转载不具备法定资质条件的检验机构出具的食品检验报告，以及据此开展的各类评价、测评等信息。一旦发现违法违规发布食品安全信息，应严肃查处，并向社会公告。同时，这个通知还要求各地公安机关接到食品安全谣言报案后，应当依照相关法律法规，严厉惩处谣言制造者和传播者。涉嫌犯罪的，依法立案调查；构成违反治安管理行为的，依法给予治安管理处罚。

网友
问答

食物禁忌传言要不要信？

//@ 白猫警官：电台的节目也在宣传，例如茄子不能与土豆同吃，番茄不能和黄瓜同吃。

范老师：地三鲜这道菜，吃了多少年了，不就是茄子土豆和青椒么？怎么不能一起吃了？番茄
和黄瓜人们也是一起吃了很多年了！相克理由是一起吃损失维生素C，那是不是该说：
蔬菜只能生吃，蔬菜和下锅加热相克！

//@ 水墨 celia：胆结石患者可以吃鸡蛋吗？

范老师：鸡蛋的胆固醇确实比较高，但并非绝对禁忌，只是要少量多次食用。比如一餐中喝几
口蛋花汤，或者吃几口加了切碎煮鸡蛋的沙拉，或者吃点加了鸡蛋和面做的面食。不
要一次吃一整个鸡蛋，尤其不要用油炒！另外，别以为只有蛋黄和动物内脏含胆固醇，
肥牛肥羊排骨肉之类也不少。

//@ 杨晓影 2012：范老师，已经有点霉味的南瓜子是不是不能吃？

范老师：发霉的坚果、瓜子等绝对不能吃，霉菌毒素是很可怕的。这是真正的食品安全问题。
对食品企业要求高固然是应该的，但食品安全事件发生在自己家里就觉得无所谓，怕
浪费就勉强吃掉发霉食品，那可就大大地不明智了。

// @ 胡同一霸：还有说吃葡萄会怀葡萄胎的。

范老师：如果因为有"葡萄胎"这个情况就不能吃葡萄，那么因为有"巧克力囊肿"是不是备
孕的女性都不能吃巧克力了。民间还传说吃兔肉就会兔唇，我就奇怪了，天天吃猪肉，
难道不担心会长出猪鼻子来么？

@ 玩了个味 _ 哩哩哩：我想请问一下，我父亲有 2 型糖尿病，现在已将白米饭替换成杂粮饭，
由于天气炎热，他喜欢将中午剩下的杂粮饭加水放进冰箱，说晚上吃了舒服，不知道这样对血
糖有影响么？希望得到解答，谢谢！

范老师：中午剩下的杂粮饭放进冰箱，即便加一点水，也不会增加血糖反应。实际上是降低。

拿出来之后还是用微波炉加热杀菌一下比较安全，加到 70 ～ 80℃就可以。不要久煮，煮烂了才会有升高血糖的反应。

//@ 雨馨： 刚刚电视节目中一个专家还说吃紫菜补钾呢，紫菜中的钾含量是香蕉的两倍多，听完马上换台了，一天吃一根香蕉容易，谁能一天吃两包紫菜啊。

范老师：这就是有素质的观众啊。如果观众都和您一样的水平，也就没有谣言传播的基础了。很多医生倒不是故意说错，只是不太了解食物内容，看了食物成分表也可能理解得不准确。

//@ 偶遇水晶：黄瓜和番茄最好别一起煮，分开烹饪比较好。因为一起煮黄瓜就变黑了，还不好吃。浪费了我的黄瓜，番茄汤也不好喝了。所以番茄汤和黄瓜炒鸡蛋一起吃比较好吃。

范老师：这是因为番茄是酸性的，黄瓜中的叶绿素遇到它会变黄不好看，清香味道也会损失。这和有毒有害无关。

//@ 玉永 just 、 alive：我妈说青菜大部分都是凉性的，她体寒不能吃太多。我自己一天吃 250g 青菜都不怕，不知道怎么说服她吃多点呢。

范老师：青菜只要煮软点就可以了，不那么"寒"。

我的

健康厨房

◇◇◇

范志红

谈

厨房里的

饮食安全

吃肉使人短寿？红肉、白肉哪个更让人放心？

1

就在 2017 年 5 月，美国国立癌症研究所研究人员发表于《英国医学杂志》上的一篇研究报告在科学新闻中引起了关注。这篇报告（Etemadi et al，2017）对此前各地区的多项研究数据进行了综合分析，在 50 多万人的跟踪调查数据中找出了多吃红肉的有害证据——居然会增加死亡风险，也就是说，会让人缩短寿命！

此前，在 2015 年，世界卫生组织把红肉和肉类加工品列为一类致癌物，结果引起了媒体的不小喧嚣，还引来了肉类相关行业协会的猛烈抨击。热爱肉类的人们半信半疑，香喷喷的香肠、火腿、培根，想想都流口水的烤牛肉、烤羊肉串之类，到底是吃，还是不吃呢？

但是，查查其他研究结果，让很多人进一步绝望了。在 2016 年发表的一项汇总分析研究中表明，每天吃一份加工肉制品（50g），全因死亡率就会升高 15%，心脑血管疾病死亡风险增加 15%，癌症风险增加 8%（Wang et al，2016）。如果吃没有加工过的肉类，虽然比加工肉制品危险小一点，但仍然会增加全因死亡率。英国营养学杂志 2014 年发表的汇总分析文章也有类似的结论，食用加工肉制品 50g 或者未加工红肉 100g 以上，会增加心脑血管疾病的死亡风险。食用加工肉制品会增加全因死亡风险，而未加工的红肉则不会（Abete et al，2014）。

学术界对目前多项研究进行综合评估，得到的结果是：肉类摄入量大，不仅增加患结直肠癌的风险，增加患糖尿病和肥胖的风险，少数研究提示还可能增加患痛风和前列腺癌的风险。食用肉类加工品（比如香肠、火腿、咸肉、培根之类）则不仅增加患肠癌风险，还会增加患高血压和心脑血管疾病的风险。

看来，肉类有害这事是没法翻案了？

不过，先不要那么悲观，也不必因此马上戒掉肉类改成素食，先看看下面这些详细信息再做决定也不迟。

第一，所谓红肉有害之说，只限于中高摄入量的情况。少量摄入仍然是无妨的。

比如说，按这次美国研究者提供的数据，每天吃134g以上的未加工红肉，会增加26%的死亡风险。不过，如果不吃那么多呢？比如吃100g以下呢？就不会有这样的危险了。

又如，按世界癌症基金会的数据，每周吃500g以上的红肉才会增加癌症风险，那么每天吃70g以下的数量仍然是不增加癌症危险的。还有研究提示，每天66g以上的红肉摄入量会增加患前列腺癌的风险，但每天吃50g还是没有关系的。

需要说明的是，这里所说的肉类数量，是指没有烹调过的肉，不算皮、肥肉和骨头，完全是纯肉的量。假如吃带骨头的肉，比如吃排骨时，大约有一半是骨头的重量，那么每天吃50g肉实际上就是吃100g排骨，也不算是太少。再说，平均每天50g，如果攒起来吃，两天吃一次肉，还可以再放开点大快朵颐。每周一、三、五吃鱼，二、四、六吃肉，周日吃个蛋奶素清清口，从美食享受的角度来说，并不显得太委屈，营养上也更为合理。

总之，对于自家烹调的新鲜肉来说，少吃点就能避免风险。中国居民膳食指南推荐健康成年人平均每天吃40～75g肉，这个摄入量是完全无须担心的。

第二，肉有红肉和白肉之分，白肉没有增加死亡风险的麻烦。红肉是猪、牛、羊等畜肉，白肉是鸡、鸭等禽肉。人们通常以为，鸡肉营养不如猪肉、牛肉，鸡肉里面激素多，不利于健康，但研究证据却恰恰相反！

以往的多项研究表明，鸡肉不会增加脑卒中、心脏病、糖尿病的死亡率，也并不增加肠癌风险。还有研究表明，在总热量不变的情况下，用去皮鸡肉替代红肉来供应蛋白质，有利于预防随着年龄的增长而发胖的趋势（Smith et al，2015）。

就死亡率来说，2014年发表的汇总研究发现，鸡肉不会增加全因死亡风险和心脑血管疾病死亡风险（Abete et al，2014）。这次美国研究者的分析数据发现，吃鸡肉等白肉比较多的人，和很少吃白肉的人相比，全因死亡风险不仅不增加，反而会下降25%（Etemadi et al，2017）！请注意，这里说的白肉，主要就是指快速出栏、集中饲养的"速生鸡"的肉。

所以，不要因为鸡肉便宜就嫌弃它，也不要因为什么激素的传言就疏远它。目前从西方引入的养殖肉鸡是速生的"白羽肉鸡"品种，它能在 50 天之内养大，是因为品种特性，加上高热量高营养饲料的作用，和使用激素无关。虽然养殖鸡肉的风味不如散养鸡，但到目前为止，各国都没有发现吃正常数量养殖鸡肉有害健康的证据（除了处于身高快速增长期的青少年、重体力劳动者、需要快速增肌的人和部分运动员之外，一天吃 10 个鸡翅膀或者 5 条鸡腿这类吃法，不在正常数量范围之内）。

第三，不同地区的人，对肉类食物的反应好像不一样。有趣的是，美国各项研究一致发现，多吃未加工的红肉也会增加死亡风险，而在欧洲研究中这种效果并不显著，在亚洲人中的调查根本没发现这种趋势（Lee JE，2013）。

研究者分析认为，这可能是因为吃法不一样，摄入量不一样。美国人喜欢在室外吃明火烧烤肉，就是下面生火，支个架子把肉放上去烤的 barbecue（BBQ），而这会引入多环芳烃类和杂环胺类致癌物。欧洲人就很少采用这种吃法，主要是烤箱烤、炖煮等方法，不会引入过多致癌物。

亚洲调查之所以没找到吃肉有害的证据，可能是因为吃肉的总量不多。虽然会有少数人吃肉过量，但大部分人只是少量吃。美国每年人均摄入肉类 122kg，主要是红肉；而亚洲国家连美国的一半也到不了，还有一部分是白肉。水产类、鸡鸭肉的摄入不增加死亡风险，甚至会降低死亡风险。因此综合结果是肉类摄入量不增加亚洲人的死亡风险。

第四，到底为什么肉类会提升死亡率？避开原因就能减少危险。

研究者认为，红肉和红肉制品引起死亡率上升的因素主要是两个方面：一是加工肉制品中的 N- 亚硝基类致癌物（人们常说的亚硝胺即属此类）；二是过多的血红素铁。

N- 亚硝基类物质不仅有致癌性，增加消化系统癌症危险，而且有研究提示它可能增加胰岛素抵抗和冠心病的风险（Habermeyer, 2015）。所以，无论如何，不提倡各国人民多吃加工肉制品，包括香肠、火腿、培根、肉肠、咸肉，以及熟后颜色为深粉红色的其他熟肉制品。

血红素铁能够有效预防缺铁性贫血，但过多摄入时，它会促进体内的氧化反应（Romeu M, 2013），增加患冠心病、糖尿病和部分癌症的风险。

所以，这里要忠告爱吃肉的男性，适当控制吃肉数量，最好能控制到《中国居民膳食指南》所建议的 40 ~ 75g 的水平上。如果此前吃肉过多，已经有肥胖、高血压、糖尿病、冠心病等情况，或血红蛋白含量过高，那么暂时不吃红色肉类一段时间，可能有益无害。

和男性相比，女性适当吃点肉的风险要小些。因为女性每个月有月经失血，吃了红肉之后，过多的铁元素能够从经血中排出去。所以有的研究发现，多吃红肉增加男性的心脑血管疾病危险，对女性则作用不那么明显。反过来，不吃肉的女性患营养性贫血的风险会增加。

如果女性此前吃肉过多，血红蛋白过多，那么可以暂时减少红肉，改成白肉或鱼肉。如果此前吃肉就偏少，肌肉松软，身体怕冷，血红蛋白不高甚至偏低，那么选择每天吃50g 红肉，或者 50 ~ 100g 鸡鸭肉，对拥有红润的脸色和不怕冷的体质很有帮助。

常有这样的情况，患有三高的中老年女性在改为"周一三五素食，二四六日吃肉"的"部分素食"之后，感觉身体状况变好。但是，彻底戒掉肉类之后，脸色变黄，身体怕冷，抵抗力反而下降。再改成一半时间蛋奶素，一半时间吃肉时，身体又恢复了原来的活力。

如果吃加工肉制品呢？比如香肠、火腿、培根、腊肉之类，目前研究证据表明，只要吃 25 ~ 50g 就会产生不良影响。所以，还是不要怕麻烦，自己在家里炒肉炖肉比较好，香肠腊肉之类还是只在过年过节时偶尔享受一下吧，反正自古以来人们就是过年过节才吃这些东西的。

当然，实在不想吃猪牛羊肉甚至鸡鸭肉，也没关系，还可以选择鱼类、海产、蛋类、奶类和坚果来供应蛋白质，这些蛋白质都没有发现会带来促进慢性疾病、增加死亡率的麻烦。只是，育龄女性需要从其他食物或营养增补剂中获得足够的铁元素，以便远离贫血的危险。

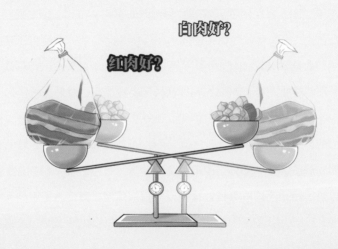

动物内脏真的特别可怕吗？

2

对于内脏，很多人是又怕又爱。说怕，是怕它们含太多脂肪和胆固醇，也怕它含有污染物质；说爱，是因为喜欢它们的口感味道。

今天咱们这里不谈口感，只说营养。内脏真的含有那么多脂肪和胆固醇吗？它们对人就没有什么好处吗？事实并非如此。

刨除颜色淡白的动物肚、肠部分，大部分内脏的颜色是深红色的，特别是肝脏、肾脏、心脏和脾脏。

懂一点营养的人都知道，吃深红色的动物内脏，比如肝脏，可以帮助缺铁性贫血的人补铁，因为内脏那紫红色的颜色，是"血红素"所带来的。"血红素"正是内脏、肌肉和血液呈现红色的原因，它的分子中含有铁元素。内脏的颜色深浓，是因为它所含的血红素比肉类中的铁含量更高，其中的铁元素吸收利用率非常高。这也正是"猪肝补血"之类民间说法的道理所在。

比如说，给较大婴幼儿添加辅食时，只要加一勺肝泥，就能有效地供应铁元素，预防婴幼儿常见的缺铁性贫血。除了猪肝之外，鸡肝、鸭肝、鹅肝、羊肝也一样好，鸭胗、鸡心、猪肾（腰子）也不错，只要是深红色的内脏，都有帮助补铁的作用，只不过肝脏比较容易做成泥罢了。

人们还知道，肝脏能帮助部分人改善眼睛的健康，因为动物肝脏中维生素 A 的含量特别高，远远超过奶、蛋、肉、鱼等其他食物，可有效防治夜盲症、干眼症及角膜软化症等眼部疾病。古代医家记载都提到肝脏能补血、明目，就是因为这些营养素含量高的缘故。

其实，肝脏的营养价值还不止于此。在动物体内，肝脏是营养素储备的大本营，它含有人体所需的全部 13 种维生素，其中维生素 A、维生素 D、维生素 B_2、维生素 B_{12} 的含量特别高。肝脏的蛋白质含量超过瘦猪肉，铁、锌、铜、锰等微量元素十分丰富，几乎是自然界当中营养素最全最丰富的食物了。野生食肉动物从来不会放弃这个重要营养来源，捕食后总是把肝脏一起吃进去。

除了肝脏之外，动物的肾脏也含有不少维生素 A 和维生素 D，而普通肉类中它们的含量却很低。若论各种 B 族维生素含量和微量元素含量，肾脏、心脏和禽类的胗都明显高于普通肉类。也就是说，它们是营养素含量更高的"红肉"。

有人担心，肝脏中含有过多的维生素 A，这种维生素摄入过量的时候也可能让人发生中毒。还有人听说，孕妇坚决不能吃肝脏，因为孕妇摄取过多维生素 A 会导致胎儿畸形。不过，这种情况只发生在吃得数量过多的情况下，而且不包括心脏、肾脏等其他内脏。

我国居民膳食中通常维生素 A 摄入不足，多数人达不到推荐量（女性每天 700μg，男性 800μg）。按我国目前最新发布的膳食营养素参考值（DRIs），健康成年人，包括孕妇，每天吃维生素 A 的"可耐受最高量"是 3000μg。也就是说，3000μg 以下的维生素 A，就算长年累月地天天吃，也不会引起什么麻烦。

按现有的医学证据，成年人服用超过推荐量 100 倍的维生素 A 会发生急性中毒，长期每天服用超过推荐数值 25 倍的维生素 A，会发生慢性中毒。

按目前鸡肝和猪肝的维生素 A 含量，一周吃一次，每次 50g，得到的维生素 A 数量分别大致为 5000μg 和 2500μg，只有成年女性每天推荐量的 7 倍和 3.5 倍，远远达不到急性中毒的量。把这个数值平均到 7 天当中，那么只有 1 倍和 0.5 倍。也就是说，偶尔吃一次动物肝脏，比如每个月吃一两次，哪怕吃的量比 50g 更大，维生素 A 的摄入量也不可能高到中毒水平。如果不是自己乱服维生素 A 胶囊，或者乱喝鱼肝油，仅仅偶尔吃一次肝脏就吃出维生素 A 中毒的说法，属于自己吓自己的夸张。

不过，还有一些人害怕内脏，理由是肝脏属于高脂肪高胆固醇食物。的确，肥鸭肝、肥鹅肝之类育肥动物肝脏的脂肪含量比较高，通常可达 10% ~ 30%，和肥牛之类的食物相当。但是，正常肝脏的脂肪含量低于 5%，比瘦猪肉还要低，属于高蛋白低脂肪食物。健康的肾脏也是高蛋白低脂肪食物，而心脏的脂肪含量和普通肉类相当。

　　由于肝脏是生物体中胆固醇合成的场所，它的胆固醇含量通常是瘦肉的 3 ~ 4 倍。100g 生猪肝和一个鸡蛋相比，胆固醇还略多一点儿。相比而言，肾脏的胆固醇含量就略低一些，而心脏的胆固醇含量和普通肉类几乎相当，是完全无须担心的。

　　最近美国营养学会刚刚取消了胆固醇的膳食限量，我国最新发布的营养素参考摄入量标准当中，也未对胆固醇进行限制。这是因为人们反复审查了对胆固醇与心脏病之间关系的研究，发现并未找到可靠的证据能证明，只要胆固醇吃得多一点，就必然会升高血胆固醇，引发心脑血管疾病。尽管营养学家们并不主张经常吃富含胆固醇的肝脏，但如果日常肉类总量不过多，1 个月吃一两次，每次吃 50 ~ 100g 肝脏，还是不必过于担心的。

　　但是，坊间还流传着"吃肝脏会中毒""内脏污染特别大"的说法，这让很多人对它们望而却步。的确，肝脏就像一个巨大的"化工厂"，它是动物体内最重要的营养合成器官，同时也是解毒器官，各种毒素都会送到肝脏去处理；肾脏则是动物体的排毒器官，它也很难避免和毒物打交道。

精品鹅肝　营养丰富

建议每月吃一两次

　　食物中的营养成分会通过消化吸收变成小分子进入血液，然后再由血液运送到肝脏，进一步合成各种身体所需的物质；而各种毒物也会进入肝脏解毒，通过几种解毒途径，最终将代谢废物和外源毒物转化为无害物质或小分子易溶性物质排出体外。如果动物本身患有疾病，或过量服用药品，或饲料中有过多的重金属和其他难分解的环境污染物，这些成分便有可能在肝脏中长期积累。因此，"吃肝脏会中毒"的说法也并非完全危言耸听。

　　但是，肝脏的这些害处，都是建立在动物本身患病，或过量使用兽药，或饲料水源被污染的基础上的。肾脏也一样。食用通过了动物检验检疫的合格产品，只要注意控制摄入量和烹调方法，一般来说不会发生中毒。

　　说到这里，和内脏和平共处的方式也就很清楚了。

　　①如果不是贫血缺锌或缺乏维生素 A 的人，没有必要经常吃肝脏和肾脏。不吃它们的人可以通过吃菠菜、胡萝卜、鸡蛋、全脂奶和多脂鱼类来保障维生素 A 的供应，也可以通过吃红色瘦肉来获得容易吸收的血红素铁。

　　②如果医生建议吃动物肝脏来辅助治疗贫血、夜盲症、干眼症等疾病，或给婴幼儿做辅食，每次最好不超过 20g（满满 1 汤匙的肝泥），这样既不会维生素 A 过量，污染物总量也不至于过多。

　　③如果是健康人喜欢吃肝脏和肾脏也没问题，建议每月吃一两次，用它替代其他肉类，每次不超过 100g，选择靠谱的超市购买有检验检疫标志的产品。选择购买有机、绿色或无公害食品，相对而言环境污染积累的危险更小一些。不要吃发生病变或不新鲜的内脏，而且一定要彻底烹熟，不要因为追求嫩滑口感而吃没熟透的内脏。

　　④在同样的饲养环境下，大型动物如牛、羊等，生长期更长，肝脏中积累的环境污染物相对较多，而鸡和鸭生长期较短，所以鸡肝和鸭肝的污染物积累甚至比猪肝更少，口感也更细腻，更适合给小宝宝做成肝泥辅食。

　　⑤相比于肝脏和肾脏，动物的心脏和禽类的胗子更加安全。它们蛋白质质量上佳，既富含多种微量元素，又有较高的 B 族维生素含量，综合评价优于普通的瘦肉。同时，心脏和胗子的脂肪及胆固醇含量不过高，味道和口感也非常不错，作为高营养价值的"红肉"，适合所有健康人食用，也是预防缺铁性贫血的好食品。

动物油，你敢不敢吃？

3

不知从何时开始，动物脂肪成为一个人人恐惧的词汇。若回到 40 年前，它们本是人人向往的美食材料。

40 岁以上的人都还记得，想当年，一碗加了一大勺猪油的阳春面，加猪油制作的豆沙汤圆，或者用黄油做的曲奇饼干，都是让无数人心驰神往、念念不忘的美食。

为什么动物脂肪曾如此让人厚爱？

其中原因之一，就是它们的浓郁香气。动物肉类的香气，绝大部分藏在脂肪中。去干净乳脂部分的牛奶、除尽皮下脂肪的烤鸭，无论是风味还是口感，总会比高脂肪食材差得很远。用植物油烹调，不可能带来肉类的特有香气，那么做成的食物也就少了很多美食魅力。

动物脂肪的第二个优势所在，就是脂肪的可塑性。绝大多数植物油在室温下都呈现液态，无论是点心、油炸食品还是菜肴，只要稍微多放一点油，这些油就会渗出来，这是个令人烦恼的事。真正的美味境界，就是脂肪虽多，却不露声色，深藏在食品当中，而且成为塑造食品细腻口感的第一功臣。要达到这个效果，脂肪必须在室温下呈现柔软的半固态，既能维持形状，又能轻松变形，永远不会"渗油"。所以，面点要想做出"起酥"的效果，它所用的油脂，饱和脂肪比例必要达到一定水平，才会赢得食客的颔首赞赏。而黄油、猪油、牛油等动物油，天生具有较好的塑性，所以在植物起酥油出现之前，它们长期占据面点制作的统治位置，诞生出了一大批诸如牛油曲奇、鸭油酥饼、猪油火烧、奶油面包之类的经典名吃。

动物脂肪的第三个优势，就是它们所含的饱和脂肪善于和淀粉及纤维亲近。人们热爱蛋挞、曲奇、酥饼之类的小吃，就是喜欢那种塑性脂肪与淀粉紧密痴缠带来的酥香口感。人们都知道，只要有了足够的饱和脂肪浸润，即便是刺口的麦麸之类的食材，也会变得香酥顺口。猪油、牛羊油、鸡鸭油、黄油之类能够提供轻松塑型的效果，正是因为它们的饱和脂肪比例高于普通植物烹调油的缘故。究其原因，是因为饱和脂肪的分子是直线状态，能轻松插入淀粉和纤维素分子长链卷曲形成的螺旋结构内部，发挥最佳的结合效果。不饱和脂肪的分子形状弯曲，很难充分插入碳水化合物分子的螺旋内部，效果就会大打折扣。

饱和脂肪的第四个优势，就是它们对加热有更好的耐受性。虽然脂肪看起来似乎相当稳定，但其实在烹炒煎炸的高温之下，它们那平静的表面下都在发生着汹涌的变化，多不饱和脂肪不断地水解、氧化、聚合、环化、分解……乃至生成多环芳烃类致癌物。随着加热时间的延长，油脂还会颜色加深，质地发黏，严重影响菜品的质量。相比之下，饱和脂肪对加热的耐受能力则要大得多，产生的有害物质也相对较少。因此，厨师们早就发现，做芙蓉鸡片的时候，用猪油才能保持其洁白如玉的卖相，用豆油就不可能达到理想效果。用动物油来做油炸食品，无论安全性还是口感特性，都比用玉米油、葵花籽油、大豆油要强得多。

但是，动物油在具备这么多口感优势的同时，它也有两个健康弱点：饱和脂肪比例高，而且含有较多的胆固醇。从 20 世纪 60 年代到最近，动物脂肪一直受到质疑，因为一些医学研究认为饱和脂肪和胆固醇会促使人体升高血脂，不利于预防心脑血管疾病。因为这种观点，美国人把用来做炸薯条、炸鸡块的油从牛油换成了氢化植物油，把用来做蛋糕的脂肪从搅打奶油换成了植物奶油，理由是它们都不含胆固醇。结果呢，真可谓三十年河东三十年河西，到 21 世纪初，医学界确认，氢化植物油不仅饱和脂肪含量一点不少，而且其中所含的反式脂肪（反式油酸）比胆固醇更糟糕，它实实在在地会增加心血管病风险。

说到饱和脂肪，食物中有很多种类型，有研究表明它们并非全是坏东西。饱和脂肪中又分为很多类别。其中 C_{16} 的饱和脂肪酸——棕榈酸的升血脂作用比较强，而 C_{18} 的饱和脂肪酸——硬脂酸的作用小一点。幸运的是，猪油、牛油、黄油里，主要是硬脂酸而不是棕榈酸。倒是用来做点心的棕榈油里面，棕榈酸的比例相当高。最近有几项研究发现，奶油里所特有的 C_{15} 的饱和脂肪酸与糖尿病和肥胖的患病危险呈现负相关性，对于像我一样

营养丰富香味足

酌量食用无烦恼

喜欢奶油味道的人来说，又多了一个偶尔使用奶酪和黄油烹调的理由。

近年发表的几项研究，对此前的多项营养流行病学结果进行了汇总分析，发现膳食中饱和脂肪的总量和心血管疾病风险的关系，并不像从前所认为的那样肯定，一些研究认为它们之间并没有肯定的联系。对于热爱动物脂肪的人们来说，这可真是一个好消息。

按照目前我国最新发布的膳食营养素参考摄入量标准，对于中老年人来说，膳食中摄入的饱和脂肪的数量应当控制在占每日总能量的 8% 以内。按照每天能量摄入量 1800kcal 来计算，那么每天的饱和脂肪摄入量就应当是 15g。猪油的饱和脂肪比例大概是 40%，按此计算，每天如果用 25g 猪油来做菜，那么就会增加 10g 的饱和脂肪，占一日参考值的 2/3 那么多。

　　实际上，除了少数纯素人士，人们很少有机会缺乏饱和脂肪。一方面，日常吃的肉蛋奶中都含有饱和脂肪，比如瘦猪肉中含有 10%～30% 的脂肪，按平均 20% 计算，一日吃 50g 肉就能提供 10g 脂肪，其中有 4g 饱和脂肪。全脂牛奶中含有 3% 的脂肪，其中 50% 为饱和脂肪，那么喝 250g 全脂牛奶就能得到约 3g 饱和脂肪。若再算上鸡蛋和鱼中的脂肪，那就必定会超过 10g。

　　另一方面，植物油中也含有一定量的饱和脂肪，比如花生油中的饱和脂肪含量约占 30%，那么用 30g 花生油炒菜，就会吃到 9g 左右的饱和脂肪。这几项加起来，早就超过了 15g 的参考值！所以，要想使用动物油来烹调，首先要保证日常吃的鱼肉蛋奶不过量，其次必须保证不增加烹调油的总量，比如说，用猪油和牛油来替代植物油用于炒菜，每天的用量空间也不大，最多也只有 25g 左右，仅仅能炒一个菜罢了。

　　总之，人们与其对动物脂肪那么纠结，倒不如更多地关注脂肪的摄入总量，降低烹调温度，保证脂肪的新鲜度，并按照使用温度来选择品种。那些需要高温加热和香酥口感的食物可以考虑使用部分动物油；煮肉炖鸡的浮油亦不必扔掉，而是替代植物油用于烹调蔬菜，既不会增加脂肪的总量，又不辜负它们的香气和口感。

　　既然追求美食，那也无须刻意禁绝对动物脂肪的热爱，而只需注意数量和频次即可。美食之所以为美食，就是因为它们不能天天享用，其美味魅力会在期待和回味当中得到反复加强。动物脂肪也一样，奶酪蛋糕也好，牛油酥饼也好，不妨给自己定个规矩，每个月只有两三次享用它们，而日常烹调注意以清淡为主，油脂控制总量，多配蔬菜杂粮。如此，美食和健康可以兼顾，就无须把增肥的罪过归于动物脂肪了。

水果多吃也会有害健康吗?

4

所有食品，毫无例外地都要遵守一个原则——适量。很多人没有一个"适量"的概念，听说什么东西吃了有益，就拼命地吃；听说什么东西多吃有害，就一口都不敢吃。其实，少量吃了有益的食物，不等于多吃也会有益；而多吃有害的食品，少吃未必不能有益。

水果虽然美味，虽然健康，也要悠着吃，因为吃多了水果，也会惹来各种麻烦，对于少数人来说，甚至有可能影响健康。那么，水果到底吃多少才合适呢? 按照《中国居民膳食指南》的要求，水果的推荐数量是 200 ~ 400g，也就是说，按带皮数量来算，每天以 250 ~ 500g 水果为好。可惜，很多热爱水果的女士，一次吃七八个猕猴桃或者半盆葡萄，并不是什么难事；夏天一个人吃光半个大西瓜，也不觉得有什么过分……其实，这些都是水果超量的表现。

为什么食物超量之后就不提倡了呢? 这是因为，营养平衡的一日饮食，必须由多种类别的食物来组成，就像一个乐队不能只有一种乐器演奏一样。水果有水果的营养优势，但它不能替代粮食、鱼肉、蛋奶、蔬菜、坚果等其他食物类别的好处。仅仅吃水果，必然带来营养的"跑偏"，一两天还不觉得，日子久了就会损害健康。

那么，水果多吃会带来什么麻烦呢? 咱们还是先从水果的成分来分析一下。

水果中的主要成分，首先是水分，大概占 80% ~ 90%，所以水果有水汪汪的多汁感觉。其次呢，就是糖分了，不甜的水果，对人类是没有多大吸引力的。要想让我们感觉味道甜美够味，水果中的含糖量通常要达到 8% 以上，5% 只是淡甜而已。比如说，草莓大概是 5%，苹果大概是 8%，甜葡萄能达到 15% 以上，而甜味浓郁的鲜枣可以达到 20%

以上。正因为如此，一般来说果汁都是用比较甜的水果做的，糖分含量都很高。比如苹果汁在 8% ~ 10%，和普通甜饮料的含糖量相当；而葡萄汁可以高达 16% ~ 20%，这比普通甜饮料要高一倍呢。

这样说起来就能明白，如果水果吃多了，糖分摄入量就会相当可观。比如说，吃 500g 糖含量为 15% 的甜葡萄，去掉皮和籽，按实际吃到 65% 的汁水计算，就会摄入 49g 糖，按能量算，就有 196kcal 了，占一天所需能量的 10%。如果再吃 1 个苹果，约 200g 果肉，按 8% 的糖分含量算，又会得到 16g 糖，加起来就是 65g 糖。实际上，餐馆里供应的一碗米饭，大约是由 100g 大米制成的，其中含淀粉 76g 左右。如果在三餐之外吃掉这些水果，就等于多吃了将近一碗米饭。

所以呢，如果三餐不少吃饭，那么吃水果超量之后，就要减少主食，否则容易发胖。那么，有些朋友问：我直接用水果代替一餐，不行吗？不是有利于减肥吗？这种方式也有它的问题，一天两天固然没关系，但长期用水果代餐，就会造成蛋白质摄取不足、贫血、缺锌、缺钙、维生素 B_1 缺乏等问题。那些因为热衷于减肥而经常靠吃水果减肥的女性，出现这种营养不良后果，会导致手脚冰凉、精神萎靡，甚至停经的案例也相当多见。

另外，还有很多人听说，水果"性凉"不能多吃。我不是中医，不便评价什么叫作"凉"，但有一点值得提醒，那就是水果是一类提高肠道通过速度的食物，特别是那些有细小种子的水果，比如猕猴桃、火龙果、桑葚、柿子、草莓、香蕉（现在很多香蕉品种的种子是退化的）、鲜枸杞、甜瓜、西瓜、葡萄之类。这些水果的种子不能被肠道消化吸收，它们会刺激肠道蠕动，促进肠道内容物更快地排出体外。我国台湾地区曾经有研究者对猕猴桃做过实验，观察每天食用两个猕猴桃之后大肠内容物的通过速度。结果发现，猕猴桃会明显加快标记物在肠道中的通过速度。

用比较拟人化的说法，这可能是植物和动物之间的一种"互惠"关系：植物把甜美的果实奉献给动物们，让动物们在获得果实营养的同时，能把它们的种子带到更远的地方，排出种子的时候还带着肥料，有利于自己的后代发芽繁衍……但植物们也留了一个心眼，它们不希望自己细小的种子被动物的消化道弄伤，为了保护后代，它们会想办法减少动物消化液中的消化酶活性，并刺激动物的肠道尽快把种子排出来。大自然的安排，是多么的巧妙啊。

从这种意义上来说，因为日常膳食纤维不足而常有便秘问题的朋友，很适合吃带有种子的水果。假如吃香蕉效果不佳,也可以试试其他带籽水果。可是,那些本来肠胃较弱的朋友,吃东西容易发生腹泻,甚至喝凉水都觉得想上卫生间,就不适合多吃这些水果了,特别是带细小种子的水果,一次吃得过多很容易造成腹泻。即便是消化功能正常的人,因为一次吃一大盆葡萄或3个甜瓜而出现腹泻的,也不在少数。这种情况,除了一部分是因为致病菌所引起的,大部分情况被称为"食物不耐受"。

为什么多吃水果会引起消化不良,原因众说纷纭。其中部分原因可能是因为有些人存在果糖吸收障碍,水果中大量的果糖对肠道产生刺激从而引起腹泻;也有人说是过多的水果稀释了胃液引起上消化道中的细菌繁殖;水果中往往有强力的蛋白质,如果胃酸不足不能杀灭它们,可能引起消化道的损伤;水果中单宁、多酚等抗营养物质会降低消化酶活性的作用引起消化不良;因为细小种子刺激肠道蠕动的物理作用可能促进腹泻,等等。

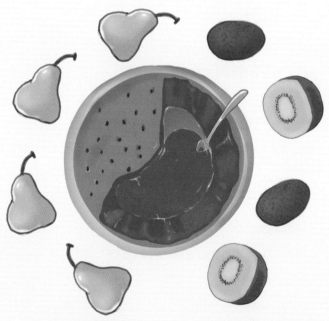

水果虽好吃,但也请适量哟

对于消化能力原来就比较弱的人来说，吃了大量水果之后，担心消化吸收功能下降，那么少吃油腻和高蛋白质食品是明智的。反过来，对于这些人来说，如果已经吃了很多油腻食物或高蛋白食物，胃肠道负担较重，那么就不适合再吃很多水果了。这就是传统所说的"螃蟹和柿子不能一起吃""螃蟹和梨不能一起吃""羊肉和西瓜不能一起吃"之类禁忌的道理所在了。

我之所以反对这些禁忌，是因为它们过于强调"相克"，让人们忘记了真正的道理所在。其实，如果本来胃肠功能就很差，不仅是柿子，换成葡萄、甜瓜、草莓等也会有类似的效果。如果胃肠功能正常，身体素质强壮，那么也就无须介意这些问题。

此外，水果中的蛋白酶和草酸、单宁等物质会伤害口腔和消化道黏膜，很多水果还可能导致过敏。比如说，很多人说自己吃了猕猴桃之后舌头刺痛，甚至黏膜破损、出血，吃柿子之后口腔涩麻，这是被蛋白酶和单宁伤害的结果。有人吃猕猴桃后口腔发麻、咽喉发痒，还有很多人吃了芒果、菠萝、木瓜、甜瓜等水果后也有类似问题；也有人吃了之后口腔起疱，身上起疹子；这些是食物过敏的表现。

既然对食物有过敏，就不应当勉强去吃。过敏所引起的呼吸道和消化道黏膜水肿会影响正常的呼吸和消化功能，严重时可能导致生命危险。也有国外研究表明，孕期吃过多的柑橘类水果，与婴儿出生后的过敏症风险上升有关。请注意，这里说的是"过多"带来的风险，而不是柑橘类水果孕妇完全不能吃。按照膳食指南所推荐的每天 250g 水果，是不至于引起麻烦的。

了解自己的身体状况，积极治疗胃肠疾病，通过调整饮食运动习惯来改善代谢机能，吃各种食物时注意适量，对于吃了会引起不舒服的食物尽量少吃或不吃……懂得并做到这些养生措施，要比记住几个"禁忌"有意义得多。

总之，水果，作为一类甜美的享受性食品，也是很多健康成分的来源，还是要经常食用的，只是数量宜控制在 250～500g 之间。对于每个人来说，因为身体状况不同，具体的合适数量也略有不同，胃肠功能娇弱的少吃一点，高血压患者宜多吃一点。具体哪种水果自己不适合多吃，哪种水果会引起过敏和不耐受，哪种水果烹熟后吃就不再有不良反应，这些还需要自己在食用之后细细地体会才好。

甜食会招来癌症风险？

5

柔软的蛋糕，香甜的饼干，还有美味的面包，都是人们难以割舍的美食。然而，人们未曾料到，这些食品可能会导致癌症风险的上升。

一项欧洲研究发现，血糖水平较高的妇女罹患癌症的风险也比较高，无论是空腹血糖还是餐后血糖都有这种关系。而且，即便身体并不胖，仅仅血糖高企，也会带来更大的癌症风险。

这项研究历时 13 年，调查了 6 万多人，涉及胰腺癌、子宫内膜癌、泌尿系统癌症和恶性黑色素瘤。血糖水平最高的 25% 被调查者，与最低的 25% 相比，总的癌症风险升高了 26%，其中胰腺癌和血糖水平的关系最为密切。结果还证明，49 岁以下妇女的乳腺癌发病危险与血糖水平有关。男性中也有类似趋势，但没有女性那么明显。

血糖水平高的情况并不仅出现于糖尿病患者中，而且也经常存在于吃高血糖反应食物的妇女当中，这些高血糖反应食物，主要就是精白米面制成的食物和其他甜食。

天然食物当中，并不存在大量精制淀粉，更没有淀粉加上大量糖的组合。是人类制成了精白米和精白面粉，然后又用它们加上大量白糖，制成各种美味的饼干、蛋糕、面包以及其他甜食等。吃了这些食物，人体的血糖就会快速上升，身体不得不分泌大量的胰岛素来降低血糖，而过多的胰岛素正是多种慢性退行性疾病——从糖尿病到老年痴呆症的重要致病因素之一。

目前已经有足够多的证据表明，血糖控制不佳，会带来癌症风险的上升；而癌细胞也特别喜欢利用血糖来疯狂增殖转移。调查数据证明，糖尿病患者患癌症的风险明显高于健康人。

然而，少吃甜食和精白米面，并不意味着不吃含淀粉的食品。各种天然状态的植物性食物几乎都有利于癌症的预防。全谷类食物（即全谷、糙米、全麦）的血糖上升幅度相对较小；红小豆、芸豆、绿豆、鹰嘴豆等富含淀粉的豆类食品使得餐后血糖上升速度极慢；即便是被看作高淀粉食品的薯类和栗子，使血糖升高的速度也要比白米白面低得多。蔬菜和大部分水果也是让血糖升高得较少的食品。许多研究证明，这些食品在膳食中的比例越大，则癌症风险越低。

有人说，我实在是喜欢甜食，怎样才能兼顾甜食和健康呢？是不是只要选购那些糖少、纤维多的甜食，就能解决问题？真的不是这样。即便糖少，其中难免还有淀粉，仍然会升高血糖。白米饭、白馒头、白面包的升血糖速度，并不比白糖更慢。添加纤维的同时，如果也添加了大量油脂，做成各种酥点、酥性饼干，那么它对餐后血糖和血脂也不会有什么好的影响。

其实，甜食并不是洪水猛兽，我们完全可以跟它和平共处。因为我们吃甜食的目标就是为了口味享受，那么就把美食进行到底吧——仍然购买那些你最爱吃的品种，不追求低糖低脂高纤维，但是，要严格限制吃的次数和数量。每次买最小的一份，每个月只吃一两次，或仅仅是过年过节才吃。只要在日常生活中坚持多吃全谷、豆类和薯类，然后像 30 年前的人们那样，在节日里偶尔让自己享受一点甜食，就能兼顾健康，而且从偶尔的甜食体验中，更能体会到人生的幸福和美好。

还是请适量食用

意想不到的隐身糖：你吃过量了吗？

6

世界卫生组织（WHO）在 2015 年发布了有关成年人和儿童糖摄入量的指南（Guideline:Sugars intake for adults and children）。2016 年，美国和中国的膳食指南也采纳了世界卫生组织对糖的控制建议，一次又一次地引起了人们对摄入过多糖分问题的关注。

到底什么是糖？哪些糖需要限制？包括水果中的糖吗？包括果汁吗？包括蜂蜜吗？我日常不怎么吃甜食，难道也会吃进来很多糖吗？很多人都对这些问题非常困惑。

世界卫生组织所说的这些糖，并不包括新鲜完整水果中天然存在的糖，不包括奶类中的乳糖，也不包括粮食和薯类中的淀粉。它们包括人类制造食品时所加入的蔗糖（白砂糖、绵白糖、冰糖、红糖）、葡萄糖和果糖等，也包括食品工业中常用的淀粉糖浆、麦芽糖浆、葡萄糖浆、果葡糖浆等甜味的淀粉水解产品。纯水果汁和浓缩水果汁也需要限制，蜂蜜也在限制之列，尽管它们都给人们以"天然"和"健康"的印象。

在现有证据的基础上，WHO 强烈推荐人们终生限制游离糖的摄入量。无论成年人还是儿童，都建议把游离糖的摄入量限制在每天总能量摄入的 10% 以下，最好能进一步限制在 5% 以下。

那么，每天总能量摄入的 10% 到底是多少糖呢？

对于轻体力活动的成年女性来说，每天的总能量（热量）摄入推荐值是 1800kcal，10% 的总能量就是 180kcal，相当于 45g 糖。如果要把这些糖的量再限制到一半呢？就是 22.5g。

听起来似乎 45g 糖数量挺大，可是，一旦变成食品，就会显得太少。

比如说，喝一瓶 500ml 的可乐，就能轻松喝进去 52.5g 糖，这当然已经超过了世界卫生组织所提的 45g 糖的限量。大部分市售甜饮料的糖含量都在 8% ~ 12% 之间，真的是一瓶就会超量。

可能很多人会说：我注重健康，从来不给孩子喝可乐，我家只喝纯果汁。但是，前面说到，纯果汁也不在可以随意饮用之列。比如说，市售纯葡萄汁的含糖量在 16% ~ 20% 之间，即便按 16% 来算，一次性纸杯 1 杯（200g）就含有 32g 糖，已经超过了 22.5g，而市售的一大瓶 500ml 装纯葡萄汁，含糖量就达到 80g 之多！所谓"喝水果"听起来很时尚，其实水果的健康好处没有全部得到，喝进大量糖而增肥的效果却很容易得到。

焙烤食品尽量控制数量

日常尽量不喝各种甜饮料，直接吃水果

尽量不要养成喝粥加糖的习惯

小心"营养麦片"和各种"糊粉"类产品中加的糖

　　另外一个特别值得注意的高糖产品，就是乳酸菌饮料。目前市面上的乳酸菌饮料都是以健康饮品的形象出现的，而且经常会号称"零脂肪"，但它们也同时存在高糖分的问题，含糖量通常在15%以上。若仅按15%来计算，喝340ml这种市场上中等规格的乳酸菌饮料，就会摄入51g糖，远远超过了22.5g。

　　女生们喜欢的红枣浆也好，蜂蜜柚子茶也好，它们都加入了大量糖，而且还是以美容养颜的名义喝的。其实，养颜的效果不一定能看出来，几大罐的糖倒是实实在在地吃进去了。

　　蜂蜜当中含糖量通常在75%以上，它当然也需要严格限量。很多人早上用1大勺蜂蜜冲1杯蜂蜜水喝，也会摄入25g以上的糖。还有红糖，它含糖量在90%以上。虽然红糖比白糖含的矿物质多一点，但毕竟糖含量非常高，并不提倡每天大量吃。

　　焙烤食品和面点一向都是糖的大户。不要说市售甜面包、甜饼干中要加糖15%～20%，即便是自己动手焙烤，通常配方中的糖也足够多。用8%的糖来做点心，只不过是微微刚能尝出来一点甜味。江南一带喜欢的松软小馒头、小包子、奶黄包之类，面团里都要加上5%～8%的糖，吃起来才觉得可口。

　　日常家庭调味也要注意，稍不小心，吃进来糖的数量就会十分可观。比如说，很多人喝八宝粥一定要放糖，喝咖啡要加糖，做红豆沙、绿豆沙要加糖，银耳汤要用冰糖煮，梨汤要用冰糖炖。吃粽子要加糖，汤圆里面也有糖。做个鱼香味的菜要放糖；拌凉菜为了中和醋的酸味常常要放点糖；红烧菜为了增鲜提色要放点糖；好多家庭炒番茄鸡蛋和醋熘白菜都要放糖；糖醋类的菜放糖的数量相当可观，如果是荔枝肉之类的浓甜菜肴，没准其中的含糖量能高达15%。

　　说到这里就会发现，要把每天吃糖的量控制在一日热量的5%以内，真的是件相当难的事情啊！

　　有些人又会说了：为什么这么斤斤计较？多吃点糖会死么？没错，糖当然不会马上要人命。就像呼吸浓重雾霾的空气，也不会马上要人命。但是，长年累月多吃糖，就像长年累月呼吸污染空气一样，有很大可能会让人提前患病，提前离开这个可爱的世界。损牙齿，增肥胖，促糖尿病，促肾结石，促痛风，增加心脏病和多种癌症风险，难道理由还不够吗？

**　　当然，嘴长在自己身上。是否真的要控制每天吃进来的糖，还是我们自己做主。**

这里只是提供简单的健康忠告供大家参考：

①日常尽量不喝各种甜饮料。偶尔一次聚会也就罢了，自己不要主动去喝。

②直接吃水果，市售果汁和榨的"原汁"应当控制在1杯以内。榨果蔬汁时尽量多放蔬菜，少放水果，避免自制果蔬汁含糖过多。

③乳酸菌饮料限量饮用。认真阅读食品标签上的碳水化合物含量一项。

④如果每天要喝一杯红糖水或蜂蜜水，就最好远离其他甜食、甜饮料，曲奇饼干、巧克力之类最好免掉。

⑤喝咖啡尽量少加或不加糖，喝牛奶、豆浆也不要加糖。

⑥如果某种产品号称"低糖"，那么要看看它是否达到营养标签上说明的低糖标准（100ml液体或固体当中的含糖量是否低于5g）。

⑦焙烤食品尽量控制数量。自己制作面包、饼干、点心可能很有情调，但除非不加糖，否则也不是可以每天放开吃的理由。

⑧日常家庭调味，尽量不要养成喝粥加糖的习惯。甜汤要少喝，做菜放糖最好限制在不明显感觉到甜味的程度。

⑨小心营养麦片和各种糊粉类产品中加的糖，数量真的非常可观。

最后再唠叨一句话：一辈子不吃甜味的糖，绝对无害健康。因为淀粉就可以在身体当中转化为葡萄糖，足够身体代谢使用。即便有低血糖，只要餐间加一点淀粉类食品也能解决，糖水不是必需品。

小心甜饮料毁了你。

7

　　著名国际医学杂志《循环》在 2015 年发表了一篇文章，美国塔夫茨大学研究人员得出了一个惊人的结论：甜饮料每年造成十几万人死亡，这是研究者统计 1980～2010 年之间 51 个国家超过 61 万人的膳食数据后的发现。

　　很多人可能不理解，不就是喝个糖水么，怎么还和死亡挂上钩了？这是因为喝过多甜饮料看似安全，长年累月之后就会促进心脑血管疾病、糖尿病和癌症的发生，从而导致爱饮者提前离开人世。这个数据真的不是危言耸听，甚至还不能完全表现出长期爱饮甜饮料的"毁人"力量。

　　甜饮料中糖的害处几乎是"罄竹难书"的——按目前发表的研究结果，甜饮料涉及的"罪过"包括促进肥胖、促进糖尿病、促进脂肪肝、促进高血压、促进痛风、促进龋齿等，也有研究发现，摄入较多甜饮料的人，膳食中容易缺乏维生素和矿物质；喜欢甜饮料的儿童容易养成偏食挑食习惯；甜饮料食入过多还会影响肠道菌群的平衡。还有一些研究提示，从包括甜饮料在内的人工增甜食物中摄入较多的糖，或许还与绝经后妇女的乳腺癌、子宫内膜癌、肠癌、骨质疏松、老年认知退化等疾病风险有关。

　　1 罐 355ml 的可乐就含有 37g 糖，1 瓶 500ml 的果汁饮料中含有 40～60g 糖。只要饮用一款，就已经超过了世界卫生组织的建议——最新推荐是每天摄入的人工添加糖量最好不超过 25g，一定要控制在 50g 以内。

　　虽然中国人平均喝饮料的数量还不算太高，但那只是美丽的平均数，掩盖了令人担心的实际情况和发展趋势。我国疾控系统的调查证明，喝甜饮料数量最大的群体是青少年和青年人，而且这个数据十年来增长很快，年轻人的饮料消费正在"和发达国家接轨"。其实用不着做那么多调查，只要直接走进超市看看，饮料货架有多么琳琅满目，其中90%以上是甜味的饮料，而且每天销售数量惊人，就知道形势已经不容乐观了。

最糟糕的是，甚至社会上已经出现了一种不成文的"刻板印象"——默认孩子和年轻人就该喝甜饮料，时尚者就该喝加糖加奶的各种高热量咖啡饮品，老年人才该喝茶。只要在聚会的餐桌上，就能清楚地看到这种倾向：只要聚会时有孩子在，就有人张罗着给孩子点些甜饮料，好像孩子就该喝这些不健康的甜水。只要青少年和青年人搞聚会，就必然会准备很多甜饮料，捎带着其他营养价值很低的零食。（在很多人的心里，健康生活是中老年人的事情，年轻就是用来"作"的，年轻的身体就是用来毁的……）

一位朋友告诉我，她的亲戚28岁就已经牙齿严重损毁，牙医认定，从两岁开始每天喝可乐，成年之后更是不喝水只喝包括可乐在内的甜饮料，就是这位青年牙齿毁掉的主要原因。这位青年还有背痛、膝盖痛的症状，骨密度检查表明他骨质密度太低，已经相当于60岁的老年人了。虽然还难以断定他20多年来频繁饮用甜饮料是造成骨质疏松的主要原因，但至少也是不可忽视的原因之一。

另一位家住城郊的青年刚过30岁就患上了糖尿病，同时还有痛风。和他聊天的时候，他说自己周围的年轻人差不多都有这类病。除了每天吃烤肉烤串喝啤酒之外，甜饮料就当水喝，白开水和茶是从来不碰的。

还见过很多小孩子，或身体虚胖或脸色灰黄。一问饮食习惯，大多是开始吃饭的时候就开始喝甜饮料了，甚至有还没断奶就开始喝甜饮料的。甜饮料营养价值很低，喝了甜饮料又不好好吃饭，就会造成营养不良，结果是孩子脸色灰暗，身体松弛；在三餐饱食之外再喝很多甜饮料，结果就是身体肥胖。

还有很多时尚女性，不喝碳酸饮料，但也热衷于喝奶昔、卡布奇诺、拿铁之类高热量加糖饮料，喝糖分含量高达8%～18%的纯果汁，喝糖分含量高达14%以上的乳酸菌饮料，或者在家自制各种"糖水"、冰镇甜饮品和"鲜榨果汁"，以为只要加冰糖、蜂蜜之类就没关系，只要糖分来自于水果就没关系。其结果是她们经常抱怨，为何自己三餐食量很小，肚子上的肥肉却岿然不动；为何自己每日热衷于糖水果汁养生，皮肤却并没有什么改善。

很多人不服气地问：美国人不是喝甜饮料特别多吗？人家怎么也没事啊？人家平均寿

命不是很长吗？其实，甜饮料有害的研究结论，恰恰大多数出于甜饮料最大行其道的美国。美国人均医疗费世界领先，而人均寿命在发达国家中却排位靠后，和美国大众嗜好很多不健康食品的现状不无关系，研究者们对此十分焦虑。但遗憾的是，各种健康教育，似乎根本没法和商业广告洗脑相抗衡。营养学家们眼睁睁地看着美国超过一半成年人处于肥胖状态，看着高血压、心脏病、糖尿病和各种癌症高发，绞尽脑汁地讨论如何才能让孩子们少喝一点甜饮料。

美国糖尿病协会推荐，为了预防糖尿病，最好能选择不含热量的饮料，如白水、没有加糖的各种茶、没有加糖的咖啡等。该协会甚至劝告人们少喝鲜榨果汁，因为鲜榨果汁往往并不是纯果汁，糖却不少于甚至高于纯果汁。即便是纯果汁，也会轻松喝进去大量糖分，比如一杯葡萄汁（250ml）就含有 160kcal 的热量，相当于半碗米饭，而完全没有吃水果和吃米饭时的饱腹感。

澳大利亚营养学家在澳洲膳食指南中明确指出，不推荐国民消费添加精制糖和糖浆的各种甜饮料，包括碳酸饮料，包括甜味果汁饮料，甚至也包括加糖的维生素饮料、加糖的运动饮料、加糖的提神饮料和加糖的矿泉水。

如果非要喝饮料不可，有三点忠告：

①尽量选择低热量、低糖的饮料。按我国预包装食品营养标签通则（GB 28050—2011），饮料要标明"低热量"意味着每 100ml 中的热量低于 80kJ（约 20kcal），"零热量"则要达到每 100ml 热量低于 17kJ（约 4kcal）。标注"低糖"意味着每 100ml 中的糖低于 5%，而标注"无糖"则要达到含糖量低于 0.5% 的标准。

②在同样的糖含量水平上，选择营养价值较高的水平。比如说，都是含 5% 的糖，那么其中含有天然原料（如含牛奶、豆浆、杂粮）、营养成分（如各种维生素、钙、镁等）或保健成分（如益生元、益生菌、膳食纤维等）成分的，会比什么营养素都没有的产品略好一点。

③即便含有营养成分，也不能作为放心大喝甜饮料的理由，因为我们完全可以从甜饮料以外的途径中获取营养素。建议日常喝白水和各种淡茶、花果茶等，每天喝甜饮料的量限制在半瓶以内（1 瓶 500ml）最好只在聚会场合接触甜饮料，而且喝了甜饮料就不要再

吃其他甜食了。

　　所以，要想避免被甜饮料所害，最好的方式是戒除对甜饮料的嗜好。与其为放弃甜饮料而感觉沮丧，不如先让自己吃足各种新鲜的蔬菜水果、杂粮薯类，用健康的碳水化合物来填满自己的肠胃，做菜少放点盐。果真这么吃一段时间，对甜饮料的渴望自然会逐渐下降，被甜饮料和各种不健康食物所毁坏的身体活力状态，却会得到有效的修复。

　　第一，尽量选择低热量、低糖的饮料。

　　第二，在同样的糖含量水平上，选择营养价值较高的饮料。

　　第三，尽量少喝！

缺乏维生素 B_1 能让人抑郁吗？

8

最近的一条科学新闻，使得维生素 B_1 这种大多数人不太熟悉的物质引起了人们的关注。

中科院上海生命科学研究院的一项研究发现，在中国的中老年人群中，维生素 B_1 缺乏与抑郁症密切相关。

这项研究中，研究人员对 1587 名参加"中国老龄人口营养健康状况研究"的京沪城乡居民进行了维生素 B_1 营养水平的调查，然后把结果和抑郁程度进行了相关分析。结果显示，随着体内维生素 B_1 浓度的降低，患上抑郁症的风险显著上升。这提示人们，维生素 B_1 缺乏可能与抑郁症的发病有密切关系。

其实，维生素 B_1 与神经系统的功能关系密切，每一个学过营养学和生物化学的人都有所了解。维生素 B_1 发生缺乏时，会令人情绪沮丧，思维迟钝；严重缺乏时会发生"多发性神经炎"，在其多方面症状当中，手脚的感觉发生异常也是症状之一。有研究发现，糖尿病患者会从尿液中丢失大量维生素 B_1，与其足部的神经坏死进程可能有一定关系。此前还有研究证明，补充维生素 B_1 能改善产后抑郁症。

研究者表示，维生素 B_1 缺乏会导致线粒体功能紊乱和慢性氧化应激，而这两种情况均被认为是抑郁症发病的潜在机理。

大部分读者所关心的，倒不是维生素 B_1 到底有什么致病机理，而是为什么会发生维生素 B_1 缺乏，如何才能吃到足够的维生素 B_1。

这项我国的研究显示，在受试者当中，维生素 B_1 缺乏比例高达 28.2%。这个比例真的一点都不令人惊讶，甚至比我想象中还要低一些。

为什么呢？这是因为，1982～2002年的全国营养调查结果显示，20年来，随着我国居民富裕水平的提高，维生素的摄入量却完全没有随着食物供应的充足而增加！事实上，维生素 B_1 和维生素 B_2 的摄入量，都在随着富裕水平的升高而不断下降，其中维生素 B_1 的下降幅度尤其迅猛，从 2.5mg/d 降到了 1.0mg/d。《中国居民营养与健康状况调查报告》显示，我国居民维生素 B_1 摄入量低于推荐摄入量的比例高达 80%。

遗憾的是，这些摄入量调查结果，还只是说生食品中的维生素 B_1 含量，没有考虑到烹调损失。维生素 B_1 是一种相当娇气的营养素，它既怕热，又怕碱，还怕漂白粉、氯气、二氧化硫和双氧水之类，而且还容易在淘米、洗淀粉的过程中溶在水里流失掉。所以，在日常烹调当中，维生素 B_1 的损失率不可低估。

只要是用餐时间，我在街道上走一圈，就会发现维生素 B_1 含量非常低的很多饮食方式：

①早点摊上的油条、油饼、炸糕、焦圈之类：煎炸油锅加上小苏打，会让面食中的维生素 B_1 损失殆尽。

②小吃店里的酸辣粉、酸菜粉丝汤、凉皮、凉粉、米皮之类：因为要把面粉、米粉放在水中反复搓洗，制成淀粉冻，过程中去掉了蛋白质，也把溶进水里的维生素 B_1 一起扔掉了，所以维生素 B_1 的含量几乎可以忽略不计。

③粥店里久煮久熬的白米粥：本来白米中维生素 B_1 就少得可怜，长时间熬煮和保温状态，更让它所剩无几。特别是加碱煮出来的粥，维生素 B_1 几乎已经一点不剩。

④快餐店中的各种面条：为了让面条坚韧，口感劲道，里面都要加入碳酸钾之类的碱性物质，但这会破坏维生素 B_1。煮面条的时候，还会先把面条煮一下，再捞出来，然后再放到配好的汤里面。仅存的一点维生素 B_1，又溶进煮面汤里了，没有跟着一起进入食客的碗中。

⑤各种油炸方便面：经过蒸煮之后再油炸脱水，维生素 B_1 含量已经很低。

⑥精白米饭比以上这些略微好点，但维生素 B_1 营养价值仍然很低。因为稻米的维生素 B_1 含量本来就低于小麦、大麦、燕麦、小米等其他谷物，再经过精制处理，米粒中70%以上的维生素 B_1 都损失在米糠当中了。再经过淘洗，再进行蒸煮，能够进入人体的维生素 B_1 往往只相当于米粒中原有含量的不到10%。

⑦各种甜食甜点心，其中维生素 B_1 含量低而精制糖、精制淀粉、糊精等配料含量高。这些配料不仅不含维生素 B_1，反会消耗人体当中的维生素 B_1，所以这些吃得越多，维生素 B_1 越容易缺乏。

反过来，那些维生素 B_1 含量高的食品，我们却未必经常吃到。比如说，全麦面粉、燕麦、大麦、小米、大黄米、糙米、黑米、高粱米等，以及红小豆、芸豆、绿豆、蚕豆、豌豆等，很多人都不常吃。此外，蒸土豆、烤红薯之类没有经过煎炸的薯类食物，也是维生素 B_1 的好来源之一。在 30 年前，中国人比现在贫穷许多，虽然勉强吃饱饭，但还吃不上精白米精白面粉，这些全谷杂豆薯类却都不少吃，所以那时不容易发生维生素 B_1 的缺乏。

含淀粉的主食品，是膳食中维生素 B_1 供应的主力军，大部分蔬菜水果的维生素 B_1 含量都很低。在制作豆腐的时候要去掉"黄水"，损失掉大部分 B 族维生素，所以豆腐、豆腐干等豆制品的维生素 B_1 含量也较低。

不过，植物性食品中还有些其他"优秀选手"，它们都和种子沾边。比如嫩豆类蔬菜，以及坚果油籽类。比如说，可以炒菜吃的嫩蚕豆、嫩豌豆、嫩毛豆，都是维生素 B_1 含量相当丰富的食品，远远高于其他普通蔬菜。又比如，开心果、葵花籽、花生之类的坚果油籽，也能补充一些维生素 B_1。可惜，这些食物并不是每个人都经常吃。

可见，所有种子类食物，维生素 B_1 含量都是比较丰富的。粮食、豆子、坚果都是种子。植物们把维生素 B_1 珍贵地放进种子中，是因为它对于新植株萌发时的能量供应十分重要。

在动物性食品当中，瘦猪肉和一些内脏是维生素 B_1 的好来源，不过，这些食品每天所吃的量是有限的。为了控制脂肪和胆固醇，每天吃肉的量为 50 ~ 75g，其中还不一定全是猪肉。即便每天吃 50g 瘦猪肉，所得到的维生素 B_1 距离一日需要量还相差甚远。与瘦猪肉相比，其他肉类的维生素 B_1 含量略低一些，而鱼虾等水产类食品中，维生素 B_1 的含量通常较低，生鱼中甚至还有一些破坏维生素 B_1 的因素。

我的学生们在制作营养食谱的时候，都有一个同感：如果不吃全谷杂豆，如果主食食量比较小，特别是在设计减能量的减肥餐的情况下，把一日所需要的维生素 B_1 凑够实在是太困难了。

我们自以为吃得比从前好了，很多人整天把"营养过剩"一词挂在嘴上，其实从某种意义上来说，多数人膳食中的营养质量反而降低了，一头钻进了"营养不良"和"能量过剩"

同时存在的怪圈！所以，大街上经常可以看到这样的人，既肥胖又贫血，既肥胖又缺钙，既肥胖又缺乏多种维生素……

　　各位朋友不妨反思一下，那些维生素 B_1 严重不足的饮食方式，您中招了几条呢？维生素 B_1 丰富的食品，您今天吃了其中几种呢？如果发现自己做得不好，就赶紧调整一下食谱吧！充足的维生素 B_1 供应，有助于您保持旺盛的精力，还有昂扬的情绪，让那些抑郁沮丧的情绪远远离开我们。

白米饭会引来糖尿病吗？

9

说到主食，几乎大部分中国人的眼前浮现出的形象，都是白白的大米饭。对很多人来说，一顿饭当中，无论菜肴多么丰富，只要没上一碗白米饭，就不算吃完了一顿饭。

白米饭，以它清香的口感、微甜的味道、柔软的质地，征服了几乎所有的东亚和南亚居民。但是，这无比亲切的白米饭，也会给人们带来麻烦——多项研究表明，无论哪个国家，对于以粮食为主食的人们来说，白米饭吃得越多，糖尿病的风险会越大。

很多人都不信。白米饭能有毒有害？能让人生病？那还有什么能吃呢？对于吃惯了的食物，对于有感情的食物，人们是多么不愿意承认它们多吃有害健康啊。可是，研究证据摆在面前，不能不信。

早在2002年，美国研究就发现，白米饭和白面包一样，都是增加2型糖尿病风险的食物。一项2007年在中国人中所做的研究表明，对中国妇女来说，吃高血糖反应的食物，特别是白米饭，可能增加2型糖尿病的危险。其中吃白米饭最多的人与最少的人相比，患糖尿病的相对风险为1.78倍。也就是说，和其他同样生活条件的人相比，仅仅因为吃白米饭多，就更容易患上糖尿病。

2012年发表的一篇权威文献，对中日美三国所做的相关研究做了汇总分析，研究调查的总人数达35万多人，研究跟踪时间为4～22年。结果肯定了白米饭食量和糖尿病之间确有关系。其中中国人和日本人每天吃3份米饭甚至更多，而美国人每周只吃1～2份米饭。也正因为如此，对中国人和日本人来说，吃米饭最多的人和最少的人相比，糖尿病危险会增加55%。而对美国人来说，只增加12%。可见，对于习惯日常吃白米饭的人来说，白米饭真的对健康影响很大。现在我国都市人民的糖尿病患病率已经高达 9% 以上，糖尿病迅猛高发的态势，不能不说和每天三顿白米饭、白馒头这类精白主食有密切的关系。

为什么白米饭会增加糖尿病风险？其实问题都出在"白"这个字上。精白处理的大米饭，无须过多咀嚼，很难控制数量，而且非常容易消化，餐后血糖上升迅猛。消化速度快，血糖升得快，如果没有足够的运动来消耗掉这些血糖，胰岛素敏感性方面又不给力，那么身体在餐后总是处于高血糖状态，就会增加脂肪的合成，惹来糖尿病的麻烦，甚至还会促进身体的衰老。

说到这里，马上就有很多人问：不吃白米饭，还能吃什么主食？馒头吗？面包吗？通常听到这里我就想叹息。因为在这个时代里，大部分年轻的城市居民，除了白米白面，就没见过、没吃过几种其他粮食，也不知道主食这个概念远不仅限于白米和白面粉。

遗憾的是，除了白米饭以外，白米粥、白馒头、白面包也都有同样不利于预防糖尿病的问题，甚至更为严重。医生常常告诫糖尿病患者，绝对不能吃粥，实际上就是说白米粥。什么皮蛋瘦肉粥啊、艇仔粥啊、生滚鱼片粥啊，都是白米做的，尽管完全不甜，但在升高血糖方面却都不可小觑。不过，医生们却很少提到，不甜的白馒头和白面包，其实和白米粥一样，都属于血糖反应超高的食品，和白糖相比毫不逊色，甚至有过之而无不及，糖尿病患者应当远离它们。

不过，也不是所有米饭的血糖反应都一样高。研究发现，如果用肠道中的消化酶模拟人体小肠的消化能力，在同样的酶解条件下，不同米饭的消化速度差异很大。在精白米中，圆粒糯米是最高的，长粒糯米和普通粳米其次，籼米略低一点。没有精磨过的各种糙米，无论是普通糙米还是紫米、黑米，消化速度明显比精白米要低。一项 2010 年发表的中国研究发现，把白米饭换成黑米饭，能降低患 2 型糖尿病的风险。所以，很多营养学家提倡吃糙米，日本也推荐用一半白米和一半糙米混合起来煮米饭。

不过，毕竟多数人吃惯了精白细软，对于外面有个硬皮的糙米相当不满。为了改善口感，就要把它做得软点顺口点。于是，先经过几小时浸泡，再小火慢煮或者压力锅蒸煮让它软烂，这样口感上就好吃多了。不过，伴随着这种柔软好吃，糙米的血糖反应也会明显上升。我国台湾地区有研究证明，糙米饭的血糖反应可以高达 82，和白米饭几乎相当。研究者表示，之所以测出 82 的高水平，可能是因为糙米在烹调之前浸泡了一夜再煮，煮的时候就会比较容易软烂，餐后血糖反应就会高一些。

我认为，让糙米饭血糖反应升高的原因还有一个，在这项实验中，糙米饭是刚煮出来趁热吃的。日本人吃米饭往往是做成饭团、饭卷，是凉着吃，而凉着吃的时候，米饭有一定程度的回生反应，和刚煮出来的新鲜状态相比，餐后血糖反应也会有一定程度的下降。所以，吃在冰箱里放了一夜的冷米饭，对控制血糖反应有一定效果。只是，凉饭毕竟不那么好吃，而且对于消化不良者来说，就有点增加胃肠负担了。

那么，除了吃凉饭，还有什么样的主食选择呢？可以给人类当主食的植物种子太多了。稻米里面就有糙米（磨白之后就是我们日常吃的精白米，没有磨的时候是淡黄、淡褐或带点淡绿色的），有黑米/紫米/红米/绿米等不同种皮颜色的品种，它们都属于"全谷"。小麦（磨去外层，就是日常所用的白面粉）也可以吃全麦粒。除了稻米和小麦，还有小米（黏性的品种叫小黄米）、大黄米、高粱、大麦、燕麦、黑麦、莜麦（裸燕麦）、荞麦、玉米等其他谷物。古人说"五谷为养"，其中还包括了杂豆，如红小豆、绿豆、芸豆、干豌豆、干蚕豆（嫩豌豆、嫩蚕豆等算蔬菜）、干扁豆等。此外还有一些淀粉含量和稻麦不相上下的植物种子，比如莲子、芡实、薏米等，也可以加入主食当中。如果想吃新颖点的外国食材，还可以吃"奎奴亚藜（藜麦）"、斯皮尔特小麦和苋菜籽，以及鹰嘴豆和小扁豆。它们营养价值都很高，餐后血糖反应也低。

人们憎恶全谷杂粮，主要是嫌全麦、老玉米之类不太好下咽，糙米也比大米"粗"一点，需要多嚼。其实，如今吃全谷杂粮，和几十年前已经大不相同。如今人们有了多种选择，无须顿顿吃"大茬子饭"、玉米窝头之类很硬的主食；而且有了现代化的烹调器具，并不用担心质地太硬。用压力锅煮成烂粥，用豆浆机打成糊糊，连牙齿不给力的老人和小孩都能消化。问题是，对于那些需要控制血糖的人，主食还真不能太细太软，否则消化太快，大量葡萄糖蜂拥吸收入血，餐后血糖一定低不了。

要想降低血糖反应，主食应当怎么吃呢？简单的方法是利用多种食材，制作混合主食。比如说，富含淀粉的红小豆、绿豆、芸豆、豌豆和蚕豆，血糖反应都特别低。把它们和大米混合烹调，做成红豆饭、芸豆粥、八宝粥之类，只要豆子能占一半比例，餐后血糖反应就能大幅度降低。还有燕麦，也以低血糖反应著称，在大米饭里加部分燕麦片一起煮，也有延缓消化的作用。这么吃的另一个好处，就是能大幅度提高主食中的维生素和矿物质含量，还能增加植物性蛋白质的摄入量。

另外一个方法，就是在吃的技巧上下功夫。在吃米饭时，速度尽量慢一些，配合大量的绿叶蔬菜，加上适量的豆腐、鱼肉等。吃饭之前先垫半碗蔬菜，然后吃一口米饭，吃两口蔬菜，再吃一口豆制品，然后再吃一口米饭，注意细嚼慢咽。这样的吃法，米饭被其他食物所阻隔，吃进去的速度慢，在胃里的浓度下降，排空速度减慢，就不可能在短时间内吸收大量的葡萄糖到血液当中。记得这时候以那些纤维丰富又需要咀嚼的蔬菜，比如西蓝花、小白菜、菠菜、芹菜之类为主。煮软的番茄、萝卜、冬瓜之类纤维含量太低，难以达到充分的效果。

如果能保证主食食材的多样化，其中有一半全谷杂粮，远离顿顿白米饭、白馒头的生活，不仅能远离糖尿病的危险，还有其他种种巨大好处——让我来数数吃全谷杂粮的十大好处吧！

①帮助控制餐后血糖和血脂。

②帮助控制体重，减小肚腩。

③降低糖尿病的患病风险。

④降低心脑血管疾病的患病风险。

⑤帮助预防便秘，保持肠道通畅。

⑥改善肠道菌群。

⑦帮助预防肠癌。

⑧降低炎症反应。

⑨对胆囊疾病的预防和控制有利。

⑩餐后精神好，不容易困倦。

还有研究表明，吃血糖反应低的食物有利于维持皮肤的健康状态，对预防痘痘很有好处；而吃全谷杂粮能供应更多的 B 族维生素，有利于维持指甲和头发的光洁健康状态。

看了这么多好处,您是不是也有动心呢？心动不如行动，在白米粥里加上一大把燕麦片，在白米饭里加上小米、红豆、燕麦和莲子，把白馒头换成全麦馒头，把白面煎饼改成全麦粉和杂豆杂粮粉的混合煎饼，把晚上的主食改成杂粮杂豆为主的八宝粥……看起来不难操作吧？那就赶紧吃起来吧!

没想到，多吃它有这么大的危害！

10

　　每当春回大地的时候，人们都会涌入公园当中，争着和那些美丽的花朵一起合影。微信圈晒照片之后，虽然赢得一片赞声，但心里都明镜一样的——如果没有美颜处理，自己这张干燥粗糙或暗淡肿胀的面孔，和灼灼桃李之娇嫩美艳，那真是无法比拟的。

　　当然，也不必对自己太过苛求。北方的春天本来就特别干燥，缺水的皮肤再加上雾霾和风沙的折磨，当然很难呈现出理想的状态。不过，在自然的严酷之外，人们往往还要自我折磨——不少人都会吃进去太多的盐分。

　　盐是一种"最传统"的防腐剂，无论什么容易腐败的食品，只要放入大量的盐，做成咸肉、咸鱼、咸菜……都能在室温下长期保存，连最无孔不入的微生物也无可奈何。而盐之所以能有这样的防腐作用，主要原因在于，它们能牢牢地束缚住大量水分子，让水分子就像固体一样不能运动，让微生物没法利用食物中的水，让食物中的酶在缺水状态下也无法发挥活性。

　　这种性质，用在食品保藏中固然可以，但如果用在人体自身当中，就会带来极大的麻烦。吃进去过多的盐，首先意味着消化道黏膜细胞因为缺水而受损。人的肠道对盐中的钠离子几乎是百分之百地吸收，等到盐进入血液之后，会导致血液渗透压升高，全身组织中的水分子就会向血液的方向移动——是大量的盐吸引了这些水分子，身体最外层的皮肤当然也会受害而缺水。用大白话来说，人们吃太多的盐，就是把自己做成"腌萝卜"，只不过这种腌制是从身体里面开始的。

　　有人会说，多吃盐没关系，多喝点水不就行了么？事情没有那么简单。多吃盐之后，人体确实会感觉到渴，于是会多喝水。喝水之后，这些水分子很快进入血液，然后被血里的盐所牢牢吸引，使血管膨胀，升高血压。这时候，人也会看起来有点"肿"，因为身体确实会因为盐和水而暂时增重。

有人又会问了，超过需要的盐，排出去不就没事了？怎么会长时间造成皮肤轻度肿胀的状态呢？这是因为人体好像很不情愿把钠排出去。血里多余的钠离子被肾小球过滤之后，又在肾小管中被重新吸收回来，只有很少一部分的钠会从尿液当中排出去，所以多余的钠需要时间来慢慢地清除掉。当然，那些被盐束缚住的水分，也会陪着盐一起，缓慢地从肾脏里排出去，但在此之前，它们会让身体肿胀一段时间。血压，也得陪着升高一段时间。

如果吃了很多盐之后，怕造成肿胀而不多喝水呢？结果就会让身体组织脱水。无论是肿胀还是脱水，只要多吃盐，都对皮肤健康和美丽容颜极为不利。

很多女生发现吃水果替代其他零食之后自己的皮肤有所改善，其实并不一定是因为水果本身有什么美容作用，而是因为吃水果的时候不会引入盐分，水果中的水分能够很好地被身体利用，包括皮肤组织。质地干燥的零食不仅干燥缺水，其中还含有大量的盐（钠），它们会夺走身体的水分，所以即便不考虑营养价值，仅从补水的角度来说，也不利于皮肤的健康。

即便你不在乎皮肤的健康，也很难忽视多吃盐给自己和家人带来的其他麻烦。

①吃过多的盐会增加罹患胃癌的风险，这个结论已经得到循证医学界的公认。

②吃过多的盐增加患高血压、冠心病和脑卒中的危险。脑卒中发作在我国中老年人中十分常见，重则致死，轻则致残，而控盐是脑卒中较重要的预防措施之一！

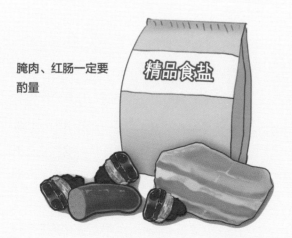

腌肉、红肠一定要酌量

③吃过多的盐增加肾脏的负担。所有肾功能下降的人，都必须严格控制盐的摄入量。婴幼儿的肾功能没有发育成熟，早早多吃咸味食物，也会对肾脏造成极大的压力，甚至是慢性毒性。

④很多女性朋友都有感觉，在月经来潮之前，眼睛和脸有点肿胀，肚子有点胀，头也有点胀。如果有意识地在经前几天少吃盐和其他咸味的东西，这种不适感就会明显减轻。

⑤很多人有偏头疼的毛病，如果少吃盐，头疼的发作往往能够有所缓解。有国外研究发现，摄入大量盐是诱发头疼的一个重要因素。

⑥吃盐会增加尿液中钙元素的排出量，从而可能增加骨质疏松的危险，这一点得到了科学证实。对于膳食钙摄入不足，骨质疏松危险大的中老年人来说，这更是雪上加霜的事情。这些从肾脏中排出的钙，同时还会增加肾结石的风险。

⑦吃咸味大的食物会让咽喉感觉非常难受，组织脱水时更容易出现炎症状态，也会降低黏膜对病毒和细菌的抵抗力，故患咽喉炎症的人更要避免吃过咸的食物，歌手等需要保护嗓子的人也要注意少吃咸食。此外，还有少数研究提示，高盐饮食可能增加患喘息和哮喘的危险。

所以，为了健康，为了美丽，都应当想办法控制一日三餐中的总盐量。

出汗会排出盐分，出汗之后衣服上有一层白色的"汗碱"，其中主要成分就是盐。几十年前，人们的工作以体力劳动为主，日常家务劳动也很繁重，说得上是"交通完全靠走，工作完全靠手"，又没有空调，出汗的总量非常多，排出的总盐量也比较大。特别是一些干力气活儿的工人，天热出汗多的时候甚至还需要额外补充淡盐水。有些老年人认为"不吃盐就没力气"，其实就是因为过去出汗多的原因。

但是如今生活环境已经发生了极大变化。那些既很少运动流汗、工作不需要消耗体力，又总是待在空调房里的人们特别要重视控盐，因为吃进去的盐实在消耗不掉。

目前我国居民钠的平均摄入量相当于推荐值每日 5g 的两倍，减盐任重道远啊。《中国居民膳食指南（2016）》中提出"少盐少油，控糖限酒"的主张，第一条就是限盐，把每日摄入的盐控制在 6g 以内。

但是，限盐应当怎样限呢？除了不要追求重口味的菜肴之外，还要采取以下这些减盐措施：

①不要吃加盐制作的主食，比如各种带有咸味的饼，加盐和碱制作的挂面和拉面，加盐发酵的面包，等等。如果实在要吃拉面之类的快餐，咸汤就别喝了，额外喝些茶或白水吧。

②尽量少吃加工肉制品，比如咸肉、火腿、培根、香肠、灌肠、火腿肠等。这些产品

的含盐量真的非常高，比日常家庭烹调的口味都要重。如果一定要吃，尽量做到偶尔吃，而且一定要配合不加盐或少盐的食物一起吃。

③不要贪吃那些加了盐的零食。薯片、锅巴、蜜饯、瓜子、鱼片干、鱿鱼丝、调味坚果之类的零食中都含有大量的盐，吃多了真的会把你的口腔和嗓子变成"腌肉"。

④不喝咸味的汤，改成小米粥、玉米片汤、茶水之类完全不含盐的饮料。按正常的咸味感知来说，1 小碗汤就会增加 1g 盐。

⑤做凉拌菜时多放醋，加少量糖和鸡精，增加一点鲜味，就可以不放盐了。至少要做到凉拌菜上桌前才加盐。不要先用盐把蔬菜腌半小时，等出了水，把水挤掉，再放盐和香油调味，那样做就会吃进去更多的盐。

⑥炒蔬菜时尽量在起锅时，甚至起锅后再放盐。晚放盐不仅能够防止过多的盐进入食物内部，同时也能减少维生素 C 的损失，减少炒菜中的出水量。

⑦吃咸的菜配无盐的菜，搭着吃。例如吃一口乱炖之类的浓味菜，配一口原味的生菜，或者直接把圣女果、黄瓜丁这种原味菜放在桌上，配浓味的菜吃，用来爽口。

⑧吃火锅、紫菜饭卷、蘸酱菜之类食物的时候，蘸料尽量少蘸一点，吃的速度慢一点。慢慢咀嚼，细细品味食物的原味，可能会得到更多的饮食美感。

⑨吃饭速度慢一点，尽量减少吃快餐的次数。国外研究发现，快餐食物中的盐含量通常会明显高于家庭制作的可以慢慢吃的饭菜。这是因为快餐是匆匆忙忙吃掉的食物，人们在狼吞虎咽的时候，舌头和食物的接触不充分，通常会首先感知到浓烈的味道，而很难体会细腻的食物原味。

⑩隔一天吃一顿无盐餐，比如说，早餐或晚餐完全不吃咸味的食物。这个其实很容易做到，比如以市售早餐谷物片为主食，配一大杯豆浆 / 牛奶 / 酸奶，加点葡萄干、杏干、枣肉等水果干调味，再吃些圣女果和水果就行了。也可以把谷物片换成燕麦粥，加水果干和原味的烤芝麻来增味。总之，根本无须放盐和酱油。

总之，如果你身体没什么疾病，但皮肤状态却总是有点浮肿，或者苦于经前不适、头疼、嗓子疼等小问题，不妨试试以上 10 项减盐方法。或许在几周之后，你就能感受到身体更加清爽的效果。如果家人有高血压、脑卒中、冠心病、胃病、肾结石等问题，就更要注意采取减盐措施啦！

你会发生"盐缺乏"吗？

11

　　这两年网上有报道称，最新研究发现，盐吃少了也不行，同样会增加心脑血管疾病死亡的风险。听了这条新闻，很多原本想控盐的人，突然好像找到了理由——不用控盐了，咸菜和重口食物随便吃！甚至有些医生圈子里也在热传这个消息，讨论以后是不是还要嘱咐高血压患者限盐。

　　先别急着开心，仔细看看研究内容，才能知道到底吃多少才叫作"少"。按照调查结果，每天吃 6 ~ 8g 盐的人死亡率是最低的。盐少到 3g 以下，或者多到 12g 以上，死亡率都会明显上升。

　　其实这个结果没有什么令人惊讶之处，因为每一种营养素都一样，摄入过少和摄入过多的时候都不利于健康。毕竟食盐中的钠和氯都是人体必需元素，而且对健康人来说，钠摄入低到每天 5g 以下的水平，通常也意味着膳食营养不平衡。

　　按我国膳食营养素参考摄入量标准，有利于预防慢性疾病的钠摄入量（PI 值）是 2000mg，换算成食盐，是 5g 盐多一点儿。

　　一天 10g 盐，对健康人来说固然没有急性的危险，但对于有高血压、肾脏病的人来说，吃普通人一天吃的盐量，不太长时间之后可能就要去医院抢救了，甚至可能因此致命。对于日常食物，人们往往缺乏恐惧感，实际上很多食品过量时都可能带来毒害。

　　氯化钠的 LD_{50} 虽然高达 3000mg/kg，即对一个 50kg 体重的人来说，吃 150g 食盐就会致命。实际上，一次服 35 ~ 40g 就可能发生急性中毒反应，出现口渴、水肿、血压上升、血胆固醇上升、胃黏膜细胞破裂等症状。如果本来肾脏功能有问题，即便只吃 10g 也会产生明显毒性。高血压患者也是如此，不控盐就等于慢性自杀。长期多吃盐除升高血压之外，会明显增加胃癌发生的危险。这是因为盐会损伤胃黏膜上皮细胞。

我们经常听说，中国人吃盐太多。超标的盐是怎样吃进去的？看看下面这个账单就知道了。

餐馆菜肴的含盐量通常在 2%～3%，1 日若吃 500g 菜肴（饭碗 2 小碗），按 2% 含盐量计算是 10g；多吃点按 750g 计算，就是 15g 盐。这还不算是口很重的情况，不考虑早上吃咸菜，也不考虑那种咸甜口菜肴必须多加盐的情况。如果吃市售熟肉制品，通常盐含量会超过 3%。总之，如今人们菜肴量都比饭量要大，从菜肴当中吃进去的盐超过 10g 很正常，对于口重的人来说，达到 15g 以上也相当常见。

喝速冲汤（市售汤料按 1% 含盐量设计）2 碗，能吃进去 4g 盐。餐馆的汤通常按 0.5%～0.7% 的含盐量来烹调，喝 2 碗汤至少会吃进去 1g 盐。如果不喝汤，但是喜欢吃皮蛋瘦肉粥、鱼片粥、艇仔粥之类的咸粥 2 碗，也一样吃进去这么多盐。所以，每天讲究喝汤滋补的人，要注意汤越淡越好，盐量控制在 0.3% 以下。喝粥养生时也要注意尽量少喝咸粥。否则养生效果未必达到，还会增加高血压风险，增加肾脏负担，反而伤身体。

如果喜欢添加味精、鸡精，或经常在外就餐，吃进去的鲜味剂约相当于 1g 盐。因为鸡精里含有食盐和多种含钠物，含钠量接近盐的一半；而纯味精的含钠量是盐的 1/3（按谷氨酸单钠水合物计算，相对分子质量 187，含钠 12.3%；氯化钠的相对分子质量 58.5，含钠 39.3%）。现在电视烹调节目里经常是加 1 勺盐、1 勺味精、1 勺鸡精、1 勺鸡汁的调味方式，实在是有害国民健康！

花卷、大饼、面包等主食都含盐（主食面包是 1% 左右），甜饼干、甜饮料、点心、蜜饯、零食等均含有多种钠盐，比如饼干里本来就要加盐，膨松剂泡打粉里的主料是碳酸氢钠，饮料、切面、肉肠等食品中的三聚磷酸钠、焦磷酸钠，用来保护果蔬产品色泽的亚硫酸钠，用来防腐的苯甲酸钠……只要吃这些东西，每天吃进相当于 3g 食盐的量不难，5g 以上的也大有人在。

这么算算，很普通的生活，一日摄入盐的量就会超过 18g，如果经常在外就餐或者经常吃加工食品，20g 都打不住。而推荐量是每天 6g，所以，"慢性盐毒"的风险，在很多人当中都存在。

对于三聚氰胺、过氧化苯甲酰之类陌生的化学名词，人们都有恐惧之心；对于食盐这样的日常食物，人们就往往缺乏恐惧感。实际上很多食品原料过量时都可能带来毒害，而盐是其中毒性最明显的食品配料。

每天多吃一两勺盐，虽然不会一下子让人倒下，但不等于不会增加死亡风险，而这种长期的危险往往会被人们所忽视，直到某日脑卒中倒下再警惕，就已经太晚了。虽然大家都希望 GDP 增长，但盐业公司的产品销量还是不要增长才好！

每天仅仅只要6g哦！

测测你的"盐值"有多高。

12

吃盐太多有害健康的观念已经深入人心，越来越多的人开始了"减盐"行动，但效果好像不是特别理想。2012 年中国居民营养与健康状况监测结果显示，我国每人每天平均食盐的摄入量为 10.5g，尽管比 2002 年下降了 1.5g，但仍然远远高于建议的 6g 摄入量标准。

所以，健康生活行动的"三减"——减糖、减盐、减油的重要内容之一，就是少吃盐。在选购食品的时候好好看标签，尽量选择盐少的产品，烹调时少放盐。

您可能会说：我平常也不是很重口啊！做菜放盐不是特别多啊！说这话的人，未必就没有多吃盐。

怎样才能知道自己有没有不知不觉地多吃盐呢？不如按下面的 10 个问题做个测试，看看您的"控盐食商值"（简称为"盐值"）是多少。

首先，您拥有 100 分的基础分。

问题 1：是否常吃带咸味的主食？比如各种饼、花卷、拉面、方便面、小面、炒饼、炒饭，以及皮蛋瘦肉粥、鱼片粥等。如果喜欢，减 10 分。

解读：正常情况下，在进食固体食物时，人们口感合适的盐浓度是 1.0% ~ 3.0%，液体食物大概是 0.5% ~ 1.0%。如果一餐当中吃 100g 咸味主食，就相当于额外多摄入食盐 1 ~ 2g。如今，大部分人从咸味的菜肴中已经摄入了过量盐。如果主食再带来一部分盐，必然会加剧盐过量的趋势，为身体带来极大负担。因此，主食应该吃"淡味"，以选择没有咸味的品种为好。

主食加工品中往往含有较多的盐，除了防腐和调味外，挂面、拉面、饺子皮等面制品中加盐还可以提高"筋力"。2013 年之后，我国已经强制实施食品营养标签法规，每个产品包装上都有营养成分表，其中都要求注明钠的含量。在购买加工主食品时，最好仔细阅读产品包装上的营养成分表，看看在同样重量下，产品的钠含量有什么不同，就能在同类产品当中，找到那些同样美味、含钠量却比较低的产品。

问题 2：是否常吃加工肉制品？比如咸肉、火腿、培根、香肠、灌肠、鸭脖、卤肉、酱肉、冷切等。如果喜欢，减 10 分。

解读：这些产品的盐含量真的非常高，比日常家庭烹调的口味都要重。在加工肉制品中加盐的目的主要有两个：一是防腐，因为高盐能抑制细菌的生长繁殖；二是改善品质，盐有助于提高肉制品的保水能力。加工肉制品尽量做到偶尔吃，比如每个月只吃两三次，或者周末、假日、年节时享用一下，而且一定要配合不加盐或少盐的食物一起吃。

问题 3：喜欢吃咸味小零食，如薯片、锅巴、话梅、陈皮梅、盐津葡萄干、鱼片干、鱿鱼丝、肉松、牛肉干、调味坚果，以及香辣豆腐干、辣条、麻辣蚕豆、风味油炸豌豆等？如果喜欢，减 10 分。

解读：这些食品中往往要添加食盐来调味或防腐，是零食中的"含盐大户"，比如甘草杏的含量高达 6.54g/100g。薯片、锅巴等营养价值很低，应该尽量少吃；话梅、蜜饯等糖含量往往也较高，吃多了还会增加糖摄入超标的风险；鱼片干、鱿鱼丝、牛肉干、肉松、豆制品零食等虽然能提供一定量的优质蛋白，但因其含盐量太高，还是要尽量远离；坚果首选原味的。

问题 4： 用餐时，在有咸味的菜肴之外，还喜欢用各种香辣酱等咸鲜味调味品配着"提味"，或者再额外加点榨菜、腌菜、酱菜、酱豆腐等咸味小菜，而不是用它们来替代菜里的盐。如果喜欢，减 10 分。

解读：这些咸味小菜和调味料中都含有不少盐，比如各种佐餐调味酱中的盐含量高达 5%～8%。此外，豆豉、蚝油、海鲜汁、虾皮、海米等配料，也都含有不少盐。假如在菜肴当中使用这些调味料，就要相应减少食盐的量，甚至不放食盐。调味时要十分小心，先仔细品尝之后，再决定要加多少盐。吃了榨菜等咸味小菜，就要少吃或不吃其他含盐高的食物。

问题 5：经常吃咸中带甜口味的菜肴或食品？比如糖醋里脊、京酱肉丝、鱼头泡饼等味道特别浓厚的菜肴，以及加糖的红烧肉、侉炖鱼等。如果喜欢，减 10 分。

解读：在食物的调味当中，盐和糖之间有奇妙的相互作用。在含有大量盐的菜肴中，如果放点糖，就会让人感觉到不那么咸。问题在于，这类咸中带甜的食品，会哄着人们不知不觉地吃进去大量的盐。本来咸得难以下咽的食物，加了糖便可以轻松愉快地吃掉。因此，甜味的菜肴里往往含有大量的盐。甜饮料、冷饮、甜点等甜味加工品中往往也含有少量的盐，应该尽量远离。

问题 6：经常喝咸味的汤，喝起来一碗都打不住？如果喜欢，减 10 分。

解读：按照多数餐馆的烹调咸度，汤的含盐量在 0.5% ～ 1.0% 之间。如果在菜肴之外，每餐加喝一碗汤（约 200ml），按较低含盐量 0.5% 计算，每日喝 2 碗汤，就等于多摄入食盐 2g。杯装速冲汤之类的产品都是按最重口味来加盐的。所以，在外就餐时尽量少喝汤，直接喝白水或茶；自己熬汤时要少放盐。

问题 7：做菜时习惯先放盐，做凉菜时先用盐腌一下杀杀水再拌？如果喜欢，减 10 分。

解读：要达到同样的咸味，晚放盐比早放盐用的盐量少一些。这是因为，人体味蕾上有咸味感受器，它与食物表面附着的钠离子发生作用，才能感知到咸味。如果晚些放盐，或者少放些盐，起锅前烹少量酱油增味，盐分尚未深入到食品内部，但舌头上照样感觉到咸味。如此，就可以在同样的咸度下减少盐的用量。如果较早放盐，则盐分已经深入食品内部，在同样的咸度感觉下不知不觉摄入了更多的盐分，对健康不利。

问题 8：经常在放了盐或酱油之后再加鲜味调味料？如果喜欢，减 10 分。

解读：鸡精的钠含量大概相当于盐的一半，味精相当于盐的 1/3。后加鲜味调味料，菜肴和汤的总钠含量就会更高，相当于多吃盐。如果放鲜味调味料，要酌情减盐，先放一半盐，再加增鲜调料。可以直接用等量鸡精来替代盐，或者用有鲜味的酱油来替代盐＋鸡精，这样，在咸味较淡的情况下，因为感觉到了鲜味，因此会觉得能吃下去而且比较好吃。

问题 9：经常吃外卖、快餐，或常常在外就餐？如果喜欢，减 10 分。

解读：人们在外就餐时感觉味道很"足"，比家里的饭菜吃得"过瘾"，是因为放的盐和增味剂（味精、鸡精、酵母水解物等）更多，吃到的钠非常高。国外研究也发现，快餐食物中的盐含量通常会明显高于家庭制作的可以慢慢吃的饭菜。这是因为快餐是匆匆忙忙吃掉的食物，人们在狼吞虎咽的时候，舌头和食物的接触不充分，通常会首先感知到浓烈的味道，而很难体会细腻的食物原味。

问题 10：享用火锅、紫菜饭卷、蘸酱菜等食物时，每次都吃掉很多蘸料？吃沙拉时放很多沙拉酱？如果喜欢这么做，减 10 分。

解读：虽然火锅、饭卷、蘸酱菜等食物本身含盐量很低，但蘸料往往都是高盐食物，吃多了必然会导致盐摄入量超标。蘸料尽量少蘸一点，吃的时候速度慢一点。此外，不妨尝试在蘸料里多放些醋，甚至少量放一点芥末、鲜辣椒等，用它们的刺激性风味来替代盐对味蕾的刺激，让不那么咸的菜肴也显得比较好吃一些。在蘸料中少放点盐或咸味酱，或者把蘸料用白水略稀释一下，撒一点芝麻、花生碎，或者淋一点芝麻酱、花生酱、蒜泥、芥末汁、番茄酱等，都能让它在咸味降低的情况下显得更为鲜美可口。

怎么样？最后你的得分是多少呢？分数越低，说明您日常盐摄入过多的风险越大。

有些人听说"吃盐太少也不好"，没错，钠是一种必需营养素，天天只吃蔬果，不吃咸味食物，也是不行的，特别是在出汗较多的夏天，盐摄入过少会导致头疼、虚弱、肌肉无力。但没有研究能否认，每天摄入 6g 盐是有利于防病和长寿的。问题是，目前多数国民的盐摄入量在每天 10g 以上，距离"摄入太少"的危险还极为遥远。长期纵容自己贪恋浓味，摄入过多的盐，不仅不利于健康，还会影响美容哦。应当早一点改变饮食习惯了！

同时，聪明的你也应该看出来了，这 10 道题在测试你的同时，也在告诉你如何减少盐的摄入。不如跟上健康时尚潮流，从今天的下一餐饭开始，就行动起来吧！

网友问答

美食吃错，也会带来危险！

//@ 巧克力榛子酱：听说米饭没营养，常年不吃主食。听说猪肉、牛肉多吃不好所以不沾肉。每天早上空腹吃半个生洋葱……几年下来衰老了很多，还有骨质疏松。

范老师：红肉多吃不好，不等于少量吃也不好。米饭营养差，不等于所有粮食一律不吃。生洋葱或许对降血脂有益，不等于吃到胃疼还要吃。机械的"养生"其实是自虐。

//@wwmmjj：请问范老师，头一天晚上做好饭不动放到冰箱里，第二天中午再拿出来吃会影响健康吗？担心亚硝酸盐产生和维生素流失的问题。

范老师：没有关系的，做好不动，马上放入冰箱冷藏，不会带来亚硝酸盐过量问题。至于维生素损失不可避免，毕竟是加热了两次。不过，还能保留一部分，如果食材能丰富些，也能补回来。或者直接加一粒复合维生素片就好啦，不必太担心。

//@ 伝纭妘＿胖纸奔走在减肥路上：说一下我家剩菜的处理方法，为了适合客人口味，一般炒的口味较重。我都把剩下的青菜控汤过水以后改刀成小丁加上香肠等吃不完的熟肉食与白米饭拌匀，第二天的早饭就解决了，最重要的是味道不错啊！

范老师：是个不错的办法。最重要的是第二天加热杀菌。

//@ 春天的笔记：没加工，生绿叶蔬菜放置时间长了也会使亚硝酸盐增多吗？

范老师：是的。如果发现生的蔬菜叶子变松，容易脱落，甚至呈水渍状，那么亚硝酸盐含量是会大幅度上升的。状态新鲜的时候可以放心吃。

//@ 苏是不矫情好少女：范老师，有一种说法是水果里的果糖不能被运用到肌糖原，只能是转化为肝糖原，所以以减脂增肌为训练目标的人并不适合摄入太多水果作为碳水化合物的来源。请问这种说法有道理吗？

范老师：对要增肌的人来说，吃太多水果替代主食确实不是很理想。

//@ 妞子妈爱吃爱买爱生活：我现在放盐很少，但是有一些炒菜还是喜欢放酱油，请问酱油如何掌握呢？

范老师：酱油也一样要限量。我个人喜欢不加盐，直接在起锅时加点优质酱油提鲜。选那种氨基酸态氮含量超过 1.0% 的品种，最好是 1.2% 的。我家人被惯坏了，酱油的味道稍微差一点都不满意。确实是吃好酱油咸味不会更多，钠含量相同，鲜味却更浓。

//@ 土豆酸奶大樱桃：原味酸奶是含糖饮料不？

范老师：原味酸奶通常加糖 7% ~ 8%，按 8% 来算，250g 酸奶含 20g 添加糖。世界卫生组织推荐每天摄入添加糖的量最好在 25g 以内，所以限糖并不妨碍喝 250g 酸奶。考虑到酸奶营养价值高，血糖反应低，用酸奶来替代冰淇淋、雪糕、甜饮料是明智的。

//@ 小狐狸 smallfox：我的一个同事血压高，96/145 ，我告诉他血压高是他天天喝饮料造成的（1 天 1L），他说高血压是多方面的，难道天天喝饮料就会高血压吗？还有其他同事天天带饮料也没事啊！我只能摇头说：身体是你自己的，我也只能说说而已。

范老师：甜饮料会增加高血压风险，有研究证据。

//@ 三皮 afra：是不是有可能之前不过敏的安全食品最后变成过敏？儿童是不是更容易对食物过敏？还有像芒果这样的食物，是否更容易引起过敏？

范老师：儿童比成年人容易过敏，因为免疫系统未发育健全。容易过敏的食物很多，绝不仅限于芒果、菠萝、猕猴桃。牛奶、鸡蛋、牛肉、海鲜甚至面粉，都有人过敏。

//@Q 茉茉 O：老师，我家宝宝 1 岁半的时候得了荨麻疹，后查过敏原为鸡蛋、牛奶、大米、西红柿……小麦也有轻度过敏反应，现在两岁，是不是一直不可以吃米饭、米粥这些？

范老师：禁食过敏食物半年之后，可以尝试重新引入。随着宝宝长大，免疫系统功能会慢慢加强，以前过敏的，现在不一定过敏。但一定要少量试，一种一种试，观察几天看看有无不良反应。如果没有，重复两三次，确认没事之后就纳入膳食。再开始试验另一种。

//@ 挖矿人 2012：上次看到一条新闻，有个儿科医生发现小孩比较早地暴露在不太洁净的环境中反而过敏的概率小些，家里养狗的过敏的少。

范老师：是的，从小接触各种环境中的微生物和天然动植物，玩泥巴、玩沙子，在草地上、森林里跑，可能会建立更健全的免疫系统。太干净、总消毒，是不太有利于孩子健康的。

PART7

特殊状况，怎样安排厨房饮食？

● ●

我的

健康厨房

范志红

谈

厨房里的

饮食安全

想吃火锅又怕嘌呤，应当怎么吃？

1

每到节假日，热闹又暖身的各种火锅是很多朋友聚会的首选。不过，火锅虽然美味，但也让很多身体偏胖和尿酸偏高的朋友有所顾虑：

①听说火锅汤中的嘌呤含量特别高？

②听说涮火锅的必点菜品，比如动物内脏、牛羊肉、鱼类、各种海鲜及河鲜，都是嘌呤含量偏高的食物？

③若是食用过量，会不会造成体内尿酸水平上升，增加痛风的患病风险呢？

④怎样涮肉才能减少嘌呤的摄入？火锅汤能不能喝？怎样吃火锅更健康呢？

本文篇幅较长，没有耐心的朋友请直接翻到文章末尾看忠告。

食物中的嘌呤是从哪儿来的？

嘌呤是生物体遗传物质核酸的成分，它们易溶于水，但并不会因为煮沸加热而轻易分解。凡是细胞密集的天然食品，嘌呤含量就比较高，比如动物内脏、海鲜类；如果没有细胞结构，或者细胞大、水分大、干货少，那么嘌呤含量就比较低，比如大部分蔬菜水果类。

鸡蛋、鸭蛋、鹌鹑蛋都是巨大的卵细胞，所以它们的嘌呤含量都低。如果一只蛋受精后开始胚胎发育，伴随着细胞分裂的过程，它的DNA不断复制，那么它的嘌呤含量也会增加。

奶类没有细胞结构，它的嘌呤含量比肉类就明显低得多。不过，发酵之后其中繁殖了大量的乳酸菌，那么它的嘌呤含量也就上升了。不过即便如此，由于奶类蛋白质有降低血尿酸水平的作用，至今还没有发现因为喝少量酸奶而增加患痛风风险的问题。

火锅汤中的嘌呤是怎么来的？

火锅汤中的嘌呤有两个来源：一是火锅汤底中本来就含有嘌呤（包括小料）；二是食材中的嘌呤在涮的过程中融入了火锅汤中。

先说说火锅的锅底。

现在市面上有清汤、菌汤、番茄汤、粥汤、酸汤、肉汤／鸡汤／鱼汤／骨汤、牛油汤／清油汤等各种锅底。其中哪些品种的嘌呤含量比较高呢？

清汤锅底：只有白水加一点葱姜、几粒枸杞、几片紫菜等，汤本身的嘌呤含量（按mg/100g 计）是个位数，低到可以忽略不计的程度。显而易见，这种汤底最适合需要控制尿酸的人。

番茄汤锅底：其中加入了番茄酱原料，它是一种低嘌呤食材，所以不影响汤的嘌呤含量。番茄中的大量钾元素，也非常有利于尿酸顺利排出体外。倒是除了番茄之外，其中加入的鲜味调味料值得关注。因为鸡精、酵母水解物等增鲜剂中就含有鲜味核苷酸，而核苷酸中必定含有嘌呤。所以，它的嘌呤含量会比清汤高，但还是可以接受的。

菌汤锅底：大家都知道，菌类是植物性食品中含嘌呤较高的食材。按我国测定数据，鲜的菌类的嘌呤含量在 21 ～ 79mg/100g 之间，干的菌类因为浓缩了"干货"，嘌呤含量在 68 ～ 569mg/100g 之间。用大量鲜菌和干菌熬的汤，显而易见会含有不少的嘌呤。虽然目前没有看到菌汤的测定数据，但一定比清汤高得多，具体含量要看用哪种蘑菇，具体放了多少，熬制得多么浓。总体而言，菌汤锅底不太适合需要控制尿酸的食客。

鱼汤／肉汤／鸡汤／骨汤锅底：人们都知道，在熬制过程中，鱼、肉、鸡中的嘌呤会逐渐溶出到汤中，再加上其中可能添加有多种增鲜调味品，所以这一类的锅底味道越浓郁鲜美，其中嘌呤含量越令人担心，肯定不适合控制尿酸的朋友。

牛油汤／清油汤锅底：牛油和清油是脂肪，而嘌呤不溶于脂肪，所以油本身的嘌呤含量非常低。但是，油汤锅底通常也加入了少量肉汤和多种增鲜调料。再加上尿酸高的人大都同时伴有超重肥胖、脂肪肝、高血脂的情况，而大量饱和脂肪不利于控制血脂，所以需要控制尿酸的朋友还是不太适合多用。

粥汤锅底：如果只有白粥，其中嘌呤含量极低，也无须担心。问题是有些粥汤锅底中加入了肉汤、鸡汤，还加入了增鲜调味品，那么它的嘌呤含量就需要担心了。

酸汤锅底：蔬菜、辣椒等本身嘌呤含量低，但经过发酵之后，由于微生物的繁殖，它们的含量会略有升高。此外，通常这类汤底也会加入增鲜调味品，所以嘌呤含量虽然比不上肉汤类锅底，但也会比清汤锅底明显高一些。

此外，小料中的虾皮、海米、蚝油、虾酱、XO 酱、瑶柱酱、炸黄豆等也是嘌呤含量较高的食材。相比而言，如果选芹菜丁、香菜碎、葱花碎等，就非常低了。以它们为主，加点芝麻酱或香油，调点酱油、料酒等，用作调料是没问题的。

再说说肉类、海鲜、河鲜等食材中的嘌呤是怎么进入汤里的？

在涮火锅的过程中，因为嘌呤易溶于水，加热又会破坏细胞结构，所以在煮的过程中，嘌呤就会不断从被破坏的细胞中跑出来，逐渐融入汤里。

有些人听说，涮锅时，吃鱼肉海鲜都没关系，只要先在汤里涮涮，嘌呤就跑出去了。

但是，到底这个溶出的速度有多么快呢？真的涮一下就能放心吃了？什么时候涮了能降嘌呤，什么时候就不行了呢？

还是用数据说话，我们来看看两篇国内有关涮火锅嘌呤含量的研究。

一项研究检测了 5 种肉（鸡肉、兔肉、猪肉、牛肉、鸭肉）经过清汤涮煮之后，肉中和汤中嘌呤含量的变化（王新宴等，2008）。一共采集了 6 个点的嘌呤测定数据，即水煮前，以及水煮 10 分钟、20 分钟、30 分钟、50 分钟、80 分钟后。

测定结果发现，5 种肉在水煮过程中，肉和肉汤中嘌呤的含量变化基本一致。

——肉中的嘌呤含量在清汤煮制 10 分钟内迅速降低；10 ~ 30 分钟时，降低速度趋于缓慢；30 ~ 80 分钟时，含量就稳定了，不再继续下降。

以鸡肉为例，水煮 10 分钟时，肉中嘌呤总量降低幅度约为 70%，具体来说，200g 生鸡肉中嘌呤含量为 285 mg，而水煮之后的嘌呤含量为 80 ~ 90mg。

——肉汤中的嘌呤含量在放入肉煮制 10 分钟的时间范围内迅速增加，10 ~ 50 分钟时增加速度趋于缓慢，50 ~ 80 分钟时则基本稳定。

以鸡肉为例，水煮 10 分钟时，汤中的嘌呤含量从原来的几毫克增加到大约 45mg/100g（嘌呤含量在 30 ~ 75 mg/100g 之间，被列入中等嘌呤含量食物）。如果喝一碗 200ml 的汤，则会摄入 90mg 嘌呤，这个数值还是相当可观的，相当于 63g 鸡肉或 110g 牛肉。

第二项研究分别检测了羊肉、牛肉和青虾在清汤中涮煮后肉中和汤中嘌呤含量的变化（荣胜忠等，2012）。测定时共采集 5 个点的数据，即涮肉前，以及涮肉 1 分钟、6 分钟、16 分钟和 31 分钟后。

测定结果也发现，3 种肉及肉汤有较为一致的变化趋势：

①汤中的总嘌呤量在 0 ~ 31 分钟内，随着时间延长逐渐升高，其中，青虾汤内总嘌呤升高最多，可能与青虾嘌呤含量较高有关。

②肉中的嘌呤含量随着涮肉时间的延长，先降低后升高，其中羊肉在涮后 6 分钟、牛肉和青虾在涮后 16 分钟达到最低值。

③汤中的嘌呤含量，在涮煮 16 分钟时，均高于 30mg/100g；涮煮 31 分钟时，为 50 ~ 70mg/100g（嘌呤含量在 30 ~ 75 mg/100g 之间，为中等嘌呤含量食物）。

虽然两个研究的检测时间点略有差异，但我们不难看出一些共性的东西：

①清汤里的嘌呤原来低到可以忽略，涮了一片又一片的肉之后，根据扩散平衡的原理，进入汤中的嘌呤越来越多。

②开头涮肉的确能有效降低肉中的嘌呤含量，这是因为汤多而肉少，在扩散平衡时，大部分嘌呤会跑到汤里面去，使汤中嘌呤含量增加。在刚开始涮锅的 6 ~ 10 分钟，肉中嘌呤含量下降得最为明显。

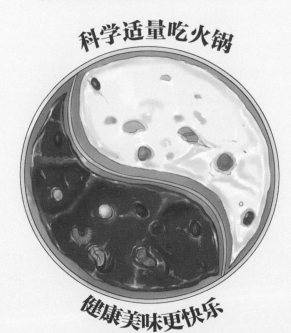

③随着涮锅时间的延长，汤里的嘌呤慢慢增加到和肉里差不多了，那么肉在汤里涮了之后，嘌呤也降不下去了。时间继续延长，汤里的嘌呤甚至可能再被吸收进入肉中。

④放的肉、虾越多，食材嘌呤含量越高，涮出来的嘌呤越多。半小时后，涮制不能降低嘌呤含量，而汤中的嘌呤含量确实也很高，可

能已经达到中等嘌呤含量或中高等嘌呤含量食物的标准，有痛风或痛风隐患的朋友不适宜食用。

所以，结合嘌呤含量数据和以上研究，想要火锅吃得更放心，需要控制尿酸的朋友们可以参考以下9个建议：

①涮火锅时最宜选择清汤锅底，如果觉得一种口味单调，可考虑加上番茄锅底。

妙招：现在很多火锅店都提供十字锅，可以享用4个不同的汤底，需要控制尿酸的朋友直接用清汤锅底就好啦。甚至可以选择两格清汤锅底，前30分钟用第一个，30分钟后，把涮过肉的鲜美火锅汤让给家人享用，再启用另外一个清汤锅底，在1小时之内都能充分享受降低嘌呤含量的好处。

②小料宜多选葱花、香菜、芹菜丁之类的蔬菜类原料，避免含有虾皮、海米、豆豉、肉干、蚝油的高嘌呤品种。

③选择食材时，不要用过多的肉类、海鲜、河鲜，宜选择较多低嘌呤含量的新鲜蔬菜、薯类，配合少量肉类和鱼类。除鱼类以外的海鲜河鲜和动物内脏最好不要选择。

④畜肉、禽肉及水产等嘌呤含量比较高的食物，最好在清汤中煮6～10分钟再食用，此时嘌呤含量相对较低。

⑤早一点放入肉类涮制，在开头15分钟就把涮肉工作完成，捞出来慢慢吃。因为后面的火锅汤中嘌呤含量会逐渐升高，而涮肉后肉中的嘌呤下降效果也会变差。

⑥涮制蔬菜食材时，也要早一点涮，不要等到30分钟之后，火锅汤嘌呤含量已经非常高的时候再煮。涮的时间短一点，熟了就马上吃，否则大量嘌呤会扩散进入久煮的蔬菜当中。

⑦如果想要喝汤，建议在刚涮的时候喝，前10分钟内喝最放心。喝汤时控制数量，建议加入一半白水，以稀释嘌呤浓度。涮锅时间超过30分钟就不宜再喝汤了。

最后还要叮嘱两个问题：

⑧吃火锅时最好不要饮酒，酒精会促进内源性尿酸生成，并抑制尿酸排出。

⑨吃火锅时最好不要喝甜饮料，因为糖也会提升体内尿酸浓度，特别是大量果糖。

多吃蔬菜会患上肾结石吗？怎么吃才能放心？

2

　　虽然人们都知道多吃蔬菜有利于健康，但也有部分网友存在疑问：蔬菜有草酸，会和钙形成沉淀，听说不能同时吃？蔬菜中草酸含量高，吃多了会不会得结石？说是草酸能溶于水，蔬菜是不是先焯一遍才放心？蔬菜洗不干净会有沙子，吃了是不是会得肾结石啊？

　　仔细分析一下这些问题，发现其实大家的疑惑都和草酸以及肾结石有关。有研究表明，75% 的肾结石都是由草酸钙造成的，这样的担心也不算空穴来风。

　　当草酸和钙相遇时，会形成难溶的草酸钙。正常情况下，人体中形成的草酸钙并不多，会被肾过滤掉，随着尿液排出体外。但如果尿液太少太浓缩，或有大量的草酸和钙相遇，就会导致草酸钙逐渐聚集，在储存尿液的地方形成结晶，最后发展成为肾结石。

　　对于预防肾结石来说，减少尿中的草酸和钙确实很重要。但这两种物质，并不是"多吃就会患上肾结石，少吃就不会患上肾结石"那么简单。

　　关于肾结石，有几个重要的事实，我们必须了解：

　　——虽然食物中广泛含有草酸，但人体正常代谢也会产生草酸。甘氨酸、羟脯氨酸（胶原蛋白中富含它们）、羟乙酸、维生素 C 等，都可在体内代谢为草酸。

　　——食物中的草酸并不能全部被吸收。烹调加工会除去一部分草酸（例如焯煮的时候，草酸会溶于水），在胃肠道中，草酸与钙、镁、蛋白质等其他物质结合之后，真正进入血液的数量还会减少。此外，每个人对草酸的吸收能力也不一样。所以，即便吃同样多的蔬菜，蔬菜中的草酸也一样多，因为烹调加工不同，食物组合不同，肠胃功能不同，最终进入体内的草酸量也会有很大的差异。

——饮食中的草酸摄入量，并不是肾结石发生的主要风险因素。研究发现，肾结石患者的饮食，和无结石健康人的饮食相比，草酸摄入量并没有更多。多项流行病学研究也未发现从膳食蔬菜中摄入较多草酸的人肾结石发病率增高。

——大量草酸在肾脏中遇到大量钙，才有可能形成草酸钙结石。尿液中排出的钙越少，结石风险越小。有调查发现，30 岁以下的女性肾结石患者中，蔬菜水果摄入达不到推荐量的比例，要比健康人高得多。多吃绿叶蔬菜，摄入丰富的钾、镁元素，能够提升钙的利用效率，减少尿钙的排出。而吃太多的盐、肉类，喝太多甜饮料等，会增加尿钙的排出量，不利于预防肾结石。

——研究表明，多吃富含钙的食物，反而对于预防肾结石有益。不仅营养流行病学研究，DASH 饮食模式相关的研究也证明了这一点（DASH 是帮助控制高血压的一种膳食模式，吃大量蔬菜水果且很大比例是生吃，吃薯类、豆类、全谷杂粮和低脂奶，完全没有白米白面，深受西方医学界推崇）。这可能是因为，食物中的钙能够在胃肠道中和草酸结合，形成难溶的草酸钙。草酸钙难以穿透小肠细胞进入人体，而是随着食物残渣排出体外。

看了这些事实，也许很多朋友一时还感觉有点晕，我们来理顺一下：

①即便不吃富含草酸的菠菜，身体自己也照样有可能"自制"草酸，比如女人们热爱的胶原蛋白粉和维生素 C 药片。

②蔬菜里的草酸，可以在烹调中焯水除去一部分，不必过度恐惧。

③多项研究证明，每天吃很多绿叶蔬菜，并不会增加患肾结石的危险，甚至作用是相反的。

④蔬菜中的钾、镁元素都能帮助减少尿钙流失。尿钙少，则肾结石患病风险会减小。

⑤如果食物中的草酸真的很多，不如干脆把它和高钙食物一起吃，比如菠菜炖豆腐、韭菜炒豆腐、小葱拌豆腐之类，这样反而能减少草酸的吸收量，虽然损失点钙，但对预防肾结石有好处。

⑥那些几乎不含草酸、钙含量也很少的肉类、甜饮料、高盐食物等，反而会增加患肾结石的风险。

在了解了草酸、钙、肾结石三者之间的关系后，我们就要为绿叶蔬菜申冤了。

误解一：绿叶蔬菜都含有很多草酸。

美国农业部数据库显示，富含草酸的绿叶菜主要也就几种：菠菜的草酸含量是 0.97%，苋菜 1.09%，韭菜 1.48%，马齿苋 1.31%，含量最高的是欧芹（餐馆经常用它来装饰盘子），达到 1.70%。为了不摄入过多草酸，这些蔬菜还是用沸水焯一下，去掉涩味再吃比较好。

大部分蔬菜，包括常见的绿叶蔬菜，例如圆白菜、油菜、芥蓝、芹菜、白菜、绿叶生菜、西蓝花等，草酸含量都不高，这些菜不用焯水也没问题。倒是人们从没想过草酸问题的竹笋、苦瓜和茭白，草酸含量还真是很高呢。此外，不属于蔬菜的大豆、各种瓜子和坚果，其实也普遍含有不少草酸，因为草酸和植酸一样，都是植物种子里的正常成分。不过，它们的平均每日食用量比较小，所以在草酸摄入的总量当中，起不了很大的作用。

误解二：没有涩味的蔬菜也含有很多草酸。

蔬菜里的草酸多不多，基本上可以用涩味的严重程度来判断。一般来说，蔬菜中的涩味来自于草酸和单宁，在蔬菜当中以草酸为主。

即便同样是菠菜，各品种、各时段生产的产品，草酸含量也不一样。一般来说，西方用来拌沙拉的小菠菜含草酸较少，你也能感觉到它的味道不太涩。而那种叶子很浓的大菠菜就会涩一些，味道越涩，草酸就越多。所以，如果蔬菜几乎没有涩味，就可以断定草酸含量很少。比如生菜和小油菜，就基本上吃不出涩味。

不过，有时候涩味也会被其他味道所掩盖，比如甜味、酸味、苦味、辣味等。韭菜中含有很多草酸，但人们往往察觉不到，是因为它的鲜香味道太浓郁了。苦瓜里的涩味被苦味掩盖，猕猴桃里的涩味被酸甜味掩盖。

误解三：仔细洗一洗泡一泡就能去掉草酸。

只靠冷水或温水来洗、泡蔬菜，是不能降低草酸含量的。这是因为，蔬菜中的草酸是封存在细胞里面的，细胞外面还有细胞膜和细胞壁。在没有煮熟的情况下，细胞膜和细胞壁都是完整的，里面的东西不容易出来，泡 20 分钟，泡菜水也不会有什么味道。但是，经过沸水焯烫后，细胞壁变软，细胞膜被烫坏，通透性提高，里面的草酸和很多东西都会"跑"出来，进入水中。

比如大块竹笋，组织比较致密，焯 1 ~ 2 分钟还不行，要好好煮一下，才能去掉其中的草酸。市售煮笋都是经过这种处理的。菠菜也一样，如果有些品种涩味特别浓，焯煮水要多些，时间要长些；有些涩味淡的，就可以少放焯煮的水，甚至不用焯也行。

也有人担心，把菠菜焯煮一下，在去掉草酸的同时，是不是也会损失其他营养呢？

那是肯定的。这么说吧，凡是易溶于水的营养素，基本上都会受到影响。比如维生素 C、维生素 B_1、维生素 B_2、叶酸等，都对咱们的健康特别重要。还有钾、类黄酮，对预防高血压、脑卒中和心脏病也挺重要的。据我们实验室的测定，绿叶菜焯煮中的水溶性营养素损失率在 30% ~ 50% 之间。没有什么事情是十全十美的啊！西方人不缺钙，也不那么害怕草酸，所以他们往往就不焯了，直接烹调。中国人日常饮食中钙比较缺，所以就特别在意草酸的事情。所谓"物以稀为贵"，钙比其他营养素更容易缺，所以人们就优先保护钙，宁愿牺牲其他营养素了。

虽然如此，毕竟这些营养素还剩下一半左右。同时，还有很多营养素不怕水，比如钙、胡萝卜素、叶黄素、维生素 K 和膳食纤维之类。只要你能把焯过水的菠菜和竹笋吃进去，总能比不吃蔬菜得到更多的营养素。只是在具体烹调的时候要注意，如果蔬菜叶子薄，就严格控制时间，焯半分钟到 1 分钟就好了；如果质地厚，就切成片，让草酸比较容易跑出来，煮 1 ~ 3 分钟。大块的食物煮起来很慢，等到从里到外煮透了，营养素损失也非常大了。

误解四：煮熟之后，草酸就被降解了。

草酸易溶于水，但它对热很稳定，不会因为煮沸而分解。不过，煮的过程中，草酸溶进水里，被稀释了，所以感觉涩味就没那么明显了。

此外，北方的水是碱性水（硬水），其中含有很多碳酸氢钙等钙盐。水里的钙和草酸结合，形成不溶性的草酸钙，留在煮锅里了，捞出来的菠菜中草酸少了，涩味当然就淡了。你把焯了菠菜的水静置 1 小时，小心把锅倾斜，能看到锅底有沉淀物。所以，焯煮菠菜的时候，直接用硬水是比较合适的，用纯净水的话，就去除草酸而言反而不那么有效。

误解五：含有草酸的蔬菜不能生吃，不能和富含钙的食物一起吃。

西方人吃菠菜往往直接拌沙拉生吃，也并不担心会引起骨质疏松之类的问题，因为人家本来吃奶酪就很多，钙足够多了，被草酸结合掉一些，略微降低利用率，也不觉得可惜。

西方人有把生菠菜和牛奶一起打成奶昔的吃法，甚至这种"绿奶昔"还相当火，被视为健康饮食经典食谱之一。听起来有点奇怪，其实真的是个不错的吃法，其中钾、钙、镁元素和抗氧化物质都特别丰富，还有丰富的硝酸盐，有利于预防高血压、糖尿病等多种慢性疾病。有国外研究认为，高钙食物能降低肾结石发生率的原因之一，可能正是因为牛奶中的钙和蔬菜中的草酸结合，能够降低草酸的吸收率，这样这些草酸就不会跑到肾脏里去形成结石。

当然，对中国人而言，既然很珍惜那点钙，那么完全可以先焯烫一下，然后再用来拌菜、做汤。比如说，菠菜先用沸水焯烫半分钟，然后放在煮好的汤里就可以了。如果在焯菜时先放 1 勺香油，口感就更好了，菠菜叶梗软化，不那么容易塞牙。

说完了蔬菜本身，最后再聊聊蔬菜可能的附带品：沙子。

日常生活中，每个人都会碰到食物中有沙子的情况，特别是蔬菜，有时候洗好几遍都未必能全洗干净。大一些的会硌到牙，大家自然就会直接吐出来，但小个的很可能就和饭菜一起吃下去了。

不过，就算沙子被咽进肚里，也没有那么可怕。由于成分不同，吃下去的沙子主要有两种归宿。

①被胃酸溶解。这类沙子的成分以碳酸钙为代表，遇到胃酸变成钙离子和二氧化碳，所以进入体内也没什么问题，就当补了点钙。

②穿肠而过。这种情况下，沙粒会随着食物残渣从大肠排出体外，当然，如果沙粒足够大，有时候可能会对消化系统造成一些物理性的伤害。

吃足量蔬菜

适量吃肉

一定少吃盐

但无论是哪种情况，这些沙粒都不会整个穿过小肠细胞，进入血液，然后跑到某个器官中变成结石。

总之，为了预防肾结石而少吃蔬菜，不吃绿叶菜，也不吃富含钙的食物，则完全是一种因噎废食的做法。遇到有涩味的蔬菜，只需用焯水的方法去除草酸就好了。每天吃足量的蔬菜，同时远离高盐食物和各种甜饮料，肉类食物适量食用，才是降低肾结石患病风险的正确膳食选择。

想血流通畅，应当怎样吃蔬菜？

3

对大部分中国人来说，蔬菜中的硝酸盐一直都是让人担心的成分，因为它在腌制的过程中，或者在烹调前后的储藏过程中，都有可能转化为亚硝酸盐，而亚硝酸盐含量过高的时候具有毒性，也能够在胃中和蛋白质分解产物合成微量的致癌物亚硝胺。

在膳食当中，80% 以上的硝酸盐来自于蔬菜和茶叶。而在蔬菜当中，硝酸盐含量最高的是叶柄和叶子，比如芹菜、菠菜、韭菜一类的绿叶蔬菜。某些根类蔬菜也含有丰富的硝酸盐，比如甜菜根。茄子、番茄、青椒、土豆、黄瓜、冬瓜、南瓜之类的蔬菜，硝酸盐含量都相当低，所以它们也几乎不会出现因为蔬菜不新鲜而导致亚硝酸盐含量大幅度上升的问题。

不过，如果蔬菜本身很新鲜呢？如果不腌制就趁着新鲜状态赶紧烹调食用呢？那么其中的硝酸盐会不会给人体带来什么坏处呢？大部分人可能还是有点担心。甚至连世界卫生组织（WHO）所制定的亚硝酸盐摄入标准，也反映了这种担心——因为遵照这个过分严格的标准，人们就没法愉快地吃半盘菠菜了。

不过，近几年来，蔬菜中所含的硝酸盐，形象却出现了一个 180° 的大转弯。从过去人们所怀疑的致癌物制造原料，变成了保护心脑血管的英雄。甚至有一篇文献就以此为题——"膳食中的无机硝酸盐：在代谢性疾病方面从罪犯变成了英雄？"（McNally B, 2016）研究当中所使用的硝酸盐天然来源，大多数是来自于两种食物——甜菜根或者是菠菜。研究者常常会让受试者从蔬菜中摄入几百毫克的硝酸盐，然后观察血压和一氧化氮等指标的变化。

在很多年之前，人们就发现人类的血液和唾液中都含有硝酸盐。不过当时并没有把它和蔬菜中的硝酸盐联系起来，只认为硝酸盐是产生一氧化氮之后的一种氧化产物，没什么用。但近年来人们发现，硝酸盐是一氧化氮的一种体内储备形式，而且可以来源于蔬菜中所含的硝酸盐。换句话说，蔬菜中所含的大量硝酸盐，可以在体内缓慢地转化为一氧化氮，而一氧化氮是一种非常强力的血管扩张剂，能够改善血液循环，降低血压，改善血管内皮功能。在这个过程中，口腔中的细菌，以及胃肠系统中的亚硝酸盐还原酶，都发挥着重要的作用。在这个缓慢的还原过程当中，并不会引起体内亚硝酸盐含量的大幅度上升，因此并不带来毒性作用。

正因如此，在不到 10 年的时间里，对食物中硝酸盐的研究从零零散散开始，到如今呈现爆发性增长的态势。2014 年，在美国华盛顿甚至专门召开了一场学术会议，讨论食物中的硝酸盐对人体健康的有益作用。

研究者们承认，正因为硝酸盐能够安全可靠地扩张血管、改善血流，在组织缺氧的条件下改善氧的供应状况，从膳食中摄入硝酸盐，可能是有心血管循环障碍的患者改善病情最廉价的措施，也可能是运动员们改善运动能力的一个简单措施（有关硝酸盐—亚硝酸盐——氧化氮的代谢过程和详细相关知识，请参看文献 Clements W T, Lee S and Bloomer R J. Nitrate Ingestion: A Review of the Health and Physical Performance Effects. Nutrients 2014, 6:5224-5264）。

那么，和以往人们认为有利于心血管健康的食物（比如苹果）相比，绿叶菜的效果到底有多大呢？在一项随机对照研究当中，让 30 名健康受试者吃富含硝酸盐的菠菜，或者吃以富含类黄酮而著称的苹果，或者两者一起吃，然后测定他们体内的一氧化氮释放量、血压和内皮功能指标。结果发现，这两种食物都能降低血压，提升血液中的一氧化氮产生量，改善内皮功能，而且菠菜比苹果的效果还要好一些。略感遗憾的是，这两种食物没有"叠加"的健康效果，吃菠菜再吃苹果，并不比只吃菠菜效果更好（Bondonno C P, 2012）。

不过，大部分摄入硝酸盐有健康效果的研究都是在健康人或指标略有升高的人当中进行的。研究发现，在 2 型糖尿病患者当中，体内一氧化氮的利用率会明显下降，对健康人起作用的硝酸盐摄入量（如蔬菜汁或添加了硝酸盐的面包），在病情较重的 2 型糖尿病患者当中可能短期内起不到同样大的作用，可能需要更多的数量，或者更长的食用时间。

即便是健康人，从蔬菜中摄入硝酸盐的好处也是短暂的。一项研究发现，给受试者服用每天超过 250g 的速冻菠菜，再加 120g 的绿叶生菜，供应足够多的硝酸盐（每天大约 400mg），唾液中的硝酸盐含量上升了 6 倍，血液中的硝酸盐含量上升了 8 倍。然而，在停止食用绿叶蔬菜之后，唾液和血液中的硝酸盐含量两天之后就快速下降到实验开始前的 2 倍和 1.5 倍，7 天之后基本恢复到原来的水平。所以，需要每天摄入足够数量的绿叶菜（Bondonno C P，2015）。

一项对 1226 名中老年妇女跟踪 15 年的最新研究发现，从蔬菜中摄取最多硝酸盐的人，动脉硬化导致的心脏病死亡率风险最低，全因死亡风险也最低（Blekkenhorst L C，2017）。

总之，为了保护我们的心血管健康，建议这样吃蔬菜：

①每天吃 500g 蔬菜，三高患者建议再多吃一些。

②每天的蔬菜当中，至少要有 200g 深绿色叶菜，加上其余的浅色蔬菜，这样能够保证每天摄入 300 ~ 400mg 的硝酸盐。

③因为硝酸盐易溶于水，蔬菜经过焯水之后会损失一半左右的硝酸盐。所以，如果吃焯水的绿叶蔬菜，数量宜略增加一些。

④如果既想补充硝酸盐，又不增加油和盐的摄入量，不妨在三餐正常吃蔬菜之外，再喝 1 ~ 2 杯绿叶蔬菜打成的浆。可以考虑用 2 份绿叶蔬菜和 1 份水果混合打汁，这样味道好一些，而且不至于糖分过高。打汁虽然损失维生素 C，但可以充分利用其中的硝酸盐和钾元素，还能避免炒菜时添加的盐带来的不利影响，对心血管健康，特别是预防高血压是有益无害的。

可以适量喝蔬果汁

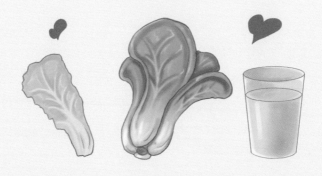

剩菜有益心血管，是传错了吗？

4

很多人的手机朋友圈都曾经疯转一个微信内容：吃剩菜居然能扩张血管，有益心脏？

此前几年当中，"绿叶菜剩菜后会产生大量亚硝酸盐""剩菜致癌"的消息沸沸扬扬，为此引发了很多家庭矛盾。年轻一代说一定要把剩菜扔掉，老年人则舍不得扔掉。现在居然反其道而行之，说是剩菜有益健康，而且对心血管有好处！

有一位朋友对我说：我好不容易劝服他们别天天吃剩菜，这下子，我父母更有理由吃剩菜了。这可怎么办啊？

这个说法确实够反潮流的了，称得上是耸人听闻。而且信息中还贴出了我的头像，说是我"透露"了这样一个消息。我也惊诧莫名：我什么时候说过剩菜有好处了？更没说过剩菜比新鲜蔬菜好啊！

仔细看看，原来是文中引用了我 2012 年在网上发表的一篇旧文章中的内容。这篇文章中谈到绿叶蔬菜中的硝酸盐有利于健康。从食物中摄入的一部分硝酸盐，能够在体内缓慢而持续地转变成微量的亚硝酸盐，在血液中的浓度不会达到有害健康的水平，然后快速转变成一氧化氮，有利于扩张血管，降低血压，改善血液循环，改善血管内皮功能。这方面的研究已经成为饮食与心血管疾病的研究热点之一，在前面一篇文章中也做了详细的论述。

这个扩张血管的作用，还被国外的运动医学界利用。方法很简单，给运动员服用富含硝酸盐的蔬菜汁，包括红甜菜汁和菠菜汁，让他们提升最大耗氧量，减轻运动疲劳。经英国自行车队等高水平运动队多年实践，证明能够提升比赛选手的运动能力。

不过，这些研究证据，还是和"剩菜有益健康"拉不上多少关系。因为国外运动员吃的并不是剩菜，而是新鲜蔬菜做成的蔬菜汁。只要吃充足的绿叶蔬菜，就能获得硝酸盐所带来的这项好处，而且并无毒害，完全用不着把新鲜蔬菜放成剩菜。

我写那篇文章的意义，也绝不是鼓励人们吃剩菜，而是想告诉人们，新鲜绿叶菜实在是有益健康的，不仅其中富含钾、钙、镁、维生素 B_2、叶酸、维生素 K、叶黄素、类黄酮等多种保健成分，而且人们本来有些担心的硝酸盐甚至也有好处。所以中国营养学会发布的膳食指南中特别强调，每天的蔬菜中要有一半绿叶菜，这是保障健康饮食的重要措施。

那么，为什么人们对硝酸盐有担心呢？是因为硝酸盐可以在蔬菜存放过程中被植物自己的"硝酸还原酶"转变成亚硝酸盐，也可能在烹熟之后被细菌的"硝酸还原酶"转变成亚硝酸盐。硝酸盐和亚硝酸盐，一字之差，但毒性不同。前者无毒，后者在数量大时有毒性。一次吃几百毫克硝酸盐完全没有问题，但一次吃 200mg 亚硝酸盐就有很大的中毒风险。日常腌制蔬菜的时候一定要等 20 天左右之后再吃，就是为了避过细菌使亚硝酸盐含量上升的时段。

硝酸盐被人体摄入之后，一部分不吸收入血，进入大肠之后，会被大肠细菌利用，最终排出体外；另一部分被人体吸收，在几小时当中逐渐缓慢转变成微量的亚硝酸盐，亚硝酸盐的存在时间只有几分钟，然后很快被转变成一氧化氮，发挥扩张血管的作用。

换句话说，绿叶蔬菜扩张血管的作用，只需吃新鲜蔬菜就行了，完全用不着吃剩菜。一次性大量摄入亚硝酸盐是有害的，摄入硝酸盐之后，在体内缓慢转变成亚硝酸盐，才能发挥有益作用。据科学新闻报道，在心脏病治疗当中，的确有使用微量亚硝酸盐来扩张血管的研究，但剂量要由医生精准掌握，绝不是随便从嘴里吃进去的。

新鲜蔬菜肯定
比剩菜健康呦！

那么，剩蔬菜到底能不能吃呢？那要看是怎样储存的剩蔬菜了。

假如把剩的绿叶菜直接放在室温下过夜，那是坚决不能吃的。因为在室温条件下，会大量繁殖细菌。除非是专门接种的有益菌，否则食物中细菌过量，本身就是极大的不安全因素。这些杂菌也会把硝酸盐转变成亚硝酸盐，使亚硝酸盐含量迅速上升，这是另一个不安全因素。虽然微量亚硝酸盐有扩张血管的作用，但大量亚硝酸盐却是危险的，既会促进胃中亚硝胺类致癌物的合成，数量大时甚至可能造成血红蛋白无法携氧，发生急性中毒。

假如把蔬菜做熟后，在未翻动的情况下就取出一部分分装到干净的保鲜盒中，轻轻盖上盖子，然后放在冰箱里冷藏过夜，那么初始菌数较少，细菌的繁殖也会因冷藏而受到抑制，不至于达到过量的程度。因为细菌不多，由硝酸盐转变成亚硝酸盐的数量也就很少，不足以对安全造成威胁。这样的过夜菜，加热杀菌一下再吃，是没有安全问题的。

有些人说：我还在网上看到某大学的测定结果，说剩菜里的亚硝酸盐含量是 6 ~ 8mg/kg，已经超标了，你怎么还说是安全的？这也是我曾经撰文解释过的事情。当时媒体引用的标准，是新鲜无公害蔬菜的亚硝酸盐标准，为 4mg/kg。但是，熟食品和加工食品，是不能按同一个标准的。例如，我国加工蔬菜制品的亚硝酸盐标准是 20mg/kg，加工肉制品的亚硝酸钠残留标准是 30mg/kg。如果 6 ~ 8mg/kg 就叫作有毒，那么是不是各种蔬菜加工品和熟食肉类都不能吃了呢？

即便没有安全问题，剩蔬菜仍然比不上新鲜蔬菜。因为随着时间的推移，特别是二次加热杀菌之后，维生素和抗氧化物质的含量都会下降，同时也失去了新鲜风味和脆爽口感。

所以，结论是这样的：

①为了控制血压、预防心脑血管疾病，建议每天都吃绿叶菜，至少 200g。

②如果没有及时冷藏，细菌过度繁殖会带来食品安全风险，春秋室温存放 3 小时、夏天室温存放 2 小时以上的剩菜最好不要吃！

③未经翻动而且及时冷藏的绿叶蔬菜，并没有传说中那么危险。对于因为种种原因，没法新鲜烹制蔬菜的朋友而言，先把绿叶菜烹调熟之后，分装冷藏过夜，第二天再加热食用，仍然可以得到大部分健康价值，比完全不吃绿叶菜要好得多。

④对那些可以吃到新鲜蔬菜的朋友来说，吃剩菜当然不如吃新鲜烹制的绿叶蔬菜啦！

多吃绿叶蔬菜，亚硝酸盐和硝酸盐会超标吗？

5

前面说到硝酸盐有利于健康，有很多朋友还是有些担心，提出很多问题。

问题 1：你不是说在久存的菜和剩菜中，硝酸盐会转变成亚硝酸盐吗？如果我家里人口少，一次做出两餐的菜要冷藏，或者经常头天晚上把菜做好，第二天带饭去单位，是不是有好处的硝酸盐就会变成有毒的亚硝酸盐呢？

答：的确，无论是没有做熟的生蔬菜久存后，还是炒熟的蔬菜久存后，都会有亚硝酸盐含量增加的问题。前者是蔬菜中的酶导致的，后者是由于微生物的活动导致的。很多细菌都有硝酸还原酶，能够把硝酸盐还原成亚硝酸盐，使其含量上升。不过，如果能够在蔬菜烹调之后马上拨出一份，不再翻动，尽快放入冰箱当中保存，第二天早上亚硝酸盐上升得仍然很少。多家机构曾经测定过，绿叶菜做熟后不翻动立刻冷藏，在冰箱里放 24 小时后，亚硝酸盐仅仅从约 3mg/100g 上升到 7mg/100g，远远达不到引起安全问题的水平。在冰箱里存了两三天的生蔬菜，只要状态正常，看起来新鲜，也不会出现亚硝酸盐含量高到危险水平的情况，除非已经掉叶、萎蔫、软烂或呈水渍状。

问题 2：虽然刚烹调后就及时冷藏的剩蔬菜中，亚硝酸盐含量确实与中毒量相去甚远，但少量的亚硝酸盐会不会在体内蓄积，长时间后产生致癌效果？

答：不会蓄积中毒。亚硝酸盐本身并无致癌效应，它被吸收入血之后，在血液中存在的半衰期只有 1 ~ 5 分钟，被转化为一氧化氮，起到扩张血管的作用，对降低血压和预防心脏病有好处。而亚硝酸盐本身因为已经分解，谈不上"蓄积中毒"的问题。故而，一次吃了没事儿，后面也不会再有麻烦。

亚硝酸盐的毒性，主要在于它能够把血红蛋白氧化成为高铁血红蛋白，从而引起缺氧，导致紫绀。通常认为成年人一次摄入 200mg 以上的亚硝酸盐可能发生中毒反应。婴儿摄入含硝酸盐过多的水或食物可能导致蓝婴病的案例，认为也是因为硝酸盐转化成亚硝酸盐的原因。

然而，目前没有证据能表明摄入剩菜中正常数量的亚硝酸盐（500g 剩菜中总量不超过 10mg）会导致高铁血红蛋白症。在一项交叉设计的人体研究中，给受试者摄入 150 ~ 190mg 和 290 ~ 380mg 的亚硝酸盐，高铁血红蛋白的比例分别达到 4.5% 和 12.2%，但并未引起严重毒性反应。在婴儿当中有观察研究也得到了类似的结果，摄入 175 ~ 700mg 的硝酸盐后，却没有出现蓝婴病。这就说明，其实亚硝酸盐和硝酸盐，只要不大量摄入，并不会引起明显的毒性反应。以往婴儿摄入高硝酸盐水后引起的状态，很可能还有其他的致病途径。

实际上，不提倡吃剩菜，还考虑到其中有致病菌繁殖的风险，以及维生素含量降低的风险等，并不仅仅是考虑亚硝酸盐的问题。吃剩菜之前，至少要把菜热透，菌杀死。

问题 3：按照目前世界卫生组织所制订的 ADI，亚硝酸盐的许可量只有 0~0.07mg/kg（以亚硝酸根离子计），硝酸盐的许可量每天也只有 0~3.7mg/kg。这样的话，岂不是多吃富含硝酸盐的绿叶菜，就很容易出现两者都超标的情况？

答：的确，如果把熟蔬菜放一夜之后是 7mg/kg 的亚硝酸钠含量，那么吃 500g 就会摄入 3.5mg 的亚硝酸钠。按体重 50kg 的人来计算，摄入量就是 0.07mg/kg。换算成亚硝酸根离子，大约是 0.05mg/kg。也就是说，如果含量再高一点，比如说，菜做好后经过翻动，又没有及时放入冰箱冷藏，就很有可能超标。生的绿叶蔬菜存两三天之后，也很可能出现超过 7mg/kg 的情况。

同时，如果按照目前各国营养学家所推荐的健康饮食模式来吃，每天摄入大量的蔬菜水果，即便是新鲜菜，也有可能会发生硝酸盐"超标"的问题。如果吃的叶类蔬菜比较多，比如硝酸盐含量高达 700mg/kg 以上的菠菜，每天硝酸盐的总摄入量很可能超过 1000mg，那么超标几倍都有可能。

所以，硝酸盐的 ADI 已经被专家们所质疑。因为按照目前的研究证据来看，多吃蔬菜、水果、豆类，特别是深绿色的叶菜，不仅不会促进癌症，而且已经有很多证据证明会降低癌

症和多种慢性病的风险。甚至有研究表明，从蔬菜中摄入的硝酸盐数量多时，动脉硬化疾病死亡率及全因死亡率都会降低。要得到这种好处，吃进去的硝酸盐显然就要超过 0.05mg/kg 的限量。

以前制定标准时，是把硝酸盐和亚硝酸盐都当成有害物质来加以严格限制。但现在研究已经证实，硝酸盐可能有潜在的健康益处，蔬菜中微量的亚硝酸盐本身也没有那么可怕。标准定得太苛刻，显然不利于公众养成充足摄入蔬菜这种健康行为。

高血压的老年人，适合吃水果吗？

6

在西方国家中，吃水果有利健康的说法从未受到过质疑。水果摄入量多的人，心脏病和脑卒中的发病率较低，高血压风险小，甚至骨骼健康状态也较好。欧美和我国台湾地区有"每日五蔬果"之类的行动，英国甚至由政府出资，给在校儿童每天提供一个水果。

然而，在我国，人们对水果的健康作用有颇多疑虑。有朋友问我：听一些中医说，老年人不适合吃水果；还有养生专家说，女人不适合吃水果。说水果性寒，损伤脾胃，不利气血。怎么和国际上的说法正相反呢？如果中老年妇女患有高血压、冠心病，到底该不该每天吃水果呢？

要回答这个问题，不如看一看这篇权威英文杂志刊登的文章——中国的研究调查发现，吃水果能够预防早逝。

研究者于 2004 ~ 2008 年之间，在 10 个城市招募了 51 万多位成年人志愿者，年龄在 30 ~ 79 岁之间，并从此跟踪其饮食和健康状况，总跟踪量为 320 万人·年。研究者发现，在受访者当中，能够做到每天吃新鲜水果的仅仅占 18%。

在跟踪期间，在 45.1 万原来没有发生过心脑血管疾病的受访者当中，共有 5173 人死于心脑血管疾病，有 14579 人发生了缺血性脑卒中，3523 人发生了颅内出血。

研究者用流行病学分析方法来寻找新鲜水果摄入量和疾病风险之间的关系，结果发现：

①和那些基本上不吃水果的人相比，每天吃水果的人的平均血压明显比较低。这件事情其实并不令人惊讶。因为水果和蔬菜都是钾的好来源，但是蔬菜烹调会放盐，吃蔬菜的时候钾、钠一起吃进去；但是吃水果不需要放盐，所以只吃到大量的钾，吃进去的钠却微

乎其微。对于那些需要吃高钾低钠膳食的人来说，水果是帮助控制血压的极好食物。

②和那些基本上不吃水果的人相比，每天吃水果的人血糖水平也明显较低。这一点相当令人惊讶，因为很多人认为水果是甜的，不适合糖尿病人吃。不过，我也没觉得有多惊讶，因为早就有西方的营养流行病学调查发现，吃水果并不会增加糖尿病危险，甚至蓝莓和苹果还有略微降低糖尿病风险的效果。为什么是这样呢？因为多数水果的餐后血糖反应并不高，远远低于白米饭和白馒头。水果中富含的果胶有延缓餐后血糖反应的作用，水果中的多酚类物质也有降低消化酶活性的作用。除非数量过多（比如夏天一口气吃掉半个西瓜），正常吃 250g 水果是不会带来糖尿病风险的。

③和那些基本上不吃水果的人相比，每天吃水果的人心脑血管疾病死亡的风险降低了40%。考虑到中国人一半左右的死亡原因是心脑血管疾病，据此结果，称吃水果"预防早夭"和"延寿"也不算过分。

④和那些基本上不吃水果的人相比，每天吃水果的人冠心病发作的风险降低了 34%，脑梗死风险降低了 25%，脑溢血风险降低了 46%。而且，吃水果的数量多，则风险降低的效果就更好。这种效果，在 10 个地区都大同小异，并没有什么明显地区差异。

日本一项跟踪了 24 年的研究同样发现，吃水果最多的中老年人，和吃水果少的老年人相比，发生脑卒中的危险降低了 26%，发生冠心病的风险降低了 43%。研究者还发现，吃水果较多的中老年人和不爱吃水果的人相比，健康意识更强，日常吃鱼、奶类和豆制品更多一些，而吃红肉相对比较少。

还有研究也发现，水果中除了钾之外，还有很多其他有益心脑血管的因素，比如其中的多酚类物质，比如槲皮素等类黄酮物质，对一氧化氮的释放具有促进作用，可改善内皮功能，这是果蔬食物对预防心脑血管疾病的机制之一。近年来的人体实验研究表明，富含类黄酮的水果（比如苹果）能够促进人体产生一氧化氮，产生扩张血管和降低收缩压的作用，和吃绿叶蔬菜类似。一项关于吃苹果的方式的研究比较有趣，是 120g 苹果肉和 80g 苹果皮打碎的混合物。只需吃进去 2 小时之后采血测定，就能看到明显的效果（为什么用苹果皮？因为其中多酚类物质含量较高）。

在中国，脑卒中的发病率非常高，但是人均水果消费量比较小，对水果的各种质疑特别多。对于预防心脑血管疾病而言，这实在不是一个好现状，迫切需要让国民了解水果的

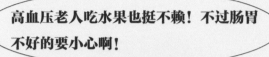

健康意义，特别是让心脑血管疾病高危的人，包括中老年人，增加水果的消费量。

　　我曾经说过，什么食物健康效应比较明显，营养价值比较高，那么坊间流传的关于它们的各种禁忌也就越多。比如说，饭前不能吃水果，饭后不能吃水果，晚上不能吃水果，水果不能和牛奶一起吃，水果不能和豆浆一起吃，水果不能和水产一起吃……这些禁忌，让本来水果消费量就很低的国人对吃水果产生了更多的恐惧，在一天的大部分时间中都不敢吃水果，得不到它们的健康好处。

　　当然，这里并不是否定少部分人吃水果之后感觉不舒服的实际情况。比如，有些容易拉肚子的人说：感觉水果特别凉，吃了会胃肠不适，甚至容易拉肚子。也有些有胃病的人感觉吃了水果之后胃里容易胀。这些都是消化吸收功能差的表现，这类人的确需要注意选择合适的水果，并控制吃水果的时间和数量。但是，并不能把这些禁忌推广到所有人。特别是心脑血管疾病高危人士，一定要注意每天吃水果。

　　反过来，每一类食物都有合适的数量，有少数人过分贪吃水果，也并不利于健康。一次吃太多水果，会摄入过多的糖分，不利于体重控制和血糖控制。《中国居民膳食指南（2016）》推荐每天吃 200～350g 水果，这个量分两次吃，不会给胃肠带来很大负担。

有糖尿病，吃什么样的水果血糖升得慢？

7

夏秋是美味水果纷纷上市的季节。然而，很多朋友都在困惑：你总说吃水果有利健康，能降低高血压和脑卒中的危险，可是水果这么甜，需要控制血糖的人能不能吃水果呢？

答案是：可以吃水果。相比于米饭和馒头，大部分水果的血糖反应并没有那么高。同时，流行病学研究也没有发现适量吃完整水果会增加糖尿病的风险。所以只要吃的量合理[比如《中国居民膳食指南（2016）》中所推荐的每天平均200～350g]，吃水果并不妨碍控制餐后血糖。

有位准妈妈问我：我刚检查出来患上了妊娠糖尿病，医生嘱咐我只能吃低GI（glycemic index, 血糖指数）的水果。可是哪些水果才是属于低GI的呢？

其实低GI的水果有很多。比如说，猕猴桃的GI值是52，草莓是40，苹果是36，桃子是28，柚子是25，李子是24，而樱桃只有22。相比而言，米饭和馒头的GI值分别是83和88。

即便是那些人们认为非常甜的水果，其实GI值也比不上米饭和馒头。比如说，葡萄、香蕉和芒果的GI值分别只有43、52和55。

准妈妈很惊讶地说：我都不敢吃葡萄和香蕉，觉得糖分太多，太甜，原来GI值才这么低！那为什么医生还不让我吃这几种水果啊？

我给她解释说：所谓GI值，是按同样50g中可消化碳水化合物的量来比较的。对于水果来说，所谓可消化碳水化合物的含量基本上就是说糖的含量。也就是说，这个指标不是按重量比的。葡萄是高糖水果，500g去皮无核白葡萄中的糖，要比500g去皮猕猴桃中的糖高多了！所以，从 50g 糖对 50g 糖来比较，好像是葡萄升血糖比较慢；但如果按 50g 葡萄肉和 50g 猕猴桃肉来比，那一定是葡萄的餐后血糖峰值比较高！

因此呢，你不能只考虑 GI 值，还要考虑到底吃进去多少糖。用 GI 值乘以糖含量，才是对水果血糖反应的正确评价方法。这个指标叫作血糖负荷（glycemic load，GL）。换句话说，就是在同样的 GI 值下，选那些糖比较少的水果较为明智；在同样的糖含量下，选那些 GI 值比较低的水果比较明智。

准妈妈说：啊，我懂了！香蕉的糖分高，为了控制餐后血糖，我每次只能吃少量一点；而猕猴桃、草莓糖分低，我就可以稍微多吃一点。对不对啊？

我说：太对了，就是这个意思。其实只要你不过敏，也没有胃肠不适，各种水果都能吃。只是遇到 GI 高或者糖分高的水果，就要格外小心，控制数量。比如葡萄一次吃几颗，香蕉吃几片，习惯之后其实也没什么不愉快的，还避免长胖呢。

女士又问：有没有 GI 值更高的水果呢？

当然有。比如菠萝 66，西瓜 72，就算是水果中 GI 值相当高的了。所以，菠萝果块千万不要一次吃一大碗，西瓜也不要一次吃半个。每次吃一片就停嘴比较好。问题是，人们很少会吃一块西瓜就停下，所以在很多家庭当中，夏天吃西瓜对血糖上升的贡献往往比想象中要大。

另一位患糖尿病的女士提了一个相当复杂的问题：你说桃子、樱桃、苹果之类是低 GI 的水果，那如果是水蜜桃，很甜的樱桃和很甜的苹果呢？需要控制血糖的人是不是还可以放心吃？我在网上看到资料说，低 GI 的水果就算口感很甜，也比高 GI 的水果（例如不甜的西瓜）更好。因为低 GI 的水果本身的果糖含量就比高 GI 的水果少，会不会升高餐后血糖，和口感甜不甜没关系。您怎么看？

这个问题非常有水平。我同样认为，GI 值也不是绝对的。同一种水果，不同的品种，不同的成熟度，不同的含糖量，不同的成分，包括不同的食用方法，餐后血糖反应肯定会有很大的差异。

我认真思考了一下，告诉她说：虽然没有做过相关的人体试验，没有数据，但从理论分析来说，除了糖的总含量，还可以从以下 3 个方面考虑。

①果糖和蔗糖、葡萄糖比例的区别。所有的水果都含有这 3 种糖，只是比例不同。其中葡萄糖升高血糖的速度最快，果糖升高血糖的速度最慢。不过，仅仅这一个方面，不能决定血糖反应。比如说，西瓜中的果糖比例大，但是它的 GI 值很高，为什么？

②咀嚼性和果胶含量（果胶多则消化慢）的区别。果胶含量丰富，则细胞壁较为坚韧，咀嚼性比较好。需要耐心咀嚼，意味着糖分被限制在植物细胞当中，不会很快释放出来；而且和液体食物相比，固体食物的胃排空速度也慢，那么就不容易快速升高血糖。比如苹果、梨和硬肉桃需要认真咀嚼才能咽下去，GI 值都较低；而西瓜一咬就出水，咀嚼性差，糖分很快就能被吸收，这可能是它 GI 值高的重要原因。按这个原理推断，一咬就一口汁水的水蜜桃，GI 值应当比硬肉桃高一些。

③酸度和多酚类物质含量的区别。多酚类物质如单宁、原花青素等涩味物质能抑制多种消化酶的活性，而酸度高有利于延缓餐后血糖反应。GI 值测定也表明，一些单宁和花青素含量高的水果，如樱桃和草莓，还有略带酸涩味道的水果，如橙子和柚子等，血糖反应都比较低。如果一种水果既不酸也不涩，只有甜味，那么理论上来说，在同样糖分含量下，它的餐后血糖反应会比味道酸涩的高。

所以，最后的建议是需要控制血糖的朋友别忘记 3 个要点：一是限制总量，二是少量多次，三是优先选择那些需要咀嚼的水果、略有酸度和微微含有涩味的水果。掌握基本原则最重要，不必过度拘泥于血糖指数表，因为它不可能穷尽水果所有的品种和栽培状况。

最后还要提示，对于需要控制血糖的朋友，两餐之间吃少量糖分不高、需要咀嚼的水果（比如 1 个苹果、半个硬肉桃等）作加餐是个好主意，既能避免当时血糖快速上升，又能避免发生下一餐前的低血糖。

月饼热量有多高？控血糖、控体重应当怎么吃？

8

每到中秋，无论南北口味，吃月饼的习俗是不会改变的。送月饼，是对亲人和朋友的真诚祝福；吃月饼，寄托了人们深深的团圆之情。

虽然月饼年年遭到高油高糖的指责，但毕竟一年只有一次中秋，一两块节日应景的月饼，并不比薯片、蛋糕、蛋挞、曲奇、萨其马之类高热量的点心更可怕。大过节的，其乐融融的气氛最重要。日常少吃点甜点、饼干、薯片之类的零食，少吃点油腻菜肴和加油加糖的主食就好了，一年吃一次的东西，以仪式感为主，就不要让自己精神压力太大产生罪恶感啦。

有关怎样健康吃月饼，没有耐心的朋友请直接拉到文章末尾看总结。

月饼热量到底有多高？

每年都有人问：听说 1 个月饼的热量相当于三四碗米饭的热量，是吗？我家的月饼包装上写着"1900"是表示热量吗？

其实真的没有这么高。1 小碗米饭大致是 100g 干大米，350kcal 左右的热量。

月饼包装上写的是 100g 月饼的热量。其实 1 块中等大小的月饼没有 100g，通常是 80g。而且，最重要的是，1900 是千焦耳（kJ）[我国食品营养成分表中标注的都是千焦耳（kJ），因为千卡（kcal）不是国际标准单位，需换算为国际标准单位才能使用]，相当于 455kcal，差不多等同于 130g 大米或者 1.3 碗米饭的热量。

如果你这一顿只吃 1 块月饼，不吃米饭，再减掉一些炒菜油，其实和平日的热量摄入差异不大。问题在于，很多人认为月饼是零食，三顿饭菜照吃，再来两块月饼，那可是会增加 900kcal 热量啊，相当于轻体力活动女性一天目标热量的一半呢！

当然，各种月饼馅料不同，脂肪含量差异很大，热量也就不一样高。无论是糖还是淀粉，热量都是 400kcal/100g，而脂肪是 900kcal/100g。所以，月饼中的脂肪含量越高，热量也就越大。

比如说，我家的月饼当中，最低的杂粮月饼是 1414kJ/100g，相当于 338kcal/100g。1块月饼80g，是 270kcal，相当于 3/4 碗米饭。传统五仁月饼是 1729kJ/100g，相当于 414kcal/100g，相当于 1⅛ 碗米饭。酥皮五仁和莲蓉蛋黄的更高一点儿，是 436kcal/100g，相当于 1¼ 碗米饭。

月饼的脂肪含量，高的有超过 30% 的，但多在 18% ~ 28% 之间，最低的是脂肪含量不到 10%。最近流行的流心月饼其实脂肪不算少，流动的口感来自于奶油、人造奶油之类的配料。鲜花月饼和鲜花饼一样，也是 20% 多的脂肪含量。不过，脂肪也有健康的和不健康的之分，如果主要是果仁瓜子仁之类，脂肪多的同时，营养价值也比较高。

顺便说一句，外面买的各种酥点、酥性饼干，热量都不低于 1800kJ/100g（约 450kcal/100g），很多品种达到 2000kJ/100g（约 500kcal/100g）以上，比月饼更可怕。既然如此，就不必每年非要拿月饼说事儿了。相比而言，天天吃薯片、蛋卷、萨其马、蛋黄酥、蛋黄派之类的食物，一年中多摄入的热量要多得多。

自制月饼热量低吗？

近年来自制月饼日益流行。这种节日活动既能继承文化传统，增加家庭欢乐，又能给月饼带来新的风味，受到很多时尚家庭的欢迎。

只要有个月饼模子，自制月饼的原料是无限的。无论是海鲜、火腿，还是奶酪、肉松、培根，无论是坚果、瓜子、亚麻籽，还是果蔬、薯类和果干，都可以纳入到月饼当中。比如说，用紫薯泥、南瓜泥、山药泥、豆蓉等替代一部分面粉和糖，能够增加膳食纤维和钾元素；用芝麻和亚麻籽来替代一部分植物油，能增加维生素和膳食纤维的含量；添加奶酪和肉松，能增加蛋白质含量。

由于自制月饼可以现做现吃，它不需要几十天的保质期，所以不需要加入大量糖和油来延缓微生物的繁殖速度，可以做成水分较高的月饼。和市售月饼相比，可以降低热量值，有利于营养平衡。

然而，家庭制作并不是食品安全的保证。选择原料时要注意食材的新鲜度，也要注意制作过程中与制作生鱼肉蛋类的菜板、容器等分开，以免造成交叉污染。加热时间要充分，保证杀菌效果。

焙烤类月饼如果当天没有吃完，建议冷藏保存，可保存 2 周左右。从冰箱里取出后，可以用烤箱适当加热，以升高温度、增加香气。

未经焙烤、水分很大的果蔬馅、薯泥馅的冰皮月饼，因未经杀菌，微生物繁殖速度快，最好当餐吃完。如果当餐不能吃完，则建议制作后立刻冷藏，24 小时之内吃完。因为这类月饼不适合烤制，吃冷食物不适者可以在从冰箱里取出之后用微波炉加热半分钟。

特别要注意的是，在购买网络销售的自制月饼时，一定要确认制作者具有网络食品销售的资质，还要仔细询问产品保质期。如果属于非焙烤型、水分含量高的月饼，必须具有冷藏包装，避免在储藏和运输过程中出现微生物超标的情况。购买之后要当天食用，必要时用微波加热的方式进行杀菌处理。

月饼怎么健康吃？

多数传统月饼含较多的油、糖和淀粉，热量较高，食用时应注意控制数量。健康人建议每天吃 1 块普通大小的月饼，需要控制热量、脂肪和精制碳水化合物的三高患者，建议一次吃 1/4 块标准月饼，可以分两次吃，和家人共享。

由于月饼中含有淀粉、油脂和精制糖，它可以替代主食和甜食，以及一部分炒菜油。

对于需要控制体重的人来说：

①吃月饼的日子，不妨省去甜饮料和甜汤，用清茶来配合月饼。

②吃了月饼，就要相应减少一些三餐中的主食，烹调时再减少一些炒菜油。

③如果早上吃了蛋黄月饼，那么早上的鸡蛋就可以省去了。

④如果吃了五仁月饼，一天中的花生、瓜子就可以省去了。

⑤除了月饼之外，不吃薯片、锅巴之类的高油脂零食，也不吃饼干、蛋糕、蛋挞之类的甜食。

这样，就能够既吃到月饼又不会额外增加油、糖、淀粉、热量的摄入量，从而兼顾节日欢乐、口味享受和身体健康。

对于需要控制血糖的人来说：

①不要因为是"无糖月饼"而放心多吃。目前市场上有各种无糖月饼，但不含糖不等于没有淀粉和油脂，只要有淀粉就会升高血糖，而大量油脂则可能降低下一餐的血糖控制能力。

②没有"无糖"标签的月饼，只要注意控制数量，可以少量品尝，关键是热量和碳水化合物总量不过多。

③先喝 1 杯豆浆或牛奶，然后吃半碗蔬菜，再吃 1/4 ~ 1/2 块月饼，同时扣减半碗米饭，就不至于大幅度升高血糖了。

④买月饼的时候，注意看看包装上的营养成分表，选脂肪含量较低、热量较低的品种。在同等脂肪含量的前提下，比较推荐的是五仁月饼，其中含有较多果仁和籽仁，有利于控制血脂。如果能买到有机杂粮月饼就更好了，其中的脂肪和添加糖都相对少一些，还有杂粮成分。

最后是几个温馨建议：

①看清保质期，尽量购买较为新鲜的产品，特别要注意果仁的新鲜度。

②自制月饼保质期不明，不够干、糖分少的要特别注意冷藏，及时吃掉。

③一时吃不完的月饼要及时冷藏或冷冻。

④节前就把预计吃不完的月饼拿去与邻居、亲友、同事及社区工作人员一起分享。

⑤1 块月饼切成四瓣，和家人朋友共享。既能避免一种口味太单调，又能避免一次吃得太多。团圆幸福就在于分享！

⑥节日里不用上班，有更多的时间出门走路或做健身运动。只要遵循替代部分主食的忠告，加上增加体力活动，消灭掉半块月饼的热量不用愁！

中秋节，月饼和清茶才最配哦！

食物过敏真的可怕吗？多吃几次能适应吗？

9

多年之前就听到过古希腊先哲希罗多德的一句名言：一个人的补品，可能是另一个人的毒药 (A person's tonic may be another person's poison)。

虽然天然食物各自含有丰富的营养成分，但是由于人的体质不同，某些食物有可能带来过敏和不耐受反应，而食物不耐受反应尤其隐蔽，其症状范围极广，不仅限于胃肠道不适，甚至还影响人的精神状态和思维能力。尽管这些食物本身并不存在法律上的安全问题，但如果进入某些敏感者的腹中，就会给他们带来不安全和不健康。

在我国，多数人对食物过敏的认知度很低。别说慢性过敏，连急性过敏都不太了解。如果有个人说自己对什么食物过敏，不能吃，往往会引起周围人的不理解。比如说，节日期间，难免串亲访友。这时，过敏体质的人，或家有过敏问题的孩子，出门时总会担心万分，就怕亲朋好友不理解不配合，给自己或孩子吃下不合适的食材。

很多人觉得过敏这事儿挺神奇，都是吃食，吃一口能怎么着啊？有人会觉得"这人真矫情，别人都能吃，就他那么娇气""就算有点不舒服，多吃几次不就适应了"……甚至会有人起哄说：让他吃一口试试，看看会发生什么，难道还能要命啊……于是，对食物有过敏的人真是百口莫辩，不知所措。

遗憾的是，过敏这种事情，是很难用"多吃几次慢慢适应"的方式来解决的。甚至有些人的过敏反应相当危险，可能会性命攸关，过敏发生后要及时送医急救，所以这种"给他吃点看看有什么反应"的玩笑是万万开不得的。

随着我国社会经济的快速发展，人们承受的精神压力大大增加，生活不规律，服用药物、接触环境化学物质和食品添加物质的程度越来越高，胃肠道疾病越来越普遍，有食物过敏和食物不耐受问题的人群也在增加。本书提示人们，在为一些迁延不愈又原因不明的"老毛病"所苦恼时，不妨想一想，是否有食物不耐受问题在作崇。

假如是对虾蟹海鲜有过敏，理解的人还多一点，避免这些食物也不太困难。如果是对一个特别普遍的东西有过敏呢？遗憾的是，很多慢性过敏都是对常见食物出现的，比如牛奶、鸡蛋、牛肉、羊肉、黄豆之类，还有面粉。比如说，如果对面粉过敏，那就所有的面食品都不能吃，甚至连沾上面粉的东西都不能吃，这可怎么生活啊？

许多人不理解，为什么中国营养学会的膳食指南当中推荐每天喝 300g 牛奶和酸奶，而却又有很多人说，牛奶是一种不健康的食品，它会让人不舒服，甚至让人生病。也有一些人不理解，为什么豆浆受到国内外的高度推崇，而自己饮用豆浆之后却感觉腹胀和疲乏。有人一吃海鲜就引发湿疹，有人吃了鸡蛋之后就会生痘，有人一吃面食品就明显发胖。就连素有健康之名的水果蔬菜也是一样，有人吃不得菠萝，还有人吃辣椒之后就容易腹泻。

人的生理状态与食物之间存在密切关系，这一点，我国古典医学当中是极为重视的。中医把人分为不同的体质，推荐不同的食物，在一定程度上，与西方流行的食物不耐受理念竟不谋而合。书中提示要专心进食，放慢进食速度，细嚼慢咽，都是减少食物不耐受危险的简易可行的措施。同时，书中提供了大量自我测试，帮助人们判断自己的不耐受程度，并推荐了各种在大医院可以做的生化测试，来帮助确定不耐受食物的具体品种，并找到其可能的原因。

小麦过敏还能吃什么——六个关键问题解答。

10

有关面粉过敏的第一个问题：我测出麸质过敏，什么叫作麸质啊？医生让凡是面食都别吃，麸质不就是小麦麸皮吗？和日常的面食有什么关系？

所谓麸质，听起来挺神秘的，其实就是面筋蛋白的非专业翻译，英文叫 gluten。麸质和麦麸没什么关系，倒是和去掉麦麸之后的面粉大有关系。因为麸皮中面筋成分很少，而精白面粉中面筋含量较高。所以说，翻译成为麸质，是对人的一种误导。

面筋蛋白由几乎等比例的醇溶蛋白（也称为麦胶蛋白）和谷蛋白及少数其他大分子量蛋白质组成，它只存在于小麦、大麦、黑麦等食物中，以小麦（日常吃的面粉就是用小麦做的）中最多，燕麦中也有点，但较少，荞麦和其他食物中都没有。"筋力"越大、弹性和延展性越好的面食，通常面筋蛋白含量越高。

一般来说，做面包和通心粉的小麦粉面筋蛋白含量最高，然后是做面条和做馒头的。不过，即便是做饼干的低筋面粉，也含有一定量的面筋，所以还是不能吃。选择加工食品的时候，一定要细看配料表，注意避免含小麦食材的产品。

有关面粉过敏的第二个问题：小麦过敏不就是乳糜泻么？我根本没有拉肚子啊？

对面粉的慢性过敏是一个非常普遍的情况，但分为不同类型。

比较严重的类型，比如乳糜泻，只要吃了面粉就会发生莫名其妙的慢性腹泻，使人无法吸收食物中的营养物质，甚至造成严重营养不良，骨瘦如柴。

大部分人的面粉慢性过敏症状很温和，不仔细观察，都不知道是食物引起的，比如湿疹、瘙痒、腹胀、不太严重的腹泻、嗓子发黏有痰、流鼻涕、莫名其妙的疲劳、脑子混沌、无原因的发胖，等等。如果知道了原因，解决这些问题就相当简单了，只要所有含面粉、面筋蛋白的食物都不吃，就可以正常生活。

有关面粉过敏的第三个问题：哪些食物可能含有小麦蛋白质，要注意避免食用呢？

①馒头、面条、花卷、大饼、烧饼、油条等主食，都是含有面粉的。光是面条类，就有上千种做法。还有方便面，当然也是含面粉的。当然，家里就不能买任何面粉和面食了。

②包子、饺子、馄饨、馅饼、卷饼、豆沙包、奶黄包之类带馅食品，也都是含有面粉的。小吃店基本上是不能进了。甚至连疙瘩汤、担担面这种最普通的食物，也不能点了。

③无数种美味面包、曲奇、蛋糕、蛋挞、马卡龙之类的焙烤食品，全都在禁忌之列。西饼屋当然也不能进了。桃酥、月饼、牛舌饼之类的中式点心也不能吃了。

④通心粉、比萨、热狗、汉堡包、三明治、松饼等，这些西式食物，也都是含面粉的，面筋蛋白质含量还非常高。所以，西式快餐店也不能进了。

⑤因为油炸食品时往往是裹面糊或拍上面包渣的，所以，炸鸡腿、炸小鱼、炸大虾、炸茄盒、炸藕盒等油炸食品基本上都不能吃了。

⑥要高度警惕含有一些面粉配料的杂粮小吃。比如食堂里的玉米饼、荞麦面，餐馆里的全谷粑，超市里的玉米馒头、紫米馒头、玉米发糕、荞麦饸饹、猫耳朵、洋芋擦擦、莜面卷等各种杂粮小吃，会或多或少地加入面粉来改善口感，所以除非看到其制作过程，确信没有加面粉，否则也不能随便吃。

说到这里，您可能会叫出声来：这可怎么生活啊？

有关面粉过敏的第四个问题：吃加工食品的时候，怎么能知道里面有没有小麦成分？

说对了，超市里的小零食如萨其马、蛋黄派、蛋卷之类是面粉做的，虾条之类很大比例的膨化食品和早餐谷物产品中也含有小麦粉，所以在购买加工食品时，一定要瞪大眼睛，仔细看看包装上的配料表，弄清其中有没有小麦成分。

这里特别要说一句，辣条（面筋做的）、四喜烤麸之类，都不能吃。它们就是用相当纯的面筋蛋白做出来的东西。吃凉皮的时候，里面那些有孔、有弹性的面筋块，当然也不能吃。

很多国外加工食品包装上都会有"本品含有少量面筋"之类的标注，就是为了帮助小麦过敏的人挑选食物。因为国外有很多食品官司涉及过敏原标注，所以食品企业和生产商会非常小心，甚至会在包装上加上"可能含有少量面筋""和面制品使用同一条生产线"之类的说明，提醒过敏人士注意，以便免除"未告知公众"的法律责任。2006 年，美国麦当劳就因为没有说明薯条中含有微量奶类和小麦成分，被过敏人士告上法庭，被起诉误导消费者，并判罚大笔赔偿，引起媒体热议。

但是，中国至今还很少有消费者起诉企业未告知过敏原的情况，社会压力很小，舆论关注度低。食品营养标签法规虽然鼓励企业标注出可能存在的过敏原，但至今还没有对这方面标注的强制要求，于是多数国内企业或不重视，或嫌麻烦，选择不标注。所以，目前标注情况非常不尽如人意，甚至一些配料表中的微量成分也可能被忽略。所以，更需要自己的认真判断和询问。

有关面粉过敏的第五个问题：国外市场上有很多为小麦过敏患者特意制作的"gluten-free"（为预防过敏特意去掉面筋蛋白）产品。这类产品是不是健康价值更高呢？我需要海淘一些来吃吗？

人们需要了解的是，在欧美，由于人群中小麦过敏比例较高，已经有人将此做成了"健康概念"，就像"低脂肪""无糖""低 GI 值"一样，受到很多人的追捧。但是，一旦成为商业概念，往往就会跑偏、夸大，误导大众。

很多产品打着"无面筋蛋白"的旗号，卖高价来吸引消费者。一些对面筋蛋白并没有过敏的人，也以吃无面筋蛋白产品为荣，而且认为这样有利于瘦身。实际上，很多无面筋蛋白的蛋糕、饼干、面点，照样高脂肪、高糖、高热量，而血糖反应还会降低，对健康未必会带来更多好处。

要远离面筋蛋白的人，一定要明白，只有多吃精白面粉以外的各种天然杂粮、薯类、杂豆等食物，才能获得健康好处，仅仅追捧"无面筋蛋白"概念，是没有多大意义的。

有关面粉过敏的第六个问题：测出小麦过敏之后，这么多含面粉的东西都不能吃了，人生还有什么意思啊！那该怎么吃东西呢？

其实，小麦过敏并不可怕，因为除了小麦、大麦之类，可以作主食食材的物质还有很多。白米、糙米、黑米、紫米、红米都可以吃，还有小米、大黄米、高粱、玉米、荞麦之类的杂粮，红小豆、绿豆、芸豆、干蚕豆、干豌豆、鹰嘴豆等杂豆类，还有山药、土豆、芋头、甘薯等薯类，以及熟藕、荸荠之类含淀粉的蔬菜，都可以作为面类主食的替代品，提供不同的天然美味。

实际上，人们往往会因祸得福。因为对面筋蛋白过敏，就有理由不吃含面粉的饼干、糕点、面包，不吃含面粉的甜食、零食、各种洋快餐，也不吃油炸食品（大多表面都有面糊），饮食可以更健康。生活中大部分的"垃圾食品"，也就是那些低营养素密度而高脂肪的食品，都已经被拒之门外了。

那么空着的肚子怎么办？自然就是要购买新鲜的食物，自己来动手做饭做菜。自己购买新鲜食材，营养素的密度自然要高得多。烹调五谷杂粮，多半只能用煮的方法，不加油脂脂肪自然很少。为了填饱肚子，需要吃大量的蔬菜。零食呢，只好吃坚果和水果干，加上新鲜水果。这样，即便每天都吃些肉类，也很少有能量过剩的麻烦。

远离小麦的饮食法，最大的麻烦，在于需要回家做饭。这样就增加了很多买菜做饭的时间。而它对人意志的考验，也正在这个地方：当你饥肠辘辘的时候，要拒绝路边所有快餐店、速食品、甜点和零食的诱惑，坚持回家做饭。

在饥饿这个生理本能面前，意志的作用相当薄弱。为了避免失控，不妨在车里、包里放点疗饥的零食，比如红枣、葡萄干之类的水果干，袋装速食栗子 / 莲子，各种坚果，还有瓶装酸奶。胃里有一点东西之后，战胜诱惑就容易多了。

但是，也正因为过敏的原因，你会更多地享受到各种五谷杂粮薯类蔬菜的美味，发现原来饮食可以那么丰富多彩。仔细想想，人类饮食真的相当偏颇。地球上能够食用的各种生物多达上万种，而人类却严重依赖其中的十几种。从粮食的角度来说，面食占据食物品种上的最大优势，商店里所摆放的各种食品，看似极为丰富，实则原料单调，许多美味食物无非是面粉加上油、糖、奶、蛋、肉等几种原料制成的。人们自以为幸福，其实吃来吃去只是白面粉 + 油 + 盐 / 糖做成的各种面食点心，那些只是些形式多样内容单调的不健康组合！

如果人们能够更多地摆脱对面粉的依赖，更多地从其他食材中获得营养素，不仅营养平衡能够得以改善，而且也会减少很多慢性疾病的危险。从这个角度来说，远离小麦粉的饮食值得体验。虽然不是永久，但只需一两个月，便会让人收获良多。

吃坏肚子后，应该怎么吃才安全呢？

11

　　夏季和秋初是最容易发生腹泻的季节。特别是对孩子、老人和消化吸收能力较弱的人来说，更容易发生细菌性食物中毒。因为天热的时候，人体胃肠道消化能力下降，抵抗力也下降，而细菌繁殖速度惊人，人们吃了没有充分加热杀菌的食材，或者没有热透的剩饭剩菜，很容易闹肚子。

　　很多中国人认为闹肚子不是什么事儿，其实这才是"货真价实"的食品安全事件呢。别看致病菌们是"纯天然"的微生物，它们可是害人没商量。上吐下泻，腹部绞痛，虚弱发烧，这些都是常见的情况。少则闹一天，多则两三天，都没法正常吃饭，严重时让人肚子痛得死去活来。

　　当然，这也并不是说拉肚子就一定是细菌性食物中毒。在着急的同时，一定要弄清到底是什么原因导致了腹泻。比如说，有时候是因为中暑不适，有时候是因为消化不良、食物不耐受和食物慢性过敏，有时候是因为胃肠型感冒，有时候是因为病毒性腹泻、细菌性胃肠炎、痢疾、食物中毒，还有炎症性肠病，等等。如果情况严重或者长期腹泻，一定要去看病求医，弄清原因，才好相应采取措施来治疗和康复。

　　药物治疗这里不说，只说对于一般性的细菌性食物中毒，以及肠道感染的情况，在饮食方面的安全应对措施。

　　如果发生了肠道感染，在严重腹泻的时候，暂时需要禁食，让肠道得到充分休息。这时候如果在医院治疗，医生通常会用静脉输液，或少量多次地让你喝葡萄糖＋补液盐溶液，避免严重脱水和电解质紊乱。回家之后，如果能喝下去液体，就先从清淡流食和半流食开始，比如较浓的米汤、小米粥汤、煮得很烂的面条汤等，可以加一点点盐，做成淡咸味，以补充钠。

一般来说，不用等到腹泻完全停止，只要肚子不太疼痛，胃里能接受食物的时候，就可以开始进食了。早点进食，是为了弥补腹泻造成的水、电解质和其他营养成分的丢失，给虚弱的身体补充能量，促进早日恢复。

不过，这时候还不能吃正常的三餐，应当供应一些容易消化的食物，减少还没有修复炎症损伤的胃肠道的负担。最好是吃低脂肪少渣半流食，也就是水分大，看起来比较稀的食物，质地非常柔软，没有渣子，脂肪很少或没有脂肪，以淀粉为主，含少量蛋白质。这样的食物不会刺激肠道，也特别容易消化吸收。比如稀的大米粥、小米粥、面条，很软的蛋花汤面、山药莲子糊、藕粉羹等。醪糟之类的发酵食品也特别好消化，可以在加热挥发掉酒精并稀释到淡甜程度后食用，但千万不要放糯米圆子，这时候的消化能力还不能接受黏性的糯米食物，也不要放白糖。

从烹调方法来说，这时候一定要吃蒸煮食物，油炒、油煎都不合适，油炸食物更要禁止。在疾病恢复期间，除了蒸煮之外，还可以考虑炖、氽等烹调方法。在调味方面，宜避免各种刺激性调味品，比如辣椒、芥末、黑胡椒之类。炖煮时可以用少量温和的香辛料，比如小茴香、大茴香、肉桂等。食物可以加盐调到淡咸味，2岁以下幼儿不能用味精，但成年人可以用味精，因为谷氨酸盐有利于肠道的修复。

在腹泻期间不能生吃水果蔬菜，因为此时纤维比较硬、有渣子的食物，对正在发炎的肠道有刺激。如果要补充水果和蔬菜，最好用榨汁、打浆的方法，而且要把渣子滤去。在疾病恢复期间，可以把南瓜、胡萝卜、绿叶菜之类的蔬菜蒸软、煮软之后食用，按肠道的接受情况，从少到多，逐渐加量。

在能吃粥食之后，可以逐渐添加一些补充蛋白质的食物，比如很嫩的蒸蛋羹，暖到室温的酸奶，然后再慢慢添加鱼肉糜和鸡肉糜等。酸奶中所含的活性乳酸菌和乳酸本身，对腹泻的恢复都是有好处的。有研究证明，含大量活性双歧杆菌的酸奶对幼儿的轮状病毒导致的腹泻，以及成年人的肠炎腹泻，都有促进恢复的作用。

在腹泻期间，还有一些平日能吃的食物必须暂时禁忌。

①腹泻恢复期不要喝牛奶。牛奶中含有乳糖，消化乳糖要靠小肠黏膜刷状缘上的细胞所分泌的乳糖酶，而在肠道发炎的时候，这层细胞受到破坏，于是身体暂时性地无法分泌

乳糖酶。没有了乳糖酶，乳糖不能得到分解，就会刺激肠道，加重脱水、腹泻等症状，并在大肠中引起胀气，不利于康复。酸奶则不在限制之列，因为酸奶中的乳糖已经被乳酸菌所利用，同时乳酸菌还可以提供乳糖酶。

②腹泻恢复期不要喝豆浆。豆浆中所含的低聚糖会促进肠道蠕动，对腹泻患者不合适。同时，豆浆中还含有少量的胰蛋白酶抑制剂、皂苷、植酸等抗营养成分，它们对于消化吸收功能有抑制作用，皂苷对胃肠也有刺激作用。在胃肠道正常时，这点量不足为虑，但在肠道感染状态下，有可能会对这些抗营养物质更为敏感。

③腹泻恢复期不要吃甜食。甜食制作中加了大量白糖（蔗糖），而蔗糖也需要在小肠当中进行消化，分解成葡萄糖和果糖两种物质才能被人体吸收。在肠道发炎的状态下，消化蔗糖的蔗糖酶的制造也会发生障碍，于是大量不能消化的蔗糖在肠道中会造成脱水，就像乳糖一样，在大肠中由于肠道细菌的作用还会产气，造成腹泻、腹胀等不良反应。至于冰淇淋、雪糕之类含较多糖和脂肪的冷饮，更应禁止食用。

④腹泻恢复期不要吃高脂肪的食物，比如脂肪含量高的各种蛋糕、曲奇、派、油酥饼、油条。饱和脂肪含量高的香肠、培根、火腿、奶酪、烤串之类更需禁止。它们会给胃肠道带来负担，同时加工肉制品中所含的亚硝胺类致癌物质和其他氧化产物对受损的消化道也是不利的。

⑤腹泻恢复期不要吃高纤维的食物，比如芝麻、各种坚果、黄豆、黑豆等，还有带有细小种子能有效促进肠道蠕动的草莓、桑葚、猕猴桃、火龙果之类的水果，也应待基本康复后再吃。

此外，腹泻恢复期还要避免吃各种市售零食，特别是路边摊上的零食，卫生条件不保证。超市里的零食大部分所含的脂肪、糖分过高，均可能给消化道带来负担。如果孩子发生腹泻，父母应当把患病当成一个机会，教育孩子要合理膳食，注意营养，讲究卫生。

温柔的白粥

牛奶

冰淇淋等冷饮

大多数水果等

像我这种情况，喝一点酒都不行吗？

12

很多人都听说过，少喝点酒有利健康。其实，这话不一定对。

大概喝酒的朋友不太愿意承认，酒精是一种确认的促癌物质。1988 年世界卫生组织就有定论，将酒精列为一类致癌物。和完全不饮酒者相比，饮酒者多个部位的癌症风险上升，包括口腔癌、咽喉癌、食管癌、大肠癌、肝癌、黑色素瘤等（Bagnardi V，2015）。对有些癌症的预防来说，即便"不喝多"也有不利影响。

当然，说吃什么、喝什么会使某种癌症的风险升高，不意味着肯定会患上这种癌症，只是患癌的概率比不吃、不喝时明显增大。

对多数人来说，过年过节少量喝点酒能怡情，增加一点热闹气氛，只要数量不多，还是无伤大雅的。但有些身体情况特殊的人要特别注意远离酒精。有些朋友问：像我这种情况，还能喝酒吗？下面就是有关喝酒的 8 个问题的问答。

问题 1：我父亲患过肠癌，还有高血脂。他听说健康界都推崇喝红酒，为了保护心脏每天都喝一杯红酒，大概二三两的样子。如果参加宴会，就用红酒替代白酒，一次能喝七八两。我想问，他这种情况适合喝酒吗？

答：酒精被世界卫生组织下属的癌症研究机构归类为"一类致癌物"，板上钉钉属于促癌物质。虽然由于基因不同、体质不同、喝酒以外的其他生活习惯不同，喝酒的人并不是个个都会患上癌症，但科学研究中有非常充分、可靠的证据证明喝酒会增加多种癌症的患病危险。特别是消化系统，比如口腔、咽、喉、胃、肝、胆囊、大肠的癌症，还有女性的乳腺癌，都会因喝酒而增加患病风险。

即便是红葡萄酒中含有对心血管有好处的多酚成分，也不能放量畅饮。每天要控制在100ml以内。动辄半斤1斤是非常有害的，即便对心脏病预防也是不利的。健康界并未"提倡"人人喝红酒，也没有红酒能够延长寿命的证据。不如说，用少量红酒替代高度酒倒是明智的。

问题2：我父亲有痛风病，我大概是家族遗传，还不到40岁就出现了尿酸高的情况，根本不敢吃海鲜、喝啤酒。但好像喝其他酒也不行，只要头一天和朋友喝酒，不论是白酒还是红酒，第二天就会脚疼脚肿。医生说这就是痛风轻度发作。我是不是只能用饮料代酒了？

答：既然你已经有了高尿酸血症和痛风发作问题，戒酒是必需的！酒精会升高内源性尿酸水平，诱使痛风发作。不论是什么酒，都建议戒掉，红酒也不例外。传说喝红酒有利于预防痛风，但并未发现可靠依据，因为有些研究认为能减小痛风发作风险，有些则认为会增加风险。此外，戒甜饮料也是必需的，因为饮料虽然不含嘌呤，但白糖、果糖都会升高体内尿酸水平，所以不能用饮料替代酒。直接喝白水或淡茶吧。

问题3：现在经常有保健药酒的广告，我父亲特别爱喝。他有中度脂肪肝，我们不让他喝酒，但他说这是保健酒，喝点有好处。到底能不能喝呢？

答：保健酒中提前泡制了一些药材，就是说，是把酒精作为溶剂，其中溶入了一些多糖、类黄酮等保健成分和药效成分。但是，酒精本身是有坏处的，对肝脏损伤很大，同时会降低肝脏对其他毒物的解毒能力。所以，对于具体的病情，比如有肝病的情况，保健酒是否能喝，最好问问医生。即便可以喝，也必须严格限量，不要让酒精的害处超过其中药效成分的好处。如果医生说可以喝，一般性建议是按照中国居民膳食指南，每天酒精限量25g。

问题4：我爷爷已经80多岁了，每天喝1两白酒，好像也没什么事情。我们要不要让他戒掉呢？爷爷说，他哥哥每天喝2两酒，还抽烟，都活到85岁呢。

答：既然爷爷已经那么大年龄了，就不必让他生气了。既然每天知道限量，1两小酒就继续喝下去吧。不过，每个人遗传基因、酒精代谢能力和身体状况不一样。的确有的人每天喝2两酒、抽半包烟还能健康活到八九十岁，但这属于少数人。健康建议是根据大多数人的情况来制定的。

大部分人不习惯于逻辑严密的思考，很容易被个例所误导。人们往往只看到活下来的长寿者中有抽烟喝酒的，却看不到更多抽烟喝酒的人是短命者。再说，喝酒只是影响健康的因素之一。喝酒而其他方面很健康的人，可能寿命仍然很长；喝酒而心情坏、饮食差的人，可能寿命就会比较短。所以，看到某个长寿者习惯于喝酒，不能代表你喝酒也会长寿。

问题 5：我从不喝酒，最近进入更年期，有点失眠。听说喝红酒既美容又助眠，我是否需要每天晚上喝 1 杯呢？

答：喝酒会促进入睡，但也会降低睡眠质量，减少深睡眠的时间，增加夜间醒来的次数，所以不建议为了助眠而刻意喝酒。如果有时候精神实在非常紧张，可以考虑喝点牛奶、酸奶，用钙元素来帮助降低精神紧张度。各国医学界都不推荐平日没有饮酒习惯的人以健康的名义饮酒。如果实在要喝，记得限量 100ml。我国膳食指南推荐意见是，女性的酒精限量是15g；美国膳食指南中的女性酒精限量是 12g，大致相当于 100ml 红酒。

问题 6：我是个孕妇，听说孕妇一点点酒都不能喝。可是很喜欢吃醪糟汤圆，吃了好几次，后来突然想到醪糟就是米酒！还吃过加了黄酒的红烧肉，还有啤酒鸭！然后开始各种担心。会有问题吗？

答：说孕妇不能喝酒，但哪国医学界也没说做菜不能放点酒作调味品。

醪糟不等同于米酒，是很稀很稀的酒酿。自酿米酒的酒精度通常会在 5% 以上，商业产品通常是 10% 以上，而醪糟只有 2% 以下。市售醪糟产品的酒精度通常低于 0.5%，加热煮沸之后酒精挥发，含量更低，不用担心。

如果每天只用少量酒来烹调，摄入的酒精量连 5g 也到不了，仍然算是不饮酒状态。比如用两三勺黄酒来炖鱼，用半杯红酒来烹调牛肉，喝 1 小碗醪糟蛋花汤（市售醪糟酒精度低于 1%），吃个过熟后有酒味的水果，或者吃块加了酒糟的腐乳等，绝大多数人不必担心，即便是孕期、哺乳期也没事。

问题 7：我公公高血压很严重，还曾经轻度脑卒中过一次。我们不让他喝酒，他就说白酒不喝了，啤酒喝两瓶总可以吧？白酒可能是勾兑的酒精，啤酒可是纯粮食发酵的，不会有那么大的坏处。想问问高血压的人能喝那么多啤酒吗？不是勾兑的酒就没有害处吗？

答：高血压和脑卒中患者真的是日常必须戒酒。酒精会升高脑卒中的危险，这是没有疑问的事情。白酒不建议喝，啤酒也不能多喝。即便是健康男人，每天也只建议摄入 25g

的酒精，大概相当于 3% 酒精含量的啤酒 800ml，喝两瓶肯定是过量了。对高血压和脑卒中患者来说，无论是勾兑的酒还是粮食发酵的酒，都要戒掉。

问题 8：我患过乳腺癌已经切除了乳腺，后来没复发。日常从不喝酒，但看同事们自己酿制水果酒，用葡萄、苹果什么的各种水果，加好多糖，酸甜加上酒香很好喝，说对女性美容有好处。我可以喝一杯这种自酿果酒吗？

答：酒精是促癌物质，对女性的乳腺癌患病风险有显著促进，已经被大量调查所证实。所以我不建议你为了美容而刻意喝酒。

另外，纯天然酿造并不能保证安全性。自然界中食物发酵所产生的不仅有酒精，还有其他有毒物质，比如酒类发酵中常见的甲醇和其他杂醇，还有致癌物氨基甲酸乙酯。因为水果含有甲酯化的果胶，自制的果酒更有甲醇超标的可能性，偶尔尝一下，限制在半杯程度还可以，绝不能因为香甜就每天喝，甚至像有些女性那样当甜饮料喝上两三杯。

最后还要忠告一下，有胃病、咽喉疾病、胰腺炎、胆囊疾病的人，饮酒之前也要慎之又慎啊！高度酒建议远离，即便是低度酒，也要严格控制摄入量在膳食指南的推荐范围之内！